自适应控制理论与应用

张卫忠　赵良玉 ◎ 编著

ADAPTIVE CONTROL THEORY AND APPLICATION

北京理工大学出版社
BEIJING INSTITUTE OF TECHNOLOGY PRESS

内容简介

本书主要分为8章。第1章从宏观的角度介绍了自适应控制理论提出的背景和意义，特别是给出了理论发展的主要节点；第2章给出了自适应控制理论所基于的数学基础；第3章讨论了实时参数估计相关的概念和主要理论方法；第4章讨论了模型参考自适应控制；第5章讨论了自校正控制相关内容；第6章讨论了一些主要的非线性自适应控制，这部分内容作为基本自适应控制的拓展；第7章讲解了自适应观测器的设计；第8章给出了关于自适应控制理论的应用实例。

本书可作为普通高等院校电气、自动化、控制理论与控制工程等相关专业的教材。

图书在版编目（CIP）数据

自适应控制理论与应用 = Adaptive Control Theory and Application/张卫忠，赵良玉编著. —北京：北京理工大学出版社，2019.1（2020.12重印）

ISBN 978-7-5682-6637-6

Ⅰ.①自…　Ⅱ.①张…　②赵…　Ⅲ.①自适应控制-高等学校-教材　Ⅳ.①TP13

中国版本图书馆CIP数据核字（2019）第008878号

出版发行／北京理工大学出版社有限责任公司
社　　址／北京市海淀区中关村南大街5号
邮　　编／100081
电　　话／（010）68914775（总编室）
　　　　　（010）82562903（教材售后服务热线）
　　　　　（010）68948351（其他图书服务热线）
网　　址／http：//www.bitpress.com.cn
经　　销／全国各地新华书店
印　　刷／保定市中画美凯印刷有限公司
开　　本／787毫米×1092毫米　1/16
印　　张／9.5
字　　数／223千字
版　　次／2019年1月第1版　2020年12月第2次印刷
定　　价／39.00元

责任编辑／陈莉华
文案编辑／陈莉华
责任校对／周瑞红
责任印制／李志强

前言

PREFACE

编写这本书的初衷是为北京理工大学高年级本科生开设的“自适应控制理论及其应用”和研究生开设的“自适应与鲁棒控制”课程提供教材。起初，我们在教授这两门课程时，选用自适应控制的经典教科书——瑞典著名科学家 Karl Johan Åström 的《Adaptive Control》作为教材，但实际教学中发现，学生尤其是本科生对全英教材的领悟有一定的局限。因此，我们编写了一本适合高年级本科生及研究生的中文教材。在编写的过程中，我们遵循的原则是“博采众长、有所取舍”，因此广泛参考了国内外的相关教材，并进行了有目的的取舍。希望本书能体现出自适应控制理论最核心和最关键的知识点，并由此培养学生独立思考解决问题的能力。

本书主要分为 8 章。第 1 章主要是从宏观的角度阐述了自适应控制理论提出的背景和意义；第 2 章介绍了自适应控制的数学基础；第 3 章介绍了实时参数估计；第 4 章介绍了模型参考自适应控制；第 5 章介绍了自校正控制；第 6 章介绍了一些主要的非线性自适应控制，这部分内容作为基本自适应控制的拓展；第 7 章介绍了自适应观测器的设计；第 8 章列举了几个关于自适应控制理论的应用实例。

在本书的编写过程中，北京理工大学系统与仿真实验室的老师给予了我们很大的支持，如王肇敏高级实验师、孟秀云教授、单家元教授、刘永善副教授、徐红副教授、贾庆忠副教授、王佳楠副教授、丁艳副教授、王彦恺讲师等对于本书的编写多有帮助，在此表示感谢。在本课程的多年教学过程中，我们根据教学过程中获得的反馈进一步改进和更新了教材内容。同时，部分学生的相关应用实例也被列入了本书之中，由于对本书做出贡献的人较多，难以一一列举，在此仅列出部分名单如下：兰宏炜、刘惠明、邓剑峰、张宇桐等。

本书的出版得到了北京理工大学“双一流”研究生精品教材项目资助。

最后，对于北京理工大学出版社在本书编写过程中的协助工作以及提出的建议表示深深的感谢！

作　者

目 录
CONTENTS

第1章
自适应控制概述

1.1 自动控制的提出

社会生产力的发展随着人们改造世界的手段和方式水平的提高而变化剧烈。在这个过程中，劳动人民通过思考，解决一个又一个理论与实践问题，推动了社会生产力的不断进步。生产力从极不发达状态到今天开始应用各类人工智能，技术突飞猛进，效率日新月异。从一开始由人来担任各种繁杂任务的主要执行者到由各种自动化机械设备来承担主要工作，技术进步解放了人们手脚的同时也提高了生产效率。自动控制在促进生产力的发展中发挥着很重要的作用，实现了它是人们设计、改造世界的一种有效方案。从控制论的观点来说，人类社会发展至今已经经历了两个时代：人力时代和机械化时代，现在开始进入第三个时代——自动化时代。自动控制是指在无人干预的情况下，利用外加的设备或装置，使机器、设备或生产过程等（统称被控对象）的某一个工作状态或参数（统称被控量，如温度、压力等）自动、准确地按照预期的规律运行。在过程中无须人参与，但是事先控制规律的设计和控制器的制作必须要有人参与，自动只是指一旦设定规律，造出并应用控制器后，就不需要控制者再干预，被控对象会按照设计的规则自行运作，实现控制者的愿望。

自动控制学科是一个包罗万象的学科，融合了信息论、电子技术、计算机技术等各个方面，控制理论的发展和实现极大地提高了人们的工作效率，提高了社会生产力。从理论方面的发展来看，大体上可分为3个发展阶段，即古典控制理论、现代控制理论和智能控制理论阶段。目前人工智能受到越来越多人的重视，其可以与控制论相结合，或者说基于人工智能的控制使得无数原来需要人去做的、低效率完成的工作现在可以由程序化的计算机通过控制特定的设备来完成。目前，工业上用的自动化设备大多数还是基于古典控制理论的成果。古典控制理论是以传递函数为基础的一种控制理论，控制系统的分析与设计是建立在某种近似的和试探的基础上的，控制对象只能是单输入单输出系统，而对于多输入多输出控制系统、时变控制系统、非线性控制系统等，并不能实现控制系统的分析与设计。其主要的分析方法有频率特性分析法、根轨迹分析法、描述函数法、相平面法等。控制策略仅局限于反馈控制、PID控制等。而在此基础上发展出来的现代控制理论是建立在状态空间上的一种分析方法，它的数学模型主要是状态方程，控制系统的分析与设计可以说是精确的。控制对象可以是单输入单输出控制系统、多输入多输出控制系统、线性定常控制系统，也可以是非线性时变控制系统、连续控制系统、离散或数字控制系统。因此，现代控制理论的应用范围更加广泛，但这些系统的控制对象仅局限于已知系统。其分析与设计方法是建立在状态空间上的，主要的控制策略有极点配置、状态反馈、输出反馈等。控制理论的发展到了近代，产生了智能控制这一分支，智能控制包括最优控制、鲁棒控制、神经网络控制、自适应控制等。其控制对象可以是已知系统，也可以是未知系统，这里包括系统参数未知和系统状态未知。智能控制中的大多数控制策略不仅能抑制外界干扰、周围环境变化、系统参数变化的影响，而且能有效消除模型化误差的影响。

控制理论的发展实际上来源于实践应用需求的推动。在 19 世纪和 20 世纪，由于工业生产效率提升的要求，发展自动化被认为是一个可以大幅提高效率的方向，因此针对被控对象的主要特点进行研究，一般的被控对象在不同的工业领域中被抽象归纳出来，如船、飞机、武器系统或者化工厂中的某类环节等，对这些抽象出来的对象开展研究工作，设计和应用新的控制理论和控制方法。自动控制作为一个独立的工程学科，由于其广泛的用途得到了迅速发展。各处可见隐含的控制技术。如推动工业革命的蒸汽机的发明与改进中，自动化控制的技术就体现了巨大的作用，实现了从手工劳动向动力机器生产的转变，极大地提高了生产效率。1764 年，英国的仪器修理工瓦特在修理蒸汽机模型时，发现了原来蒸汽机的缺点，进行了带有分离冷凝器的改进设计，解决了蒸汽机控制中存在的速度控制问题，使得机器以常速旋转。随着对蒸汽机的不断改进，瓦特于 1788 年发明了离心式调速器，进一步提高了机器的性能。利用调速器和控制阀对蒸汽机进行控制，从而组成一个闭环控制系统，但同时也带来了一个副作用，即产生了稳定性问题，由此产生稳定性理论。一些工程师和科学家提出了相应的解决方案，如 Watt、Maxwell、Routh 和 Hurwitz 等，这些在经典的自动控制课本中都有讲述。特别是俄国数学家李雅普诺夫（Lyapunov），他针对一般运动系统，不仅限于线性系统，提出了稳定性的定理，只要找到李雅普诺夫函数，经过推导，就能判断设计的控制系统是否稳定。在工业生产中，如电厂和化工厂，要求厂里各管道中的压力、温度等参数保持稳定，我们常用的解决方案是 PID（比例、微分、积分）控制，那么涉及的问题就是需要调节参数，Ziegler - Nichols 提出了调节法则。工业部门设计的各种传感器、阀门、通信系统、控制器都要满足一定的标准，以使整个自动控制系统能够运行。

自动控制中突出的应用是在飞行器控制中。起初，工程师试图模仿鸟类飞行，建造像鸟一样的装置，至少要具有鸟的一些特征，如翅膀。因此，首先要理解鸟飞行时的动力学特性，然后再进行模型的建立，从而设计和实现控制。一般而言，设计控制系统来针对特定的对象进行控制，主要需要掌握被控系统的本质特性，而不是一味地模仿已有生物体的表面特征，比如当代大部分飞行器的机翼就是固定的，并不像鸟类一样是可活动的。通过自动控制使得系统保持稳定，并进行飞行控制。随着技术的进步，产生了自动驾驶仪的概念和装置，这其中就有自动控制回路的结构，这样很大程度上减小了飞行员的工作量，并使得系统更稳定和安全。在自动控制理论实施的领域，被控对象的数学模型应该在物理上正确，但是又不需要与物理系统完全一致，关键是要有利于设计控制器，有利于真正地利用特性进行有效控制。本身不稳定系统有一定的优势，通过对鸟类的研究发现，系统本身不稳定时，它的灵活性和可操纵性要更好。在控制中，有效地处理信号的方法作为反馈环节的一部分是必不可少的，需要把测量数据和数学模型结合起来，测量中做出贡献的有卡尔曼（Kalman）等，在此基础上又有各种改进，如扩展卡尔曼滤波、粒子滤波等。谈起在此基础上的应用，就不胜枚举了。自动控制广泛应用于各类大型企业，如在现代化发电厂中，集散控制系统被广泛应用。这些控制系统通常由专业的厂商提供，这些厂商负责系统销售和维护，主观上是为了企业的利益，客观上也推动了社会生产力的发展。

现在互联网已经广泛深入到社会日常生活中的方方面面，而控制技术在其中起着开创性的作用。一开始在进行长距离（如跨洋通信）电话通信时，为了保持信号的有效性，信号放大器必不可少，然而因为电子元器件本身有内在非线性特性，传输信号的过程中会叠加很多的噪声并受到各种干扰，这样对于通信质量产生了巨大的不良影响。其解决方案是由美国工程师 Harold Stephen Black 于 1934 年提出的，他提出了负反馈放大器，即 negative feedback amplifier。这个发明在电子领域是革命性的，因为当时的各种电子器件本身是非线性的，长途传输信号带来了很多噪声问题，而通过这个负反馈，很大程度上可以使之成为线性的。然而，系统加入负反馈放大器后的问题在于可能会使系统不稳定而振荡，直到通过稳定性理论（由 Nyquist 和 Bode 做出了开创性贡献）来分析和确保系统的稳定性时，它在电子行业的作用就更大了，长期以来被认为是电子领域在 20 世纪最伟大的发明。从这里可以看出，控制论中反馈概念在电子通信行业发展中起到了关键作用。

从自动控制理论与应用的发展历史可以看出，控制理论的发展完全来源于实践。其中很多杰出的数学家、物理学家、工程师都做出了突出的贡献。控制理论中的稳定性理论、各类智能控制理论如最优控制等的发展都包含了前辈的努力，其中如汉密尔顿（Hamilton）、贝尔曼（Bellman）、欧拉（Euler）、拉格朗日（Lagrange）、Pontryagin、Kalman 等先驱都做出了开创性的贡献。

围绕控制系统的应用与设计需求，设计者主要关注 3 点：控制的目的、控制系统的组成、控制系统的输出。

不同类型的传感器和作动器，可以构成各类特定目的的控制系统，如车床（通过控制振动幅度提高精度）、机器人（各种类型，包括手术机器人）和工业自动化系统等。控制系统越来越智能，人们的生活越来越丰富与便利，技术进步推动人类社会发展，控制系统在其中的作用越来越大。如谷歌的无人驾驶汽车可帮助盲人便捷外出，自动泊车辅助系统乃至无人驾驶将进一步便利人们的生活。控制系统主要是收集各种传感器的信息，然后进行分析、处理和计算，得到合适的输出指令传输给作动器，这样执行机构使得整个系统的运行满足预期要求。反馈是为了实现控制系统的自动实现目标和要求而设计的，这一个概念最初是从生物学中获得启发而由控制论创始人维纳提出的，闭环控制系统使得系统可以自我运行并完成设定功能。

下面给出一般闭环控制系统的结构图。

如图 1－1 所示，这是典型的闭环控制系统，其中 $R(s)$ 是参考输入信号，一般是指令信号，$E(s)$ 是误差信号，$C(s)$ 是控制器环节，$G(s)$ 是被控对象环节，$Y(s)$ 是被控对象的输出，$H(s)$ 是反馈环节。从这张图可以看出什么是反馈，以及如何通过反馈形成闭环。

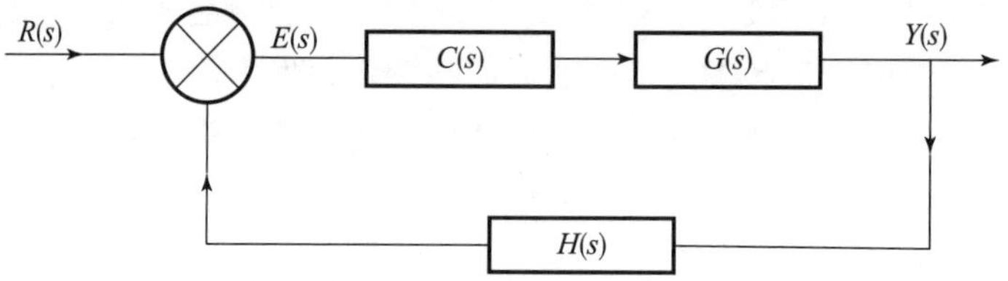

图1－1　典型闭环控制系统

闭环系统是用反馈回路来减小参考输入和系统输出之间的误差，直观地看，反馈仅仅减小了系统的误差，然而反馈对于系统的影响不仅在于减小误差，还影响系统的稳定性、带宽、整体增益、阻尼和敏感度等。

典型反馈系统的闭环传递函数［这里不考虑 $C(s)$］可以表示为：

$$M = \frac{Y}{R} = \frac{G}{1 + GH} \tag{1-1}$$

反馈对于系统增益的影响可以通过式（1－1）表示出来。在自动控制中，我们所指的反馈主要是指负反馈。因为一般来讲，只有负反馈才能使系统趋于稳定，使得输出值与期望设定值趋于一致，而正反馈则有可能会使系统振荡，趋于不稳定。反馈的总体影响是它可能增加或者减小开环增益 G。在一个实际的控制系统中，G 和 H 是频率的函数，所以 $1 + GH$ 的幅值可能在一个频率时大于1，而在另一个频率时小于1。反馈对于稳定性有影响，稳定性是定义系统是否能跟踪输入指令，也是有用的前提条件，而不稳定的系统是无法使用的。严格意义上说，一个系统被称为不稳定，也就是它的输出失去控制，是不希望在正常系统中出现的。假如 $GH = -1$，系统的输出对于任何有限输入都是无限，这样的系统就被称为不稳定系统，因此，可以说反馈能导致原来稳定的系统变得不稳定。反馈具有两面性，若能被正确使用，就有益处；反之，则有害处。

下面讨论一下反馈控制系统的类型。反馈控制系统根据不同的分析和设计方法，可以分为非线性的和线性的。对于实际系统，大体上都有一定程度的非线性，但是非线性系统分析起来复杂而且可以适用的理论工具不多，因此如果可能，控制工程师还是希望把系统首先在一定范围内进行线性化，再利用各种理论工具进行分析设计。真实系统可以当成线性系统的条件是当系统中信号幅值范围在一定区间时，这时系统成分表现出线性特点，如符合叠加原理，则该系统本质上是线性的。但是当信号的幅值超过线性操作的范围，取决于非线性程度，那么此时的系统不能被看作线性系统，如控制系统中的放大器，当输入信号很大时有饱和效应，电机的磁场也有饱和特性；其他非线性特性包括齿轮间关系、摩擦力和弹簧的非线性等。非线性也不一定都是不好的特性，有时候通过非线性能提高控制系统的性能，如为了获得最短控制时间，在许多导弹和航天器的控制中会使用开关控制。通常在这类系统中，将喷气管安装在飞行器的边上，在一定时间内喷出一定量的气体来控制飞行器的姿态。

相对于非线性系统的多变性和复杂性，线性系统表现的特点使得它们有一整套完善的处理工具，非线性系统的处理没有通用的方法。因此，在实际操作过程中我们通常会忽略系统的非线性，先设计控制器，然后把设计的控制器应用到非线性系统中，经过试验进行调整、改进。时变系统分析相对来说也比较困难，很多时候系统被假设为非时变的是合理的。当控制系统的参数相对于时间在系统运行过程中保持不变时，那么该系统被称为时不变系统。实际上，大多数系统包含一些随着时间的变化而变化的参数，如导弹控制系统，随着导弹的飞行，导弹的推力由于燃料的损耗会发生衰减。

根据系统中信号的特点，可以分为连续系统和离散系统。连续系统中的各部分信号是连续时间变量的函数，连续系统中的信号可以进一步被分为直流信号和交流信号，当我们说一个交流控制系统时，它通常意味着系统中的信号通过了一定形式的调制。直流控制系统则意味着信号没有经过调制，但是它们仍然是交流信号，典型直流控制系统的组成是直流放大器、直流电机、直流电位计和直流转速计等。离散系统中的各部分信号是数字量，典型的离散系统包含计算机控制系统，由计算机控制系统中的计算机对信号进行处理。有一些系统实际上是混合系统，比如被控对象可能是连续的，而负责指令计算的部分是计算机，那就是离散的。

1.2　自适应控制的创立

自动控制理论通过反馈的引入已经能在一定程度上应对系统中存在的干扰，那人们为什么还要提出自适应控制呢？它与一般的自动控制（反馈控制）又有什么不一样呢？这是因为在控制系统中的被控对象不是一成不变的，随着时间的推移以及工作环境的变化，原来系统中元器件的性能会发生不可避免的变化。这样就会导致原来进行控制规律设计时所依赖的模型变得不准确了，有时候还会导致原来建模时允许忽略的因素成为至关重要的部分。若被控对象的特点发生了变化，如果控制规律不进行相应的变化，控制效果就很难理想。例如导弹或飞机的气动参数会随其飞行速度、飞行高度和大气密度而变。特别是导弹的飞行速度和飞行高度的变化范围很大，因此导弹所处的环境条件可在很大的范围内变化，如气动系数等就会相应地发生改变。除了环境变化对控制对象的影响外，控制对象本身的变化也可影响其数学模型的参数。例如导弹在飞行过程中，其重量和质心位置会随着燃料的消耗而改变，这会影响其数学模型的参数。于是一个自然的问题是如何对控制规律进行设计，使其能够应对对象的变化。事实上自动控制中的一个基本概念——反馈能在一定程度上应付控制对象的变化，然而对于某些变化仅通过单一的反馈是不能获得理想的控制效果的。一个实际系统的数学模型是不可能描述它的全部动态特性的，未被描述的那部分动态特性称为未建模动力学特性，已被描述的那部分动态特性称为已建模动力学特性。当控制对象的数学模型参数在小范围内变化时，可用一般的反馈控制、最优控制或者补偿控制等方法来消除或减小参数变化对控制品质的有害影响。如果控制对象的参数在大范围内变化时，上面的这些方法就不能很好地解决问题了。

为了解决控制对象参数在大范围内变化时，系统仍能自动地工作于最优或接近于最优的运行状态，就提出了自适应控制方法，这种控制能在系统的运行过程中，通过不断地测量系统的输入、状态、输出或者性能参数，逐渐了解和掌握对象，然后根据所得的过程信息，按一定的设计方法，作出控制决策去更新控制器的结构、参数或者控制作用，以便在某种意义下使控制效果达到最优或次优，或达到某个预期目标，按此设计建立的控制系统就是自适应控制系统。自适应控制的英文为“adaptive control”，是一种“你变我也变”的控制策略。自适应控制有许多不同的定义，到目前为止尚未统一，争论也比较多，许多学者提出的定义都是同具体的自适应控制系统类型相联系的。其中有些定义比较流行，概念也比较清楚，下面将加以介绍。1962 年 Gibson 提出一个比较具体的自适应控制定义：一个自适应控制系统必须提供被控对象当前状态的连续信息，也就是辨识对象；然后它必须将当前系统性能与期望的或最优的性能相比较，并作出使系统趋向期望或最优性能的决策；最后，它必须对控制器进行适当的修正，以驱使系统走向最优状态。这三个方面的功能是自适应控制系统所必须具备的功能。1974 年法国学者朗道也提出了一个针对模型参考自适应控制系统的自适应控制定义：一个自适应系统，将利用其中的可调系统的各种输入状态和输出来度量某个性能指标；将所测得的性能指标与规定的性能指标相比较；然后，由自适应机构来修正可调系统的参数或者产生一个辅助的输入信号，以保持系统的性能指标接近于规定的指标。定义中提出的可调系统一般由被控对象和调节器组成，它可以通过修改它的内部参数或者输入信号来调整其性能。

综合以上定义，在本书中自适应控制可简单定义如下：在系统工作过程中，系统本身能不断地检测系统参数或运行指标，根据参数的变化或运行指标的变化，改变控制参数或改变控制作用，使得系统运行于最优或接近于最优工作状态。自适应控制也是一种反馈控制，但它不是一般的系统状态反馈或系统输出反馈，而是一种比较复杂的反馈控制。它和模糊控制、神经网络控制、鲁棒控制等同属于智能控制范畴。自适应控制系统比较复杂，即使对于线性定常被控对象，其自适应控制也是非线性时变反馈控制系统。自适应这种思想看起来很直观也容易理解，然而在真正进行具体实现时，存在一些问题，一个是如何辨析对象的变化？有时候对象的变化是缓慢的，有些变化是很难测量的。第二个问题是如何应对这种变化？这两个主要问题正是自适应控制理论与实践要解决的。

笼统地说，自适应控制是一种适应性控制策略，它是根据检测到的性能指标的变化，产生相应的反馈控制律，以消除这种变化，达到预期的控制目标。自适应控制必备的功能：能够从输入/输出数据的分析中，检测到对象的变化，根据这种变化调节控制律。当对控制对象的动态特性知道很少或对象的动态特性具有不可预测的较大变化时，为了构造高性能的控制系统，产生了自适应控制系统。自适应，根据韦伯词典解释，是指针对一个特定的或者新的情况通过修正自身来适应。由此，自适应控制器的定义产生了，它应该也是满足以上定义的，不过针对的是控制器这个对象，特定的情况就是控制器所应用的场合。从字面上来看，自适应，即自己适应，那么具体如何适应呢？

自适应控制系统是能自动地适时地调节系统本身控制规律的参数，以适应外界环境变化、系统本身参数变化、外界干扰等的影响，使整个系统能按某一性能指标运行在最佳状态的系统。自适应控制系统主要含有两个关键点，一是参数可调，二是有可以调节参数的机制。

自适应控制的基本思想是：在控制系统的运行过程中，系统本身不断地测量被控系统的状态、性能和参数，从而“认识”或“掌握”系统当前的运行指标并与期望的指标相比较，进而作出决策，来改变控制器的结构、参数或根据自适应规律来改变控制作用，以保证系统运行在某种意义下的最优或次优状态。

实际上，从控制理论的发展来说，反馈控制、扰动补偿控制、最优控制以及鲁棒控制等，都是为了克服或降低系统受外来干扰或内部参数变化所带来的控制品质恶化的影响。这些在一定范围或某个侧面上亦能克服或抑制某些不确定性或干扰的传统控制方法与自适应控制的区别在于：

自适应控制是主动去适应这些系统或环境的变化，而其他控制方法是被动地、以不变应万变地靠系统本身设计时所考虑的稳定裕量或鲁棒性克服或降低这些变化所带来的对系统稳定性和性能指标的影响；好的自适应控制方法能在一定程度上适应被控系统的参数大范围的变化，使控制系统不仅能稳定运行，而且能保持某种意义下的最优或接近最优，而其他控制方法只能适应小范围的变化或扰动，在一定范围保持系统稳定，伴随而来的还会降低系统的性能指标。

自适应控制也是一种基于模型的方法，与基于完全模型的控制方法相比，它所依赖的关于模型和扰动的先验知识比较少，自适应控制策略可以在运行过程中不断提取有关模型的信息，自动地使模型逐渐完善。

自适应控制系统的基本组成如图 1－2 所示。

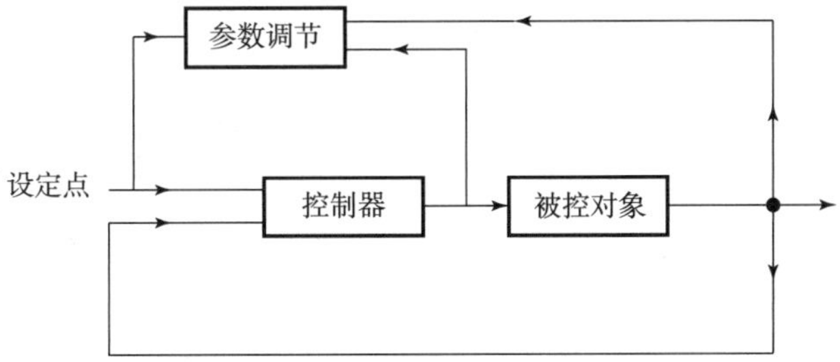

图 1－2　自适应控制系统的基本组成

从图 1－2 中可以看出，设定值输入到控制器中，控制器输出控制信号给被控对象，根据被控对象的输入/输出进行分析，对控制器参数进行调整。在以上的框图中给出了自适应控制的两个回路，一个回路是原有的一般反馈系统的回路，另一个是自适应控制系统独有的控制器参数调节回路。与传统的控制方法相比，自适应控制方法最显著的特点是不但能控制一个已知系统，而且还能控制一个完全未知或部分未知的系统。传统的控制方法例如 PID 控制、状态反馈控制、最优控制等，其控制对象只能是一个已知系统，即参数已知、状态已知，它的控制策略、控制规律往往是建立在已知系统的基础之上的。而自适应控制的控制策略、控制规律是建立在未知系统的基础之上的，它不但能抑制外界干扰、环境变化、系统本身参数变化的影响，在某种程度上，还能有效消除模型化误差等的影响。自适应控制的目的是通过设计一个自适应控制器，使被控对象的输出满足其动态性能的要求或使某个目标函数为最小。从这个意义上讲，自适应控制范围更加广泛，控制程度更加深入，更有实际应用价值。一个理想的自适应控制系统应该具有下列能力：

（1）有适应环境变化和系统要求的能力。

（2）有学习的能力。

（3）在变化的环境中能逐渐形成所需的控制策略。

（4）在内部参数失效时有自行恢复的能力。

（5）应具有良好的鲁棒性，从而使控制系统的性能对环境变化、过程参数变化和建模误差等不敏感。

1.3　自适应控制系统的类型

在20世纪50年代初自适应控制系统就已经出现，但只是到了最近几十年才取得了较大进展，其理论、设计方法和应用还没有成熟，新的概念和方法仍然在不断涌现，这使得这一领域的学术观点繁多，在许多问题上还没有形成统一的认识。最突出的例子是没有一个公认的用以确定一个系统是否具有自适应性质的“自适应”定义。“自适应”这个术语是从生物学中借用过来的。在生物学家看来，一个细胞，一个器官，一个机体或者一个物种，如果在变化着的环境中，能调节自身的性能以维持生理平衡，那它就是自适应的，冠以自适应的问题，生理学中已有一种含义确切的自适应度理论，歧义很小。然而，当把这个形象直观的概念移植到其他学科时，“自适应”这个术语便在各种具体的应用场合下有了不同的含义，并引起了争议。在1973年，美国电气与电子工程师协会所属控制系统学会的一个专门小组委员会（自适应学习和模式识别标准与定义小组）建议，把“自适应控制”正名为“适应式自组织控制”。“自组织”一词是从技术观点提出的，它含有系统的结构和参数可在线调整的意思，但是，这个建议没有得到多数人的响应，至于自适应控制系统的分类和其他问题，更是众说纷纭。尽管如此，在这里，我们只限于介绍已被普遍认可的、应用较为广泛的自适应控制系统类型，并把重点放在主要的两种上面。

自适应系统的类型，主要可以分为模型参考自适应、自校正控制和其他形式自适应控制。模型参考自适应控制系统（MRAC 系统）基于的是李雅普诺夫稳定性理论和波波夫超稳定性理论以及正实性概念。自校正控制基于的是概率理论和辨识理论。其中模型参考自适应控制主要是要求有一个参考模型，将对象的输出结果与参考模型的输出结果进行比较，利用得到的误差信息来对控制器参数进行修正。参考模型是一个动态品质优良的模型，在系统运行过程中，要求被控对象的动态特性与参考模型的动态特性一致。例如，要求状态一致或输出一致。按照结构形式分，模型参考自适应控制系统有并联模型参考自适应、串联模型参考自适应和串并联模型参考自适应，一般并联模型用得较多。对于自校正控制系统，Gibson在1962年提出了这样的定义：一个自适应控制系统必须连续地提供受控系统的当前状态信息，也就是必须对过程进行辨识；然后将系统的当前性能与期望的或最优的性能进行比较，作出使系统趋向期望的或最优的性能的决策；最后，必须对控制器进行适当的修正，以驱使系统接近最优状态。除了这种分类方法，还可以按照自适应控制的实现方式（连续性或离散性）来分，可分为连续时间模型参考自适应系统、离散时间模型参考自适应系统和混合式模型参考自适应系统。模型参考自适应控制一般适用于确定性连续系统。模型参考自适应控制的设计可用局部参数优化理论、李雅普诺夫稳定性理论和波波夫超稳定性理论。用局部参数优化理论来设计模型参考自适应系统是最早采用的方法，用这种方法设计出来的模型参考自适应系统不一定稳定，因此还需进一步研究自适应系统的稳定性。目前多采用李雅普诺夫稳定性理论和波波夫超稳定性理论来设计模型参考自适应系统，在保证系统稳定的前提下，求出自适应控制规律。

如图 1－3 所示，模型参考自适应控制系统由参考模型、被控对象、常规的反馈控制器和自适应控制器等构成。其中设定点也称为参考输入，模型输出表示系统希望的动态特性，即用参考模型表示符合系统性能要求的理想系统，因此也可以将参考模型称为希望模型，它的输出为希望输出。自适应控制器的自适应调节过程是当规范输入（参考输入）同时加到被控对象和参考模型的输入端时，由于被控对象的初始参数不确定（或事先未知），控制器的初始参数不能调节得很好，因此被控对象的输出与参考模型的输出之间将产生一定的误差，这个误差称为自适应控制误差。当自适应控制误差被引进到自适应控制器中去时，经过自适应控制规律运算，直接改变控制器的参数，产生新的控制作用控制被控对象，从而使被控对象的输出渐近一致地跟随参考模型的输出，直到自适应控制误差满足要求为止。设计这类系统的核心是如何综合设计自适应控制调节规律。

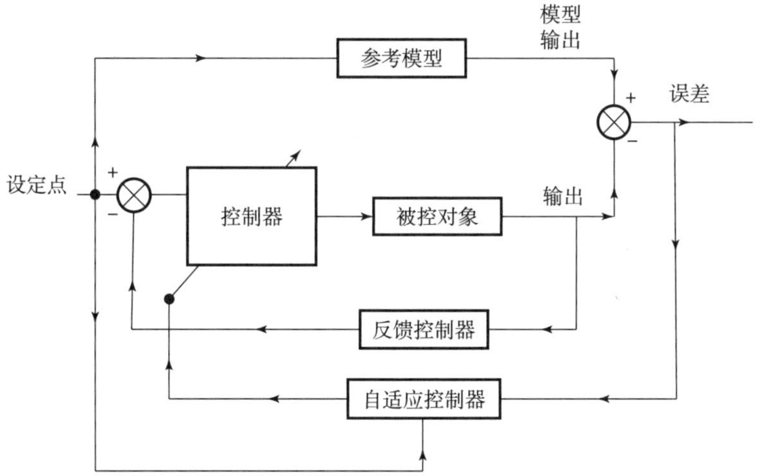

图 1－3　模型参考自适应控制系统结构图

自校正控制可分为自校正调节器和自校正控制器两大类。自校正控制的运行指标可以是输出方差最小、最优跟踪或具有希望的极点配置等。因此自校正控制又可以分为最小方差自校正、广义最小方差自校正和极点配置自校正控制等。设计自校正控制的主要思想是用递推辨识算法识别系统参数，然后根据系统运行指标来确定调节器或控制器的参数。一般情况下自校正控制适用于离散随机控制系统。

自校正控制需要对被控对象的模型进行参数辨识，得到信息后再用之来修正控制器的参数。自校正控制的基本思想是将参数递推估计算法与对系统运行指标的要求结合起来，形成一个能自动校正调节器或控制器参数的实时计算机控制系统。首先读取被控对象的输入和输出的实测数据，用在线递推辨识方法，辨识被控对象的参数向量和随机干扰的数学模型。按照辨识求得的参数向量估值和对系统运行指标的要求，随时调整调节器或控制器参数，给出最优控制函数 $\boldsymbol{u}(t)$，使系统适应于本身参数的变化和环境干扰的变化，处于最优的工作状态。

如图 1－4 所示，自校正调节器的控制对象也是一个未知系统或部分未知系统。这种控制系统可以认为是一个通常的状态反馈控制系统的在线化系统。它的设计思想是先假设被控系统的参数已知，适当选择目标函数，决定最优控制规律。即先确定控制器结构，接着根据输入/输出信息，通过辨识机构进行系统参数辨识，将辨识参数看成系统实际参数，修改控制器参数，构成控制输入，调节未知系统，使被控系统动态性能达到最优。由图 1－4 还可以看出，自适应调节器系统由参数辨识器和自适应控制器构成，参数辨识器通常是用最小二乘法、扩张最小二乘法或卡尔曼滤波器反复计算进行辨识的。

其他形式的自适应控制，主要有变结构自适应控制、混合自适应控制和模糊自适应控制等。

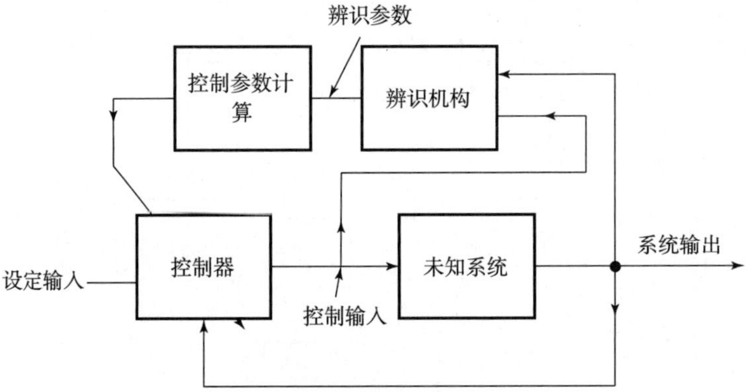

图 1－4　自校正调节器系统

模型参考自适应控制与自校正控制系统的共同特点是：控制器的参数能随被控系统特性的变化和环境的改变而不断进行调节，因而系统具有一定的“自适应”能力，但控制器参数的调节方法是不同的，其中模型参考自适应控制系统的参数调节，是基于参考模型与被控系统的输出之间的误差进行调节的，而自校正控制系统的参数调节是基于被控对象的参数辨识进行的。其基本设计思想也是有区别的，模型参考自适应控制系统的设计思想是在保证系统稳定的前提下构成自适应控制规律，而自校正控制系统是按某一性能指标为最优来决定自适应控制规律的。

1.4　自适应控制理论的发展

控制器参数的自动调整最早出现于 1940 年，当时的自适应控制仅被定义为控制器所具有的按照过程动态和静态特性调整本身参数的能力。在此期间，飞机自适应控制器的设计对自适应控制的研究产生了巨大的影响。在 20 世纪 50 年代初期，Draper 和 Li 在 1951 年提出了一种自适应控制的方法，他们介绍了一种能使性能不确定的内燃机达到最优性能的控制系统。这种类型的控制能自动地达到最优的操作点，所以称为最优控制或极值控制。而自适应这一专门名词是 1954 年由钱学森在《工程控制论》一书中提出的，其后，在 1955 年 Benner

和 Drenick 也提出了一个控制系统具有“自适应”的概念。

自适应控制诞生之后，一个重要的应用是在航空领域，当时是为了设计高性能飞行器如 X-15 的自动驾驶仪。这类高速飞行器的特点是飞行速度和高度的范围很广。在研究中发现对于这种飞行器，常规的常值比例以及线性反馈控制系统只能够在某一个工作点附近获得期望的控制效果，但是对于整个大范围的飞行包线，控制效果不理想。因此需要设计一种更有用的控制器使得对于宽范围工作条件仍然能够适用。通过一段时间的研究和发展，研究人员发现增益调度对于飞行器控制系统是适用的，因此对于自适应控制的需求就不大了，而且那时候自适应控制问题需要的一些技术还不具备，导致很难处理这类问题，事实上，增益调度能很好地处理各种可预测的变化，对于不可预测的变化，自适应控制是更好的选择。

美国麻省理工学院的怀特克教授针对飞机自动驾驶仪提出了参考模型自适应控制方法。20 世纪 50 年代，怀特克教授和他的同事为设计一种自动适应飞机飞行控制的系统，首先提出了这样一种控制方案：利用参考模型期望特性与实际飞行特性之间的误差，去调整控制器的参数，使飞机驾驶达到理想的状态。该控制方案就是著名的 MIT 方案，它用梯度法实现控制器参数的自适应调节规律，是一种模型参考自适应控制系统。由于该方案并不能保证系统总是稳定的，而且当时因现代控制理论尚不成熟和计算机技术的限制，1957 年用自动驾驶仪试验时随着飞机失事而失败。MIT 方案是基于传递函数的，讨论的是单变量系统，主要手段是局部参数优化，这种方法无法保证系统的稳定性，在 MIT 方案产生后，在控制界还是引起了不少关注，但一直没有突破。到了 20 世纪 60 年代，对于自适应控制理论的研究又兴盛起来了，引入了状态空间方法和稳定性理论，在随机控制理论方面也获得了一些重要成果，贝尔曼提出动态规划，增加了对于自适应过程的理解。另外，Tsypkin 做出了一些基础性的贡献，证明了许多学习和自适应控制结构能用一个通用的架构进行描述。同时对于系统辨识，有许多进展。直到 20 世纪 70 年代，这一方案才重新兴起。1960 年到 1970 年间，控制理论（如状态空间和稳定性理论）得到了发展，从而为自适应控制提供了有效支撑，并注入了新技术（对偶控制、自适应控制递推方法及模型辨识与参数估计）；1962 年首次成功地实现了用计算机进行直接数字式控制。1963 年罗马尼亚学者波波夫（V. M. Popov）提出了超稳定性理论，随即法国学者朗道（I. D. Landau）把这一理论应用到模型参考自适应控制中。在 1966 年德国学者帕克斯（Parks）提出了用李雅普诺夫第二法推导自适应算法，以保证自适应系统全局渐近稳定，从而奠定了模型参考自适应控制的基本形式。1973 年瑞典学者阿斯特罗姆（K. J. Åström）和威特马克（B. Wittenmark）首先提出了自校正调节器，并在造纸厂获得成功，由于该算法容易在微处理器上实现，因而受到了普遍的重视。1974 年 Monopoli 提出了辅助变量的方法，使得模型参考自适应控制只需要利用系统的输入/输出信息就能实现。Narendra 等人在模型参考自适应控制系统稳定性证明和参数估计方面取得了成绩。所有这些人的工作，丰富和逐步完善了模型参考自适应控制理论。此后，英国的 Clarks 和 Gawthrop 提出了一种广义自校正控制器，使得自校正控制能用于非最小相位系统，1976 年英国 Edmunds 首次提出了极点配置自校正技术，阿斯特罗姆等人也对其进行了研究。而 Borrisson、Koivo、Prager 等人将自校正控制引入到多输入/输出系统。在自适应控制系统的稳定性和收敛性方面，美国的 Narendra、Morse 和澳大利亚的 Goodwin 做了许多研究，Edgart

和朗道研究了模型参考自适应控制与自校正控制之间的关系。还有许多学者和研究人员做了很多研究和实验工作，并取得了有意义的成果，在此不一一列举。这些结果导致在 20 世纪 70 年代自适应控制的研究开始重新兴起，许多融合不同设计和估计方法的控制应用被报道，但是理论的进展却非常有限。在 20 世纪 70 年代后期和 80 年代早期，在一些假设条件下，自适应系统的稳定性得到了证明。把鲁棒控制和系统辨识结合起来的想法与自适应控制紧密联系起来，这引起了对自适应控制鲁棒性的研究。在 20 世纪 80 年代晚期和 90 年代早期，对于自适应控制的鲁棒性研究获得了一些进展。自适应控制事实上与工业实践联系密切，很多理论成果在工业上得到了应用，并由此推动了理论的发展，在 20 世纪 80 年代早期，很多自适应控制器进行了商业化应用。对当时来说，很多工业用控制器都有一定形式的自适应功能。总体而言，自适应控制是为了应对过程动态和干扰特性的变化，使得被控系统满足应用需求。

下面，分别针对自适应控制两种主要的类型——模型参考自适应控制与自校正控制，具体进行介绍。

模型参考自适应控制系统的设计方法可以分为以下四个阶段。

（1）第一阶段：1958—1966 年，主要是基于局部参数最优化理论进行设计。

1958 年 Whitaker（怀特克）等人首先提出该方法，并命名为 MIT 规则。接着 Dressber、Price、Pearson 等人也基于局部参数最优化理论提出了不同的设计方法。局部参数优化方法的最大缺点是该方法设计的自适应规律容易引起整个系统的不稳定。

（2）第二阶段：1966—1972 年，解决了 MRAC 系统的稳定性问题。

Butchar 和 Shachcloth、Park、Phillipson 等人首先提出用李雅普诺夫稳定性理论设计 MRAC 系统的方法。这种方法能保证控制系统的稳定性，但是，它需要利用系统的全部状态或输出量的微分信号，这是 Parks 方法的严重缺点。

1974 年，美国马萨诸塞大学的 Monopoli 提出了一种增广误差信号法，仅由系统的输入/输出，便可调整控制器参数。

与此同时，朗道采用波波夫的超稳定性理论进行设计，也得到了类似的结果。

（3）第三阶段：1974—1980 年，解决了系统状态不可测问题。

前面两个阶段提出的方法要求能直接获得控制对象的全部状态，这个比较困难。为了解决这个问题，人们采用如下两种方法。

直接法：直接利用能观测到的对象的输出/输入的数据来综合一个动态控制器。

间接法：设法将对象的参数和状态重构出来，即利用所谓的自适应观测器，然后利用这种估计在线地改变控制器的参数，以达到自适应控制的目的。对此，Monopoli 和 Narendra 等人分别利用直接法设计了模型参考自适应系统。1979 年，Namndm 和 Valavani 等人又提出了间接修改控制器参数的 MRAC 方案。

（4）第四阶段：1980 至今，基于神经网络的模型参考自适应控制系统的设计。

神经网络直接模型参考自适应控制通过调整神经网络控制 NNC 的权值参数，力图使被控过程的输出最后以零误差跟踪参考模型的输出。有人采用 NMRAC 的直接结构，基于稳定性理论选择控制率，解决了放射非线性系统的跟踪问题，并使整个闭环系统渐近稳定。

自适应控制发展的重要进展是在 1958 年麻省理工的怀特克及其同事设计了一种自适应飞机飞行控制系统。该系统利用参考模型期望特性和实际飞行特性之间的偏差去修改控制器的参数，使飞行达到理想的特性，这种系统称为模型参考自适应系统（MRAC 系统）。此后，此类型因英国皇家军事科学院的 Parks 利用李雅普诺夫稳定性理论和法国 Landau 利用波波夫超稳定性理论等设计方法而得到很大的发展，使之成为一种最基本的自适应控制系统。1974 年，为了避免出现输出量的微分信号，美国的 Monopoli 提出一种增广误差信号法，因而使由输入/输出信号设计的自适应控制系统更加可靠地应用于实际工程中。1960 年 Li 和 Van Der Velde 提出的自适应控制系统，它的控制回路中用一个极限环使参数不确定得到自动补偿，这样的系统称为自振荡的自适应系统。Petrov 等人在 1963 年介绍了一种自适应控制系统，它的控制输入由开关函数或继电器产生，并以与参数值有关的系统轨线不变性原理为基础来设计系统，这种系统称为变结构系统。1960—1961 年，Bellman 和 Feldbaum 分别在美国和苏联应用动态规划原理设计具有随机不确定性的控制系统时，发现作为辨识信号和实际信号的控制输入之间存在对偶特性，因此提出对偶控制。

除了模型参考自适应控制，自校正控制也是一种主要的自适应控制类型，自校正控制的思想可以追溯到 Kalman，1958 年 Kalman 在讨论 CARMA（Controlled Auto – Regressive Moving Average）时，用最小二乘估计模型参数，然后再设计最优控制器。他称这样的系统为自最优控制系统。自校正控制一开始就是以随机模型作为研究对象的。与模型参考自适应控制的开端相比，Kalman 的自最优设计思想的提出没有受到重视，这与其当时还没有名声有关。1970 年，IFAC 的辨识和参数估计专题研讨会在布拉格召开，捷克学者 Peterka 发表一篇论文，该文也考虑 CARMA 过程，也用最小二乘估计参数，但不是估计模型的参数而是直接估计由模型导出的控制器参数，当时他讨论的是单变量离散系统。这篇文章也只是理论上的推演，缺乏应用实例，因此也没有引起控制界的呼应。突破性的工作是由瑞典控制理论专家 Åström 和 Wittenmark 完成的，他们提出最小方差自校正调节器，这种调节器容易实现，仅用一台微处理器甚至单板机就能实现，可以在工业生产中应用，经济效益明显。他们证明了参数估计收敛时，设计的调节器将收敛到模型已知时设计的调节器。控制理论界几乎公认 Åström 和 Wittenmark 的工作奠定了自校正的基础，但缺点是不能用于逆不稳定系统，没有工程约束，且功能单一。为了克服这些不足，1975 年英国牛津大学学者 Clarke 和 Gawthrop 提出广义最小方差自校正控制器，他们发表了多篇文章，不断改进设计，直到这种控制器基本全部弥补了最小方差自校正调节器的局限，所以受到了普遍重视。不过，这种算法在处理逆不稳定系统时，尚需选择目标函数中的控制权。由于存在不定性，这个控制权的选择常常要依靠试凑法。因此，人们开始研究既能保持实现简易，又能具有直观性和鲁棒性的新方法，哪怕这种方法不是最优的也能为工程界所接受，这就是极点配置自校正控制技术，这首先是由英国剑桥大学的 Edmunds 在 1976 年提出的，Åström 等也在这方面做了一些工作，但比较富有成效的工作是由英国曼彻斯特大学的 Wellstead 等完成的。除了最优性这一指标外，这种方案在其他方面都超过了上述自校正器，随后又有人提出了 LQG、广义预测和 PID 等自校正器。

总的来说，在 20 世纪 50 年代后期，以及 60 年代前期和中期，由于现代控制理论正处于萌芽和发展阶段，加上实现自适应控制算法的技术手段非常有限，致使自适应控制系统的设计和实现十分困难，直接造成某些自适应控制系统在应用上的失败，极大地挫伤了人们研究和应用自适应控制的积极性。直到 20 世纪 60 年代后期和 70 年代，随着现代控制理论的成熟、微电子技术和计算机技术的发展，以及廉价微型计算机的出现，自适应控制的研究才重新热起来，自适应控制技术的应用也呈现增多的趋势。实践产生了理论，理论指导新的实践，新的实践又提高和完善了理论。自适应控制的发展也离不开这种理论与实践的依赖关系。自适应控制的应用是自适应控制发展的直接动力，是自适应控制理论研究的终极点。下面列举几个发生在 20 世纪 70 年代中后期的成功实例。

在 24 英寸（1 英寸 = 2. 54 厘米）的光学跟踪望远镜中，Gilbart 和 Winston（1974）利用模型参考自适应控制方案把跟踪精度提高了 6 倍；Borrison 和 Syding（1974）在 200 kW 的矿石破碎机中采用自校正控制方案，把产量提高了 10%；在年产 13 万吨纸的纸机中，Cegrall 和 Hedquist（1975）利用类似的自适应方案改进了湿度控制回路的性能，由于静态和动态性能的改善都十分显著，致使这个自适应控制系统被永久地安装在这台纸机上；Dumont 和 Belanger（1978）在工业二氧化钛窑上获得了类似的成果，静态性能改善了 10%，动态性能也有改进，在这个窑中实现了最成功的梯度变化；与飞机相比，在船舶中采用自适应自动驾驶仪要成功得多，Kallstrom 等在 35. 5 万吨的油轮上采用自校正驾驶控制，使速度提高 1%；有工程师在一艘远洋测量船上采用模型参考自适应方法，使得平均速度提高了。进入 20 世纪 80 年代以后，随着计算机硬件价格的降低，自适应控制技术的应用急剧增长。1982 年，第一台工业数字式自适应控制器进入市场，到 1986 年，生产并出售工业过程数字自校正装置或自适应控制器的厂家已有十多家。现在几种著名的产品已经经历了迭代更新，性能越来越先进，使用越来越方便。与此同时，自适应控制技术再度对航空、航天机器人、舰船驾驶以及现代武器系统产生了极大的吸引力，并获得了具体应用。在航空方面，自适应控制首次成功地解决了高性能飞机的自适应自动驾驶仪问题。除此，可借助鲁棒直接自适应控制重构故障后的飞行控制系统；利用飞行员自适应驾驶模型研究和预测新机飞行操纵品质；通过自适应控制技术实现空中飞行模拟和采用自校正控制技术设计飞机刹车防滑控制规律等。增益调度已成为高性能飞行器飞行控制系统的标准方法，并且它也被用到机器人和过程控制中；在高新技术密集的现代武器系统上，自适应控制是极其重要的一种应用技术。以导弹武器系统为例，可以说所有类型的导弹（无论是一般导弹或是遥控导弹，近距小型导弹还是中远程战术导弹）的自动驾驶仪都实现了自适应体制，自激振荡自适应系统被用到导弹控制中。在航天领域内，自适应控制为飞船姿态调节和跟踪、卫星跟踪望远镜安装和使用，以及空间环境模拟等提供了必不可少的关键技术。对于船舶操纵、电机驱动、工业机器人，都有相应的商业化自适应控制系统。在过程控制中，自适应技术不仅用在单回路控制器中，也用在多回路和复杂的控制系统中。目前自适应控制技术已广泛应用于许多领域，例如：机器人操作，飞机、导弹、火箭和飞船的控制，化工过程、工业过程，动力系统舰船驾驶，生物工程以及武器系统，并逐步渗透至经济管理、交通和通信等各个领域。可以预言，随着对控制系统要求的不断提高和计算机技术的迅速发展，自适应控制应用前景将十分广阔，越来越多的自适应控制新结构、新方法和新方案将展现在人们面前。

多年来，除了实际的产品不断出现外，自适应控制理论也取得了一些不小的成就。自校正控制和模型参考自适应控制已经形成了较为成熟的理论体系。从结构到算法，从设计到实施，形形色色的自适应控制方案层出不穷。总体而言，研究自适应控制算法的多，进行理论分析与研究的少。这主要是因为，不论是线性时不变过程，还是非线性时变过程，由于自适应机构的引入，整个自适应控制系统呈现出较强的非线性时变特征。过程参数、控制器参数与系统性能之间的关系难以用传统的数学方式表述，要想分析它们自然十分困难。这些理论研究方面的问题主要包括系统的稳定性、收敛性和鲁棒性。对于某些简单或者特殊的例子，虽然已经有一些结论，但就一般情况而言，要找到答案仍然需要进一步努力。比如，对于模型参考自适应控制的稳定性问题，已经解决了确定性和线性时不变系统的稳定性。因为借助李雅普诺夫稳定性理论和波波夫超稳定性理论推导出的自适应调节规律无疑是稳定的，但是对于随机系统和非线性系统的模型参考自适应控制系统的稳定性研究，还缺乏一般的结论。在自校正控制系统中，参数的收敛、系统的收敛与稳定是比较困难的问题。自适应控制理论与技术的发展应用凝结着国内外许多学者的努力和心血，他们曾在自适应控制的不同方面，如理论奠基和发展、方法和方案研究、各类控制器的设计、系统分析与实验、系统管理和协调、工程实现及应用等方面做出了突出贡献，其中主要的学者有 R. Kalman、V. M. Popov、K. J. Åström、B. Wittenmark、R. Isermann、I. D. Landau、R. Lozano、D. W. Clarke、R. Kofahl、R. Schumann、D. Matko、H. Krutz、M. A. Jordan、G. C. Goodwin 以及我国学者王子才、韩曾晋、郭雷、李清泉、吴宏鑫、冯纯柏、陈宗基、陈新海、柴天佑、刘树棠、周东华、王利新等。

习　题

1. 试用数学方程描述已建模动力学特性和未建模动力学特性，并说明为什么前者的不定性弱于后者的不定性。

2. 试举出一两个具有自适应性质的具体控制系统。

3. 在什么条件下宜采用或不宜采用自适应控制，为什么？

第2章
自适应控制的数学基础

2.1 状态方程、传递函数与时序模型

2.1.1 连续系统的状态方程与传递函数

设控制输入函数 $\boldsymbol{u}(t)$ 为 r 阶，输出函数 $\boldsymbol{y}(t)$ 为 m 阶的线性系统，$\boldsymbol{X}(t)$ 为它的状态向量，则连续系统可表示成

$$\begin{aligned} \dot{\boldsymbol{X}}(t) &= \boldsymbol{A}\boldsymbol{X}(t) + \boldsymbol{B}\boldsymbol{u}(t) \\ \boldsymbol{X}(0) &= \boldsymbol{X}_0 \\ \boldsymbol{y}(t) &= \boldsymbol{C}\boldsymbol{X}(t) \end{aligned} \tag{2-1}$$

式中

$$\boldsymbol{X}^{\mathrm{T}} = [x_1 \quad x_2 \quad \cdots \quad x_n] \quad \boldsymbol{y}^{\mathrm{T}} = [y_1 \quad y_2 \quad \cdots \quad y_m] \quad \boldsymbol{u}^{\mathrm{T}} = [u_1 \quad u_2 \quad \cdots \quad u_r]$$

$\boldsymbol{A}$、$\boldsymbol{B}$、$\boldsymbol{C}$ 分别为 $n \times n$，$n \times r$，$m \times n$ 阶矩阵。

式（2-1）称为线性连续系统状态微分方程，当给定控制输入 $\boldsymbol{u}(t)$ 及其初始值 $\boldsymbol{X}(0)$ 时，其唯一解为

$$\boldsymbol{y}(t) = \boldsymbol{C}\mathrm{e}^{\boldsymbol{A}t}\boldsymbol{X}(0) + \boldsymbol{C}\int_0^t \mathrm{e}^{\boldsymbol{A}(t-\tau)}\boldsymbol{B}\boldsymbol{u}(\tau)\,\mathrm{d}\tau \tag{2-2}$$

其传递函数为

$$\boldsymbol{y}(s) = \boldsymbol{G}(s)\boldsymbol{u}(s) \quad \text{或} \quad \boldsymbol{y}(t) = \boldsymbol{G}(p)\boldsymbol{u}(t) \tag{2-3}$$

式中，p 为微分算子，$\boldsymbol{G}(s)$ 为传递函数矩阵，即

$$\boldsymbol{G}(s) = \begin{bmatrix} G_{11}(s) & G_{12}(s) & \cdots & G_{1r}(s) \\ G_{21}(s) & G_{22}(s) & \cdots & G_{2r}(s) \\ \vdots & \vdots & & \vdots \\ G_{m1}(s) & G_{m2}(s) & \cdots & G_{mr}(s) \end{bmatrix} \tag{2-4}$$

状态方程与传递函数式之间的关系为

$$\boldsymbol{G}(s) = \boldsymbol{C}(s\boldsymbol{I} - \boldsymbol{A})^{-1}\boldsymbol{B} \tag{2-5}$$

这说明线性系统传递函数 $\boldsymbol{G}(s)$ 可由系数矩阵 $\boldsymbol{A}$、$\boldsymbol{B}$、$\boldsymbol{C}$ 唯一确定。若系统状态变量的个数与系统传递函数分母的阶次相同，称此系统为最小实现。这里应当注意，系统传递函数是系统本身固有的，而系统状态变量的选择并非唯一。

2.1.2　离散系统的状态方程、脉冲传递函数

与连续系统相对应，对于离散系统可用状态差分方程来表示。设控制输入函数 $\boldsymbol{u}(k)$ 为 r 阶，输出函数 $\boldsymbol{y}(k)$ 为 m 阶的线性系统，$\boldsymbol{X}(k)$ 为它的状态变量，则离散系统的状态差分方程为

$$\left.\begin{aligned}\boldsymbol{X}(k+1)&=\boldsymbol{F}(T)\boldsymbol{X}(k)+\boldsymbol{H}(T)\boldsymbol{u}(k)\\ \boldsymbol{y}(k)&=\boldsymbol{C}(T)\boldsymbol{X}(k)+\boldsymbol{D}(T)\boldsymbol{u}(k)\end{aligned}\right\}\tag{2-6}$$

式中，T 为采样周期。当给定控制输入 $\boldsymbol{u}(k)$ 及初始值 $\boldsymbol{X}(0)$ 时，其唯一解为

$$\boldsymbol{y}(k)=\boldsymbol{C}\boldsymbol{F}^k\boldsymbol{X}(0)+\boldsymbol{C}\sum_{j=0}^{k-1}\boldsymbol{F}^{k-j-1}\boldsymbol{H}\boldsymbol{u}(j)+\boldsymbol{D}\boldsymbol{u}(k)\tag{2-7}$$

其脉冲传递函数为

$$\boldsymbol{y}(z)=\boldsymbol{G}(z)\boldsymbol{u}(z)\quad 或\quad \boldsymbol{y}(k)=\boldsymbol{G}(q^{-1})\boldsymbol{u}(k)$$

式中，q 为差分算子。

离散系统的状态差分方程与脉冲传递函数之间存在如下关系：

$$\boldsymbol{G}(z)=\boldsymbol{C}(z\boldsymbol{I}-\boldsymbol{F})^{-1}\boldsymbol{H}+\boldsymbol{D}\tag{2-8}$$

连续系统与离散系统之间满足如下关系：

$$\boldsymbol{F}(T)=\mathrm{e}^{\boldsymbol{A}T},\boldsymbol{H}(T)=\left(\int_0^T\mathrm{e}^{\boldsymbol{A}\tau}\mathrm{d}\tau\right)\boldsymbol{B}\tag{2-9}$$

当采样周期 $T\to0$ 时，可近似写成如下形式：

$$\boldsymbol{F}(T)\approx\boldsymbol{I}+T\boldsymbol{A},\boldsymbol{H}(T)\approx\boldsymbol{B}T\tag{2-10}$$

2.1.3　时序模型

在随机环境下，离散系统可以表示成如下形式：

$$y(k)=\frac{B(q^{-1})}{A(q^{-1})}u(k)+n(k)\tag{2-11}$$

式中

$$A(q^{-1})=1+a_1q^{-1}+\cdots+a_nq^{-n}$$
$$B(q^{-1})=b_0+b_1q^{-1}+\cdots+b_mq^{-m}$$

q 为差分算子，$n(k)$ 为满足下列关系的噪声干扰：

$$n(k)=H(q^{-1})m(k)\tag{2-12}$$

这里 $m(k)$ 设为白噪声，$H(q^{-1})$ 用下式表示：

$$H(q^{-1})=\frac{D(q^{-1})}{C(q^{-1})}\tag{2-13}$$

式中，

$$D(q^{-1})=1+d_1q^{-1}+\cdots+d_rq^{-r}$$

$$C(q^{-1})=1+c_1q^{-1}+\cdots+c_pq^{-p}$$

在随机环境下，随机干扰具有如下3种典型形式。

1. 自回归移动平均模型

$$n(k)=-c_1n(k-1)-c_2n(k-2)-\cdots-c_pn(k-p)+m(k)+d_1m(k-1)+\cdots+d_rm(k-r) \tag{2-14}$$

2. 自回归模型

当 $D(q^{-1})=1$ 时，

$$n(k)=-c_1n(k-1)-c_2n(k-2)-\cdots-c_pn(k-p)+m(k) \tag{2-15}$$

3. 移动平均模型

当 $C(q^{-1})=1$ 时，

$$n(k)=m(k)+d_1m(k-1)+\cdots+d_rm(k-r) \tag{2-16}$$

由上可得，离散系统的输出为

$$\boldsymbol{y}(k)=\frac{\boldsymbol{B}(q^{-1})}{\boldsymbol{A}(q^{-1})}\boldsymbol{u}(k)+\frac{\boldsymbol{D}(q^{-1})}{\boldsymbol{C}(q^{-1})}\boldsymbol{m}(k) \tag{2-17}$$

式（2-17）被称为系统辨识基本模型，也称为时序模型。在随机干扰作用下，根据输入、输出信息 $\boldsymbol{u}(k)$、$\boldsymbol{y}(k)$，估计 $\boldsymbol{A}(q^{-1})$、$\boldsymbol{B}(q^{-1})$、$\boldsymbol{C}(q^{-1})$、$\boldsymbol{D}(q^{-1})$ 的系数，称为系统辨识问题。

2.2 Diophantine 方程与非最小实现

具有整系数的不定方程只考虑其整数解时，这类方程称为 Diophantine 方程。这是以最早的代数发明者之一的希腊数学家 Diophantine 命名的方程。

设线性系统可用下述方程表示

$$y(t)=\frac{B(p)}{A(p)}u(t) \tag{2-18}$$

式中，p 为微分算子。其中

$$A(p)=p^n+a_{n-1}p^{n-1}+\cdots+a_1p+a_0$$

$$B(p)=b_mp^m+b_{m-1}p^{m-1}+\cdots+b_1p+b_0$$

引进 n 阶及 n^* 阶（$n^*=n-m$，称为相对次数）稳定标准多项式 $Q(p)$、$D(p)$，则满足下述方程

$$R(p)A(p)+H(p)B(p)=Q(p)[-b_mA(p)+D(p)B(p)] \tag{2-19}$$

的多项式 $R(p)$、$H(p)$ 存在，式中

$$R(p)=r_{n-1}p^{n-1}+\cdots+r_1p+r_0$$

$$H(p)=h_{n-1}p^{n-1}+\cdots+h_1p+h_0$$

称式（2-19）为 Diophantine 方程。对于低阶滤波器，多项式 $Q(p)$ 为 $n-1$ 阶，$D(p)$ 为 n^* 阶，$R(p)$ 为 $n-2$ 阶，$H(p)$ 为 $n-1$ 阶。Diophantine 方程是一个很重要的方程，利用这个方程可获得零极点配置，在自适应控制系统的设计中经常使用这个方程。为了获得被控系统的最小实现，在 Diophantine 方程两边同时乘以 $B^{-1}(p)y(t)$ 并考虑到系统方程式的关系，可得

$$D(p)y(t)=b_m u(t)+\frac{R(p)}{Q(p)}u(t)+\frac{H(p)}{Q(p)}y(t) \tag{2-20}$$

此式被称为非最小实现，它和系统方程式是等阶的。

例 2-1　设被控系统可用下述传递函数描述

$$\frac{y(t)}{u(t)}=\frac{b}{p+a}$$

试利用 Diophantine 方程将系统表示成非最小实现。

解：由于被控系统的阶数 $n=1$，$m=0$，根据 Diophantine 方程可选择多项式代入式（2-20）中得：

$$Q(p)=q_0,D(p)=p+d_0,R(p)=0,H(p)=h_0$$

即该系统的非最小实现为

$$(p+d_0)y(t)=bu(t)+\frac{h_0}{q_0}y(t)$$

例 2-2　设离散系统可用下述数学模型描述

$$\frac{y(k)}{u(k)}=\frac{b_1q+b_0}{q^3+a_2q^2+a_1q+a_0}$$

试根据 Diophantine 方程将系统写成非最小实现形式（式中 q 为差分算子）。

解：由于给定系统 $n=3$，$m=1$，根据 Diophantine 方程，选择

$$Q(q)=q^2+g_1q+g_0,D(q)=q^2+d_1q+d_0$$

$$R(q)=r_1q+r_0,H(q)=h_2q^2+h_1q+h_0$$

根据式（2-20）得：

$$\begin{aligned}y(k)&=\frac{1}{D(q)}\left[b_1u(k)+\frac{R(q)}{Q(q)}u(k)+\frac{H(q)}{Q(q)}y(k)\right]\\&=\frac{1}{q^2+d_1q+d_0}\left[b_1u(k)+\frac{r_1q+r_0}{q^2+g_1q+g_0}u(k)+\frac{h_2q^2+h_1q+h_0}{q^2+g_1q+g_0}y(k)\right]\end{aligned}$$

取参数向量 $\boldsymbol{\Theta}$ 为：

$$\boldsymbol{\Theta}^{\mathrm{T}}=(b_1\quad r_1\quad r_0\quad h_2\quad h_1\quad h_0)=(\theta_1\quad \theta_2\quad \theta_3\quad \theta_4\quad \theta_5\quad \theta_6)$$

信号向量 $\boldsymbol{\xi}$ 为：

$$\boldsymbol{\xi}^{\mathrm{T}}=\left[u(k)\quad \frac{q}{q^2+g_1q+g_0}u(k)\quad \frac{1}{q^2+g_1q+g_0}u(k)\quad \frac{q^2}{q^2+g_1q+g_0}y(k)\quad \frac{q}{q^2+g_1q+g_0}y(k)\quad \frac{1}{q^2+g_1q+g_0}y(k)\right]$$

$$=\left[\xi_1(k)\quad \xi_2(k)\quad \xi_3(k)\quad \xi_4(k)\quad \xi_5(k)\quad \xi_6(k)\right]$$

状态滤波器的输出向量为：

$$\boldsymbol{\zeta}(k)=\frac{1}{q^2+d_1q+d_0}\boldsymbol{\xi}(k)$$

则该系统的非最小实现为：

$$\boldsymbol{y}(k)=\boldsymbol{\Theta}^{\mathrm{T}}\boldsymbol{\zeta}(k)$$

2.3 Lyapunov 稳定性理论

模型参考自适应控制系统和自校正控制系统的设计原理分别以稳定性理论和随机控制理论为基础。对于控制工程师设计的控制系统来说，第一要求是要保证系统的稳定性，对于自适应控制系统，首要品质必须是全局稳定。因此，用局部参数最优化方法设计的自适应系统必须经过稳定性的验证。例如对于 MIT 方案来讲，尤其是高阶系统，验证系统的稳定性是不容易的。对于其他一些比较复杂的自适应系统要验证其全局稳定性也是很困难的，为了解稳定性验证的复杂性，在 20 世纪 60 年代中期，就有研究人员提出以稳定性理论为基础进行自适应控制系统的设计。在这方面的工作中，德国科学家 Parks 在 1966 年首先提出根据李雅普诺夫理论来设计自适应控制律，他基于李雅普诺夫第二法，即通过设定李雅普诺夫函数，推导保证系统稳定性的控制律。随后 Landau 把波波夫超稳定性理论用于自适应控制系统设计，获得成功。

一个控制系统的稳定性，通常是指在外部扰动作用停止后，系统恢复初始状态的性能。即要系统能稳妥地保持预定的工作状态，在受到扰动后能够恢复或接近原来的工作状态。对于自适应控制系统来说，由于系统按照一定的方式调整控制器的参数或输出信号，调整目的是使系统性能逼近一个预想的性能指标，实际上这可归结为一个非线性时变系统的稳定性问题。它来源于力学问题，在力学上如何选择与稳定性状态相对应解的这一问题很早就引起了研究者的兴趣，一些学者如 Laplace、Lagrange、Maxwell、Poincare 等在论文中使用过稳定性的概念，但是都没有给予稳定性以精确的数学定义。控制系统的稳定性通常有两种定义方式：外部稳定性是指系统在零初始条件下通过其外部状态，即由系统的输入和输出两者关系所定义的，即有界输入有界输出稳定。外部稳定性只适用于线性系统。内部稳定性是指系统在零输入条件下通过其内部状态变化所定义的，即状态稳定。内部稳定性不但适用于线性系统，而且也适用于非线性系统。对于同一个线性系统，只有在满足一定的条件下两种定义才具有等价性。稳定性是系统本身的一种特性，只和系统本身的结构和参数有关，与输入/输出无关。

为了分析系统的稳定性，考虑系统受到扰动后的状态，分以下两种情况进行：

（1）在某些情况下，干扰因素对系统的影响不明显，即受干扰系统的解与未受干扰系统的解在经历很长时间后，其差别限制在一个很小范围内，这类系统可以称为“稳定”系统。

（2）在某些情况下，即使扰动因素十分小，但是经过足够长的时间后，受干扰系统的解和未受干扰系统的解差别可以很大，这类系统可以称为“不稳定”系统。

经典控制理论稳定性判别方法：代数判据、奈奎斯特判据、对数判据、根轨迹判据、相平面法（适用于一、二阶非线性系统），但是对于一般的非线性系统的稳定性判别，这些方法不好用。许多研究者都想找出一种比较通用的判断系统稳定性的方法。不少研究者投入了不懈的努力，直到俄罗斯学者李雅普诺夫的出现，才为这个问题的解决提出了一种好的可用的方法，他是第一个给运动稳定性以精确数学定义并系统解决了运动稳定性的一般问题的学者，它的博士论文《运动稳定性的一般问题》为稳定性一般理论和方法奠定了坚实基础。

俄国数学家和力学家 A · M · 李雅普诺夫在 1892 年所创立的用于分析系统稳定性的理论，对于分析控制系统稳定性这个基本问题，它是一个有力工具。对于线性定常系统，已有许多判据如代数稳定判据、奈奎斯特稳定判据等可用来判定系统的稳定性。而李雅普诺夫稳定性理论能同时适用于分析线性系统和非线性系统、定常系统和时变系统的稳定性，是更为一般的稳定性分析方法，它也是自适应控制系统设计的重要理论基础。Lyapunov 对于运动稳定性问题的研究提出了两种方法。第一方法是寻求扰动微分方程组的通解或特解，以级数形式将它表达出来，在此基础上研究稳定性问题。这种方法在理论上是完整的，但在实际应用上有很大的局限性，主要应用于非线性振动领域。第二方法则不一样，它仅借助于一个类似于能量泛函的标量函数和根据扰动运动方程所计算的符号性质来直接推断稳定性问题，所以也被称为直接方法。第二方法创立受到了法国数学家 Poincare 的《微分方程所定义的积分曲线》中所采用的研究方法的启发。一般情况下李雅普诺夫稳定性理论主要指李雅普诺夫第二方法，又称李雅普诺夫直接法。李雅普诺夫第二方法可用于任意阶的系统，运用这一方法可以不必求解系统状态方程而直接判定稳定性。对非线性系统和时变系统，状态方程的求解常常是很困难的，因此李雅普诺夫第二方法就显示出很大的优越性。与第二方法相对应的是李雅普诺夫第一方法，又称李雅普诺夫间接法，它是通过研究非线性系统的线性化状态方程的特征值的分布来判定系统稳定性的。第一方法的影响远不及第二方法。在现代控制理论中，李雅普诺夫第二方法是研究稳定性的主要方法，既是研究控制系统理论问题的一种基本工具，又是分析具体控制系统稳定性的一种常用方法。它不需要求解系统微分方程，而是通过分析虚构的李雅普诺夫函数来判定或设计系统的稳定性。李雅普诺夫第二方法的局限性在于运用时需要有相当的经验和技巧，而且所给出的结论只是系统为稳定或不稳定的充分条件；但在用其他方法无效时，这种方法还能解决一些非线性系统的稳定性问题。因此，李雅普诺夫第二方法被广泛用于自适应控制系统设计中。

为了讨论系统的稳定性，首先要定义一下系统的平衡态，设被控系统在零输入作用下其状态服从以下的非线性状态方程：

$$\frac{\mathrm{d}\boldsymbol{x}}{\mathrm{d}t}=f(\boldsymbol{x},t) \tag{2-21}$$

式中，$\boldsymbol{x}\in\mathbf{R}^n$；$f(\boldsymbol{x},t)$是 n 维向量函数。假设式（2－21）满足解的唯一性条件，且过每一点（t_0，$\boldsymbol{x}_0$），解的存在区间都是［t_0，$+\infty$］。尽管此式的左边只含有一阶导数，但是任意一个最高阶微分可以解出的常微分方程都可以化成这种形式。这里总假设：$f(\boldsymbol{x},t)$ 是连续的，并且局部满足 Lipschitz 条件，那么根据微分方程理论，对于任意初始条件 $\boldsymbol{x}_0$，式（2－21）的解存在且唯一。

定义 2－1　稳定性　设 $\bar{\boldsymbol{x}}(t)(\bar{\boldsymbol{x}}(t_0)=\bar{\boldsymbol{x}}_0)$是式子（2－21）的一个解，若对于任意给定的 $\varepsilon>0$，存在 $\delta(t_0,\varepsilon)>0$ 使得 $\boldsymbol{x}(t_0)=\boldsymbol{x}_0$ 为确定的解，满足$\|\boldsymbol{x}_0-\bar{\boldsymbol{x}}_0\|<\delta$ 时就有

$$\|\boldsymbol{x}(t)-\bar{\boldsymbol{x}}(t)\|<\varepsilon,t\geqslant t_0 \tag{2-22}$$

则称解 $\bar{\boldsymbol{x}}(t)$是在李雅普诺夫意义下稳定的。

定义 2－2　渐近稳定性　设式（2－21）的解是在李雅普诺夫意义下稳定的，且满足下面的条件：存在 $\eta(t_0)>0$，使得当$\|\boldsymbol{x}(t)-\bar{\boldsymbol{x}}(t)\|<\eta$ 时，由其所确定的解 $\boldsymbol{x}(t)$ 满足

$$\lim_{t\to+\infty}\|\boldsymbol{x}(t)-\bar{\boldsymbol{x}}(t)\|=0 \tag{2-23}$$

定义 2－3　一致渐近稳定性　如果解 $\bar{\boldsymbol{x}}(t)$是稳定的，且 $\delta=\delta(\varepsilon)$与 t_0 无关，则解 $\bar{\boldsymbol{x}}(t)$称为一致稳定。如果 $\bar{\boldsymbol{x}}(t)$是渐近稳定的，且 η 与 t_0 无关，则称 $\bar{\boldsymbol{x}}(t)$是一致渐近稳定的。

在某些工程技术应用中，人们往往不仅要求解 $\bar{\boldsymbol{x}}(t)$是渐近稳定的，而且要求 $\bar{\boldsymbol{x}}(t)$的受扰动的解 $\boldsymbol{x}(t)$能较快地趋近于 $\bar{\boldsymbol{x}}(t)$，在给定某段时间内可以使得 $\boldsymbol{x}(t)$和 $\bar{\boldsymbol{x}}(t)$差别变得足够小。然而，渐近稳定性只是说明 $t\to+\infty$时，$\boldsymbol{x}(t)$和 $\bar{\boldsymbol{x}}(t)$差别无限小，但对趋近的快慢程度并没有要求，因此需要引入指数稳定性的概念。

定义 2－4　指数稳定性　设 $\bar{\boldsymbol{x}}(t)$是式（2－21）的一个解，$\boldsymbol{x}(t)$为邻近 $\bar{\boldsymbol{x}}(t)$的一个解。如果对任何 $M>0$，存在 $\delta(M)>0$，以及与 M 无关的 $\alpha>0$，使得当$\|\boldsymbol{x}(t_0)-\bar{\boldsymbol{x}}(t_0)\|<\delta(M)$时，对一些 $t\geqslant t_0$ 有

$$\|\boldsymbol{x}(t)-\bar{\boldsymbol{x}}(t)\|\leqslant M\mathrm{e}^{-\alpha(t-t_0)} \tag{2-24}$$

则称解 $\bar{\boldsymbol{x}}(t)$是指数稳定的。

从定义 2－4 可以看出，如果解 $\bar{\boldsymbol{x}}(t)$是指数稳定的，则它必定是一致渐近稳定的。此时受扰动的解 $\boldsymbol{x}(t)$与未受扰动的解 $\bar{\boldsymbol{x}}(t)$之差随时间衰减的过程不慢于指数衰减规律。而正数 α 是表征衰减快慢程度的一个量。

应该注意的是，李雅普诺夫意义下的稳定性是一个局部性概念，它是考虑未受扰动的解 $\bar{\boldsymbol{x}}(t)$附近的其他解的性态。稳定、渐近稳定以及指数稳定等都是对很小的扰动而言的，并且 δ、ε 只要存在就行，不必考虑其区域大小。而在实际工程中，要让扰动小于 δ、ε，可能本身很难做到。另外，在自适应控制系统设计中，还要求系统对任意大小的扰动，都具有渐近稳定或指数稳定的性质。下面给出定义。

定义 2－5　全局稳定性　如果式（2－21）的解 $\bar{\boldsymbol{x}}(t)$是稳定的，且对任何从 $\boldsymbol{x}_0\in\mathbf{R}^n$ 出发的解 $\boldsymbol{x}(t)$ 都有

$$\lim_{t\to+\infty}\|\boldsymbol{x}(t)-\bar{\boldsymbol{x}}(t)\|=0 \tag{2-25}$$

即对任何 t_0，$\bar{\boldsymbol{x}}(t)$的吸引域都是整个 $\mathbf{R}^n$，则称 $\bar{\boldsymbol{x}}(t)$是全局渐近稳定的。

若 $\bar{\boldsymbol{x}}(t)$是一致稳定的，且是全局吸引的，则称 $\bar{\boldsymbol{x}}(t)$是全局一致渐近稳定的。

如果对任何给定 $\beta>0$（β 可任意大），存在 $M(\beta)>0$ 及与 β 无关的 $\alpha>0$，使得当$\|\boldsymbol{x}(t_0)-\bar{\boldsymbol{x}}(t_0)\|<\beta$ 时，对一切 $t\geqslant t_0\in\mathbf{I}$ 有

$$\|\boldsymbol{x}(t)-\bar{\boldsymbol{x}}(t)\|\leqslant M(\beta)\|\boldsymbol{x}(t_0)-\bar{\boldsymbol{x}}(t_0)\|\mathrm{e}^{-\alpha(t-t_0)} \tag{2-26}$$

则称 $\bar{\boldsymbol{x}}(t)$是全局指数稳定的。

在分析模型参考自适应控制系统时，人们常常更关心的是系统的解和参考模型的解的误差 $\boldsymbol{e}(t)=\boldsymbol{x}(t)-\overline{\boldsymbol{x}}(t)$ 在 $\boldsymbol{e}(t)=\boldsymbol{0}$ 附近的稳定性问题。这可以归结为位于原点的平衡点的稳定性问题。一般地，若 $\boldsymbol{x}_0$ 为系统的一个平衡点，则只要取 $\overline{\boldsymbol{x}}(t)\equiv\boldsymbol{x}_0$，就可以得到非线性系统关于平衡点的稳定性的定义。而在研究平衡点的稳定性时，总可以通过坐标平移，使得新的坐标系的原点和平衡点重合。因此可以只研究位于原点的平衡点的稳定性而不失一般性。

定义2-6　Lipschitz 条件　Lipschitz 条件，即利普希茨连续条件（Lipschitz continuity），以德国数学家鲁道夫·利普希茨命名，是一个比通常连续更强的光滑性条件。直觉上，利普希茨连续函数限制了函数改变的速度，符合利普希茨条件的函数的斜率，必小于一个称为利普希茨常数的实数（该常数依函数而定）。在微分方程中，利普希茨连续是皮卡-林德洛夫定理中确保初值问题存在唯一解的核心条件。

定义2-7　动态系统的正实性　在稳定性理论和控制理论中，特别是在自适应控制系统的稳定性分析和系统辨识的收敛性分析中，源于电路网络理论的正实性概念和理论起了关键性作用。正实性概念最先是在网络分析与综合中提出来的。随着控制理论的不断发展，在滤波、最优控制和自适应控制等方面也引入正实性概念，正实性概念对自适应控制起着重要的作用。下面引入一些基本的数学定义，在这些定义基础上讨论系统的正实性及有关问题。

定义2-8　正实函数　在电工网络分析与综合中首先提出正实性概念。数学中的正实函数概念与电工中的无源网络概念密切相关。由电阻、电容、电感及变压器等构成的无源网络总要从外界吸收能力，因此无源性表现了网络中能量的非负性，其相应的传递函数是正实的。正实性的概念也被引进自动控制中来，系统传递函数的正实性概念对研究自适应控制起着重要作用。

在自适应控制系统与自适应观测系统的设计中，正实函数的概念起着重要的作用，特别是不利用微分值（离散系统中不利用未来值）而仅利用输入/输出信号构成参数调节规律时，这个正实条件是很有必要的。

Hurwitz 多项式：即稳定多项式，其根都在开左半平面内。

如果有理传递函数的分母多项式是 Hurwitz 多项式，则称该有理传递函数是稳定的。如果有理传递函数的分子多项式是 Hurwitz 多项式，则称该有理传递函数是最小相位的或是逆稳的。反之称为非最小相位的或非逆稳的。

（1）复变量的正实函数。

设 $h(s)=\dfrac{M(s)}{N(s)}$ 是复变量 $s=\sigma+\mathrm{j}\omega$ 的有理函数，其中 $M(s)$ 和 $N(s)$ 都是多项式。下面给出正实函数和严格正实函数的定义。

若 $h(s)$ 为正实函数，则 $h(s)$ 应满足下列条件：

①当 s 为实数时，$h(s)$ 是实函数。

②$h(s)$ 在开的右半平面即 $\mathrm{Re}(s)>0$ 上没有极点。

③$h(s)$ 在 $\mathrm{Re}(s)=0$ 轴（也就是 $s=\mathrm{j}\omega$）上如果存在极点，则是相异的，相应的留数为实数，且为正或为零。

④对任意 ω（$-\infty<\omega<+\infty$，当 $s\neq\mathrm{j}\omega$ 不是极点时），有 $\mathrm{Re}[h(\mathrm{j}\omega)]\geqslant 0$。

若 $h(s)$ 为严格正实函数，则 $h(s)$ 应满足下列条件：

①当 s 为实数时，$h(s)$ 是实函数。

②$h(s)$ 在开的闭右半平面即 $\mathrm{Re}(s)\geqslant 0$ 上没有极点。

③对任意 $\omega(-\infty<\omega<+\infty)$，当 $s=\mathrm{j}\omega$ 时有 $\mathrm{Re}[h(\mathrm{j}\omega)]>0$。

从上面的两个定义可看出，正实函数与严格正实传递函数之间的差别是：在严格正实函数的情况下，不允许 $h(s)$ 在虚轴上有极点，并且对于所有的实数 ω，$\mathrm{Re}[h(\mathrm{j}\omega)]>0$。

这里主要讨论具有下列形式的传递函数 $h(s)=\dfrac{M(s)}{N(s)}$的正实性。式中 $M(s)$ 和 $N(s)$ 都是复变量 s 的互质多项式。当具有哪些特点时，$h(s)$ 为正实函数，归纳起来有下列几点：

①$M(s)$ 与 $N(s)$ 都具有实系数。

②$M(s)$ 和 $N(s)$ 都是 Hurwitz 多项式。

③$M(s)$ 和 $N(s)$ 的阶数差不超过 ± 1。关于这一点可解释为：$h(\mathrm{j}\omega)$为 $h(s)$的频率特性，因为要求正实传递函数的频率特性的实部 $\mathrm{Re}[h(\mathrm{j}\omega)]\geqslant 0$，所以在复变量 s 平面上，当 ω 在无穷范围内变化时，$h(\mathrm{j}\omega)$只能在第一和第四象限内变化，也就是正实函数 $h(\mathrm{j}\omega)$的相角在 $\pm\dfrac{\pi}{2}$变化，因此 $M(s)$和 $N(s)$的阶数差不超过 ± 1。

④$\dfrac{1}{h(s)}$仍为正实函数。

（2）正实函数矩阵的定义。

设传递函数矩阵 $\boldsymbol{H}(s)$是一个 $m\times n$ 实有理函数矩阵。与正实函数一样，传递函数矩阵也可分为正实矩阵与严格正实矩阵。

当 $\boldsymbol{H}(s)$为正实函数矩阵时，须满足下列 3 个条件：

①$\boldsymbol{H}(s)$的所有元素在开右半平面上都是解析的，即在 $\mathrm{Re}(s)>0$ 时，$\boldsymbol{H}(s)$没有极点。

②$\boldsymbol{H}(s)$的任何元素在 $\mathrm{Re}(s)=0$ 轴上（即虚轴上），如果存在极点，也是相异的，相应的 $\boldsymbol{H}(s)$的留数矩阵为非负的赫米特矩阵。

③对于不是 $\boldsymbol{H}(s)$任何元素的极点的所有实际 ω 值，矩阵 $\boldsymbol{H}(\mathrm{j}\omega)+\boldsymbol{H}^{\mathrm{T}}(\mathrm{j}\omega)$是非负赫米特矩阵。

这里对赫米特矩阵的性质做一简单介绍，以便加深对上面内容的理解。

复变量 $s=\sigma+\mathrm{j}\omega$ 的函数矩阵 $\boldsymbol{\phi}(s)$为赫米特矩阵，如果 $\boldsymbol{\phi}(s)=\boldsymbol{\phi}^{\mathrm{T}}(\bar{s})$（式中 $\bar{s}$ 为 s 的共轭），则赫米特矩阵的特性如下：

①赫米特矩阵为一方阵，它的对角元素为实数。

②赫米特矩阵的特征值恒为实数。

③如果 $\boldsymbol{\phi}(s)$为赫米特矩阵，$\boldsymbol{X}$ 为具有复数分量的向量，则二次型 $\boldsymbol{X}^{\mathrm{T}}\boldsymbol{\phi}\bar{\boldsymbol{X}}$恒为实数（$\bar{\boldsymbol{X}}$ 为 $\boldsymbol{X}$ 的共轭）。

上面的②和③两条件也可表示为：在 $\mathrm{Re}(s)>0$ 的平面内，矩阵 $\boldsymbol{H}(s)+\boldsymbol{H}^{\mathrm{T}}(\bar{s})$是非负定的赫米特矩阵。

（3）严格正实函数矩阵的定义。

当 $\boldsymbol{H}(s)$ 为严格正实函数矩阵时，须满足下列条件：

①所有元素在闭右半平面内都是解析的，即在内没有极点。

②对所有实数 ω，矩阵 $\boldsymbol{H}(\mathrm{j}\omega)+\boldsymbol{H}^{\mathrm{T}}(\mathrm{j}\omega)$ 是正定的赫米特矩阵。

在 Lyapunov 直接法中，要用到具有某些特性的辅助函数 $V(x)$，因此需要介绍一些基本概念。

标量函数的符号概念：对于单变量函数 $f(x)$，若在区间 $a\leqslant x\leqslant b(a<0<b)$ 上，有 $f(x)>0$，且 $f(0)=0$，则称 $f(x)$ 是正定的。若有 $f(x)\geqslant 0$，则称 $f(x)$ 是半正定的。以上规定可以推广到一般的多变量标量函数。

定义 2-9　正定函数　设 D 为原点的某个邻域，如果对任何 $x\in D$，当 $x\neq 0$ 时，有标量函数 $V(x)>0(<0)$，且 $V(0)=0$，则称 $V(x)$ 为正定（负定）函数。若对任何 $x\in D$ 有 $V(x)\geqslant 0(\leqslant 0)$，则称 $V(x)$ 为半正定（半负定）函数。

下面推导 Lyapunov 直接法的基本定理，研究非自治系统

$$\frac{\mathrm{d}\boldsymbol{x}}{\mathrm{d}t}=f(\boldsymbol{x},t),\boldsymbol{x}\in D\subseteq\mathbf{R}^{n},t\in\mathbf{I}=[\tau,+\infty) \tag{2-27}$$

的平衡点的稳定性问题。若 $f(\boldsymbol{x}_0,t)=0(\forall t)$，则称 $\boldsymbol{x}_0$ 为非自治系统方程式（2-27）的平衡点。不失一般性，令 $\boldsymbol{x}=\boldsymbol{0}$ 为系统方程式（2-27）的平衡点。当研究全局稳定性时，还假定 $\boldsymbol{x}=\boldsymbol{0}$ 是系统的唯一平衡点。

首先规定沿非自治系统的解对 t 的全导数为

$$\frac{\mathrm{d}V}{\mathrm{d}t}=\frac{\partial V}{\partial t}+\frac{\partial V}{\partial t}\frac{\mathrm{d}x}{\mathrm{d}t}=\frac{\partial V}{\partial t}+(\nabla V,f) \tag{2-28}$$

定理 2-1　稳定性定理　如果对于 $t\in\mathbf{I}$，$\boldsymbol{x}\in\Omega\subset D$，存在一个正定函数 $V(\boldsymbol{x},t)$，且沿非自治系统方程式（2-27）的解对 t 的全导数是半负定的，则系统方程式（2-27）的平衡点 $\boldsymbol{x}=\boldsymbol{0}$ 是稳定的。

定理 2-2　渐近稳定定理　如果对于 $t\in\mathbf{I}$，$\boldsymbol{x}\in\Omega\subset D$，存在一个正定函数 $V(\boldsymbol{x},t)$，且沿非自治系统方程式（2-27）的解对 t 的全导数是负定的，或者虽然是半负定，但是对于平衡点满足 $\boldsymbol{x}\neq\boldsymbol{0}$，$\dot{V}(\boldsymbol{x})$ 不恒为 0，则系统方程式（2-27）的平衡点 $\boldsymbol{x}=\boldsymbol{0}$ 是渐近稳定的。

定理 2-3　全局渐近稳定定理　如果对于 $t\in\mathbf{I}$，$\boldsymbol{x}\in\Omega\subset D$，存在一个正定函数 $V(\boldsymbol{x},t)$，且沿非自治系统方程式（2-27）的解对 t 的全导数是负定的；或者是半负定，但是对于平衡点满足 $\boldsymbol{x}\neq\boldsymbol{0}$，$\dot{V}(\boldsymbol{x})$ 不恒为 0，则系统方程式（2-27）的平衡点 $\boldsymbol{x}=\boldsymbol{0}$ 是渐近稳定的。如果进一步还有 $\|\boldsymbol{x}\|\to\infty$，$V(\boldsymbol{x})\to\infty$，则系统是大范围渐近稳定的。

定理 2-4　不稳定定理

(1) 如果存在一个连续可微的，具有无限小上界的函数 $V(\boldsymbol{x},t)$，在原点任一邻域内，总存在点 $\boldsymbol{x}$ 使得 $V(\boldsymbol{x},t)>0(<0)$，并且 V 沿系统方程式（2-27）的解对 t 的全导数是正定的（负定的），则系统方程式（2-27）的平衡点 $\boldsymbol{x}=\boldsymbol{0}$ 是不稳定的。

(2) 如果存在一个连续可微的函数 $V(\boldsymbol{x},t)$，满足 $V(\boldsymbol{0},t)=0$，且在原点的任一邻域内，总存在点 $\boldsymbol{x}$ 使得 $V(t_0,\boldsymbol{x})>0(<0)$，则 V 沿系统方程式（2-27）的解对 t 的全导数可以写成

$$\frac{\mathrm{d}V}{\mathrm{d}t}=\lambda V(\boldsymbol{x},t)+U(\boldsymbol{x},t) \tag{2-29}$$

式中，$\lambda>0$；函数 $U(\boldsymbol{x},t)$ 恒等于零或是常正的，则系统方程式（2－27）的平衡点 $\boldsymbol{x}=\boldsymbol{0}$ 是不稳定的。

定理 2－5　Barbalat 定理　如果 $f(t)$ 是一致连续函数，同时 $\lim\limits_{t\to\infty}\int_0^t |f(\tau)|\mathrm{d}\tau$ 存在且有界，则当 $t\to\infty$ 时 $f(t)\to 0$。$\lim\limits_{t\to\infty}\int_0^t |f(\tau)|\mathrm{d}\tau$ 表示函数与时间轴所包含的面积。如果这个面积不是无穷时，当 $t\to\infty$ 时，则函数 $f(t)$ 一定趋于零，否则上述面积就将为无穷。

另外，在系统定性分析中，还常常用到两个重要推论。

推论 2－1　考虑时域的一个自治、线性时不变连续动态系统

$$\dot{\boldsymbol{X}}=A\boldsymbol{X} \tag{2-30}$$

其平衡状态 $\boldsymbol{X}_e=\boldsymbol{0}$ 渐近稳定的主要条件是，对于任意给定的正定对称阵 $\boldsymbol{Q}$，存在一正定对称阵 $\boldsymbol{P}$，它是下列矩阵方程的唯一解

$$\boldsymbol{A}^{\mathrm{T}}\boldsymbol{P}+\boldsymbol{P}\boldsymbol{A}=-\boldsymbol{Q}$$

且 $\|\boldsymbol{X}\|_p^2$ 是系统方程式（2－26）的李雅普诺夫函数。

推论 2－2　一常数矩阵 $\boldsymbol{F}$ 的特征值的实部小于 0 的充要条件是对于任意给定正定对称阵 $\boldsymbol{Q}$，存在一正定对称阵 $\boldsymbol{P}$，它是下列矩阵方程的唯一解

$$-2\sigma\boldsymbol{P}\boldsymbol{A}^{\mathrm{T}}\boldsymbol{P}+\boldsymbol{P}\boldsymbol{A}=-\boldsymbol{Q}$$

在上述稳定性概念、定义定理和推论的基础上，李雅普诺夫确定了两种分析系统稳定性的方法，即第一法和第二法。如上所述，第一法是利用求解系统微分方程组分析系统运动的稳定性，称之为间接法。第二法则不需求解微分方程，而是利用李雅普诺夫函数及其导数的符号来分析系统运动的稳定性，称之为直接法。

下面主要讨论李雅普诺夫第二法在线性系统稳定性分析中的应用。对于一般线性系统，设系统状态为式（2－30），并选下列二次型函数为李雅普诺夫函数：

$$V(\boldsymbol{X})=\boldsymbol{X}^{\mathrm{T}}\boldsymbol{P}\boldsymbol{X} \tag{2-31}$$

式中，$\boldsymbol{X}$ 为 n 维状态向量；$\boldsymbol{A}$ 为 $n\times n$ 维常数矩阵；$\boldsymbol{P}$ 为 $n\times n$ 对称正定矩阵。

将 V 对时间 t 求导，有

$$\dot{V}=\frac{\mathrm{d}V}{\mathrm{d}t}=\dot{\boldsymbol{X}}^{\mathrm{T}}\boldsymbol{P}\boldsymbol{X}+\boldsymbol{X}^{\mathrm{T}}\boldsymbol{P}\dot{\boldsymbol{X}}=\boldsymbol{X}^{\mathrm{T}}(\boldsymbol{A}^{\mathrm{T}}\boldsymbol{P}+\boldsymbol{P}\boldsymbol{A})\boldsymbol{X} \tag{2-32}$$

由于 $V(\boldsymbol{X})$ 取正定，若欲使系统渐近稳定，必须使 $\dot{V}(\boldsymbol{X})$ 为负定，即要求

$$\dot{V}(\boldsymbol{X})=-\boldsymbol{X}^{\mathrm{T}}\boldsymbol{Q}\boldsymbol{X} \tag{2-33}$$

式中

$$-\boldsymbol{Q}=\boldsymbol{A}^{\mathrm{T}}\boldsymbol{P}+\boldsymbol{P}\boldsymbol{A} \tag{2-34}$$

可见，使一线性系统稳定的充分条件是 $\boldsymbol{Q}$ 必须为正定，而 $\boldsymbol{P}$ 为正定是其必要条件。为方便起见，常取 $\boldsymbol{Q}$ 阵为单位矩阵 $\boldsymbol{I}$，于是 $\boldsymbol{P}$ 的元素可按照式（2－35）确定，即

$$\boldsymbol{A}^{\mathrm{T}}\boldsymbol{P}+\boldsymbol{P}\boldsymbol{A}=-\boldsymbol{I} \tag{2-35}$$

例2－3　判断如下系统的稳定性：

$$\left.\begin{aligned}\dot{x}_1 &= x_2 - x_1(x_1^2 + x_2^2)\\ \dot{x}_2 &= -x_1 - x_2(x_1^2 + x_2^2)\end{aligned}\right\} \tag{2-36}$$

解：（1）选择 V 函数，令 $V(\boldsymbol{x}) = x_1^2 + x_2^2$，可知当 $x_1 = x_2 = 0$ 时，$V(\boldsymbol{x}) = 0$；$x_1 \neq 0$ 或 $x_2 \neq 0$时，$V(\boldsymbol{x}) > 0$ 为正定的；$\dot{V}(\boldsymbol{x}) = 2x_1\dot{x}_1 + 2x_2\dot{x}_2$是连续的；$V(\boldsymbol{x})$是 $\boldsymbol{x}$ 的单调非降函数，符合能量函数的要求。

（2）求 $\dot{V}(\boldsymbol{x})$的值：

$$\dot{V}(\boldsymbol{x}) = 2x_1\dot{x}_1 + 2x_2\dot{x}_2 = -2(x_1^2 + x_2^2)^2 < 0$$

根据李雅普诺夫稳定性理论可知，系统是李雅普诺夫意义上渐近稳定的。

（3）当$\|\boldsymbol{x}\| \to \infty$时，$V(\boldsymbol{x}) \to \infty$，且 $\boldsymbol{x}_e = 0$ 是唯一的平衡点，故该系统还是李雅普诺夫意义上全局渐近稳定的。

例2－4　设系统状态方程为 $\dot{\boldsymbol{X}} = \boldsymbol{AX}$，其中，$\boldsymbol{X} = \begin{bmatrix} x_1 \\ x_2 \end{bmatrix}$，$\boldsymbol{A} = \begin{bmatrix} 0 & 4 \\ -8 & 12 \end{bmatrix}$，试求系统的李雅普诺夫函数。

解：设 $\boldsymbol{P} = \begin{bmatrix} p_{11} & p_{12} \\ p_{21} & p_{22} \end{bmatrix}$，且 $p_{12} = p_{21}$，由式（2－34）有

$$\begin{bmatrix} 0 & 4 \\ -8 & 12 \end{bmatrix}^{\mathrm{T}} \begin{bmatrix} p_{11} & p_{12} \\ p_{21} & p_{22} \end{bmatrix} + \begin{bmatrix} p_{11} & p_{12} \\ p_{21} & p_{22} \end{bmatrix} \begin{bmatrix} 0 & 4 \\ -8 & 12 \end{bmatrix} = \begin{bmatrix} -1 & 0 \\ 0 & -1 \end{bmatrix}$$

求解得 $p_{11} = 5$，$p_{22} = 1$，$p_{12} = p_{21} = 1$。所以 $\boldsymbol{P}$ 阵为：

$$\boldsymbol{P} = \begin{bmatrix} 5 & 1 \\ 1 & 1 \end{bmatrix}$$

由于 $\boldsymbol{P}$ 为正定阵，则李雅普诺夫函数为

$$V(\boldsymbol{X}) = \boldsymbol{X}^{\mathrm{T}}\boldsymbol{PX} = 4x_1^2 + (x_1 + x_2)^2$$

$V(\boldsymbol{X})$对时间 t 求导为

$$\dot{V}(\boldsymbol{X}) = \frac{\partial V}{\partial x_1}\dot{x}_1 + \frac{\partial V}{\partial x_2}\dot{x}_2 = -16(x_1^2 + x_2^2)$$

因为 $V(\boldsymbol{X})$正定，又 $\dot{V}(\boldsymbol{X})$负定，所以系统渐近稳定。

例2－5　试分析下列系统的稳定性：

$$\dot{x}_1 = 4x_2 - 3x_1 + 4x_1x_2$$

$$\dot{x}_2 = x_1 - x_1^2$$

解：由 $\dot{x}_1 = 0$，$\dot{x}_2 = 0$ 可得系统平衡点为 $x_1 = 0$ 和 $x_2 = 0$。构造李雅普诺夫函数

$$V(x_1, x_2) = x_1^2 + 4x_2^2$$

$V(x_1, x_2)$对时间 t 求导数得

$$\dot{V}(x_1, x_2) = 2x_1\dot{x}_1 + 8x_2\dot{x}_2 = -16x_1^2 \leqslant 0$$

显然，系统全局渐近稳定。

例 2-6 设某控制系统，其传递函数为

$$f(s)=\frac{s+1}{(s+2)(s+3)}$$

试判断该系统的正实性。

解： 根据实有理函数的正实条件可知，多项式 $s+1$、$(s+2)$ $(s+3)$ 的根全部位于左半平面，均为稳定多项式，且多项式 $s+1$、$(s+2)$ $(s+3)$ 的次数差为 1，因此有理函数为严格正实的。

2.4 超稳定性理论

我们在工作实际中常常会遇到如图 2-1 所示的多变量非线性时变控制系统。这类控制系统的稳定性问题有两种提法：一是绝对稳定性问题，研究前馈环节具有什么条件时，系统对于满足不等式

$$y_i\omega_i>0, i\in m \tag{2-37}$$

的任何反馈环节都是全局稳定的。二是超稳定性问题，研究前馈环节具有什么条件时，系统对于满足波波夫积分不等式

$$\eta(t_0,t_1)=\int_{t_0}^{t_1}\boldsymbol{\omega}^{\mathrm{T}}(t)\boldsymbol{y}(t)\mathrm{d}t\geqslant 0, t_1\geqslant t_0 \tag{2-38}$$

的反馈环节都是全局稳定的。由于满足不等式（2-37）的所有环节的集合是满足不等式（2-38）的所有反馈环节的一个子集合，所以，问题将归结为对于所谓超稳定性问题的研究，从而产生了超稳定性理论。

该理论是罗马尼亚学者波波夫在 20 世纪 60 年代研究非线性系统的绝对稳定性时提出的一种稳定性理论。当时，波波夫对某种类型的非线性系统的渐近稳定性问题，提出了一个具有充分条件的频率判据，对研究这类非线性系统的稳定性提供了比较实用的方法，这类非线性系统是由线性时不变部分与非线性无记忆元件相串联而构成的反馈系统。如果这样一个闭环系统的前向通道对于所有满足波波夫积分不等式的非线性模块都可以满足系统全局渐近稳定，就称系统是超稳定的，前向通道模块被称为超稳定模块。前向通道模块超稳定的充要条件是其传递函数必须正实或严格正实。

波波夫超稳定性理论的一个重要应用就是在模型参考自适应控制领域。20 世纪 60 年代末，朗道等人做了基于波波夫超稳定性理论的模型参考自适应控制方面的研究。在此之前，就已经有人做了基于李雅普诺夫稳定性理论的模型参考自适应控制方面的研究，并成功地利用李雅普诺夫方法设计出了稳定的模型参考自适应系统。但李雅普诺夫方法的关键在于找到一个合适的李雅普诺夫函数，可选择的李雅普诺夫函数不唯一，也无法找到最优的李雅普诺夫函数，因此有一定的局限性。利用波波夫超稳定性理论设计模型参考自适应系统克服了这一问题，可以利用波波夫不等式来计算满足条件的参数，并找到最优解。从朗道利用波波夫超稳定性理论实现模型参考自适应控制之后，波波夫稳定性理论逐渐应用于模型参考自适应

控制领域。

波波夫超稳定性理论指出：当线性部分的传递函数（矩阵）为严格正实（或正实），且非线性部分满足波波夫积分不等式时，闭环系统是全局渐近稳定的。正如图 2－1 所示由前向线性部分和非线性反馈部分组成的反馈系统。在 1969 年，朗道提出用超稳定性的方法设计模型参考自适应控制系统，这种方法的逻辑推理性很好，取得了较普遍的应用结果。这种方法主要的设计思路是：首先列写系统数学模型，建立等效误差系统，然后再按超稳定性方法特有的 3 个步骤来推导自适应控制规律。

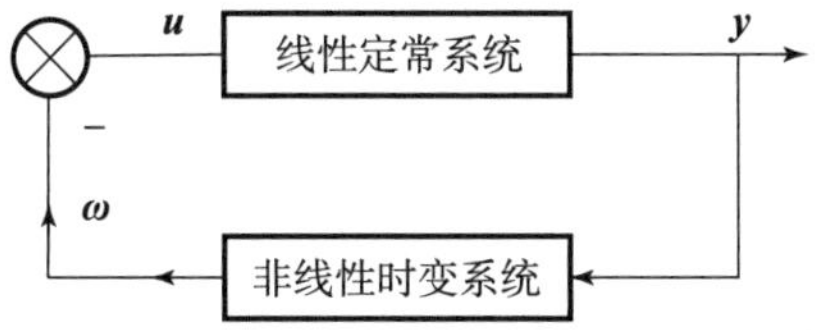

图 2－1　多变量非线性时变控制系统

对于许多实际对象来说，往往不能获取对象的全部状态信息，而对象的输入/输出信息总是可以直接获取的，这时只能利用对象的输入/输出信息来设计自适应律。1964 年罗马尼亚学者波波夫提出了积分不等式（2－38）。该式还可以写成下列形式：

$$\eta(t_0,t_1) = \int_{t_0}^{t_1} \boldsymbol{\omega}^{\mathrm{T}}(t)\boldsymbol{y}(t)\,\mathrm{d}t \geqslant -r_0^2, t_1 \geqslant t_0 \tag{2-39}$$

式中，r_0^2 为一常数。上式表示输入/输出必须在平均意义上大于一个负常数，以此来代替这个积分在每一个瞬间都大于零。对于满足波波夫积分不等式的非线性反馈方块所组成的非线性系统，线性时不变前馈系统环节在这个条件下能使得闭环系统稳定。

下面讨论连续系统的超稳定性理论。

定义 2－10　若对于所有满足式（2－38）的反馈系统，图 2－1 所示的反馈系统是全局渐近稳定的，则称此反馈系统是超稳定的。

定义 2－11　考虑一个闭环系统（见图 2－2），它的前向模块为

$$\dot{\boldsymbol{X}} = \boldsymbol{AX} + \boldsymbol{Bu} = \boldsymbol{AX} - \boldsymbol{B\omega} \tag{2-40}$$

$$\boldsymbol{y} = \boldsymbol{CX} + \boldsymbol{Du} = \boldsymbol{CX} - \boldsymbol{D\omega} \tag{2-41}$$

反馈模块为

$$\boldsymbol{\omega} = f(\boldsymbol{y}, t, \tau),\ t \geqslant \tau \tag{2-42}$$

其中，$\boldsymbol{X} \in \mathbf{R}^n$，$\boldsymbol{y} \in \mathbf{R}^m$，$\boldsymbol{A}$、$\boldsymbol{B}$ 是完全可控的，$\boldsymbol{C}$、$\boldsymbol{D}$ 是完全可观测的。如果它是超稳定的，且 $\lim\limits_{t\to\infty}\boldsymbol{X}(t) = 0$，则此闭环系统是渐近超稳定的。

定义 2－12　如图 2－1 所示的系统对所有满足波波夫积分不等式（2－38）的反馈模块，系统是全局渐近稳定的，则此闭环系统称为强渐近超稳定的。

定理 2－6　设闭环系统由式（2－40）～式（2－42）给出，如果对于满足波波夫积分不等式（2－38）的任何反馈模块 $\boldsymbol{\omega} = \varphi(\boldsymbol{y}, t, \tau)$，存在一个正常数 $\delta > 0$ 和一个正常数 $r_0 > 0$，使得式（2－40）、式（2－41）的所有解满足不等式

$$\|X(t)\| < \delta[\|X(0)\| + r_0],\ t \geqslant 0 \tag{2-43}$$

则此闭环系统是超稳定的，或称方程式（2-40）、式（2-41）所表示的前向模块是超稳定的。

定理 2-7 由式（2-40）～式（2-42）和式（2-38）所描述的反馈系统为超稳定的，其充要条件是

$$\boldsymbol{H}(s) = \boldsymbol{D} + \boldsymbol{C}(s\boldsymbol{I} - \boldsymbol{A})^{-1}\boldsymbol{B} \tag{2-44}$$

为正实传递函数阵。

例如，对图 2-2 所示系统，假定矩阵对［$\boldsymbol{A}$，$\boldsymbol{B}$］是完全可控的，矩阵对［$\boldsymbol{C}$，$\boldsymbol{A}$］是完全可观的。系统传递函数矩阵为式（2-44），$\boldsymbol{\omega} = \varphi(\boldsymbol{y}, t)$是反馈模块的非线性特性，它满足波波夫积分不等式$\boldsymbol{\eta}(t_0, t_1) = \int_{t_0}^{t_1} \boldsymbol{\omega}^{\mathrm{T}} \boldsymbol{y} \mathrm{d}t \geqslant 0, t_1 \geqslant t_0$，若系统的传递函数矩阵$\boldsymbol{H}(s)$为正实的，即 $\mathrm{Re}[\boldsymbol{H}(s)] = \mathrm{Re}[\boldsymbol{D} + \boldsymbol{C}(s\boldsymbol{I} - \boldsymbol{A})^{-1}\boldsymbol{B}] \geqslant 0$，$\mathrm{Re}[s] \geqslant 0$，则系统一定是超稳定的。

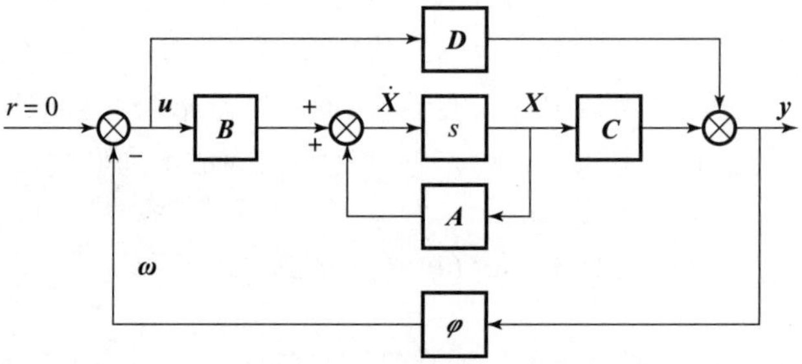

图 2-2　系统方块图

定理 2-8 由式（2-40）～式（2-42）和式（2-38）所描述的反馈系统为渐近超稳定，其充要条件是式（2-44）给出的传递函数$\boldsymbol{H}(s)$是一个严格正实传递函数阵。

定理 2-9 由两个超稳定模块相并联所得到的组合模块是超稳定的。

定理 2-10 由两个超稳定模块的反馈组合所得到的模块是超稳定的。

定理 2-11 当$\boldsymbol{G}(s)$为正实，$\varphi(V)$的特性满足波波夫积分不等式，则闭环系统为超稳定。

下面来证明这个结论。

设闭环系统的状态方程为

$$\begin{aligned} \dot{\boldsymbol{X}} &= \boldsymbol{A}\boldsymbol{X} + \boldsymbol{B}\dot{\boldsymbol{u}} = \boldsymbol{A}\boldsymbol{X} - \boldsymbol{B}\boldsymbol{W} \\ \boldsymbol{Y} &= \boldsymbol{C}\boldsymbol{X} + \boldsymbol{J}\boldsymbol{u} = \boldsymbol{C}\boldsymbol{X} - \boldsymbol{J}\boldsymbol{W} \\ \boldsymbol{W} &= \boldsymbol{\Phi}[\boldsymbol{Y}, t] \end{aligned} \tag{2-45}$$

式中，$\boldsymbol{X}$是前向方块的 n 维状态向量；$\boldsymbol{u}$ 是 m 维控制向量；$\boldsymbol{Y}$ 是 m 维输出向量；$\boldsymbol{W}$ 是反馈方块 m 维输出向量。

假定矩阵对［$\boldsymbol{A}$，$\boldsymbol{B}$］完全可控，矩阵对［$\boldsymbol{A}$，$\boldsymbol{C}$］完全可测。系统的传递函数矩阵为

$$\boldsymbol{G}(s) = \boldsymbol{J} + \boldsymbol{C}[s\boldsymbol{I} - \boldsymbol{A}]^{-1}\boldsymbol{B} \tag{2-46}$$

$\boldsymbol{W} = \boldsymbol{\Phi}(\boldsymbol{Y}, t)$是反馈方块的非线性特性，它满足波波夫积分不等式

$$\eta(0,t_1) = \int_0^{t_1} \boldsymbol{W}^{\mathrm{T}}\boldsymbol{Y} \geqslant 0, t_1 > 0 \tag{2-47}$$

或

$$-\int_0^{t_1} \boldsymbol{W}^{\mathrm{T}}\boldsymbol{Y} = \int_0^{t_1} \boldsymbol{u}^{\mathrm{T}}\boldsymbol{Y}\mathrm{d}t \leqslant 0 \tag{2-48}$$

用李雅普诺夫稳定性理论来讨论系统的超稳定性和渐近超稳定性问题，可用反证法证明，如果一个闭环系统，其前向方块 $\boldsymbol{G}(s)$ 是正实的，则对所有满足波波夫积分不等式的反馈方块，都能使系统全局稳定，即系统一定是超稳定的。

若系统的传递函数矩阵是正实的，则有

$$\mathrm{Re}[\boldsymbol{G}(s)] = \mathrm{Re}[\boldsymbol{J} + \boldsymbol{C}(s\boldsymbol{I} - \boldsymbol{A})^{-1}\boldsymbol{B}] \geqslant 0$$
$$\mathrm{Re}(s) \geqslant 0$$

根据正实引理必存在对称正定矩阵 $\boldsymbol{P}$ 及实矩阵 $\boldsymbol{q}$、$\boldsymbol{R}$ 使下列 3 个等式成立：

$$\begin{gathered}\boldsymbol{PA} + \boldsymbol{A}^{\mathrm{T}}\boldsymbol{P} = -\boldsymbol{q}\boldsymbol{q}^{\mathrm{T}} \\ \boldsymbol{PB} - \boldsymbol{C}^{\mathrm{T}} = \boldsymbol{qR} \\ \boldsymbol{J} + \boldsymbol{J}^{\mathrm{T}} = \boldsymbol{R}^{\mathrm{T}}\boldsymbol{R}\end{gathered} \tag{2-49}$$

选李雅普诺夫函数为

$$V = \boldsymbol{X}^{\mathrm{T}}\boldsymbol{PX} \tag{2-50}$$

求 V 对时间 t 的导数，并将前面系统状态方程代入得：

$$\dot{V} = \boldsymbol{X}^{\mathrm{T}}\boldsymbol{P}\dot{\boldsymbol{X}} + \dot{\boldsymbol{X}}^{\mathrm{T}}\boldsymbol{PX} = \boldsymbol{X}^{\mathrm{T}}(\boldsymbol{PA} + \boldsymbol{A}^{\mathrm{T}}\boldsymbol{P})\boldsymbol{X} + 2\boldsymbol{u}^{\mathrm{T}}\boldsymbol{B}^{\mathrm{T}}\boldsymbol{PX} \tag{2-51}$$

把前面的 3 个等式代入得到：

$$\dot{V} = -[\boldsymbol{q}^{\mathrm{T}}\boldsymbol{X} - \boldsymbol{u}^{\mathrm{T}}\boldsymbol{R}^{\mathrm{T}}]^2 + 2\boldsymbol{u}^{\mathrm{T}}\boldsymbol{Y} \tag{2-52}$$

将上式从 t_0 到 t_1 积分得：

$$\boldsymbol{X}^{\mathrm{T}}(t_1)\boldsymbol{PX}(t_1) - \boldsymbol{X}^{\mathrm{T}}(t_0)\boldsymbol{PX}(t_0) = V(t_1) - V(t_0) = -\int_{t_0}^{t_1}(\boldsymbol{q}^{\mathrm{T}}\boldsymbol{X} - \boldsymbol{u}^{\mathrm{T}}\boldsymbol{R}^{\mathrm{T}})^2\mathrm{d}t + 2\int_{t_0}^{t_1}\boldsymbol{u}^{\mathrm{T}}\boldsymbol{Y}\mathrm{d}t \leqslant 0 \tag{2-53}$$

由于 $t_1 > t_0$，且为任意值，那么由上式可以看出 V 是时间的递减函数，则 $\dot{V}$ 是负定的，因此系统是超稳定的。这就证明了如果前向通道传递函数矩阵是正实的，反馈通道满足波波夫积分不等式，则闭环系统是超稳定的。同理也可证明，如果前向通道传递函数矩阵是严格正实的，则系统是渐近超稳定的。

习　题

1. 应用李雅普诺夫稳定性方法确定下列系统的原点稳定性。

（1）$\begin{bmatrix}\dot{x}_1 \\ \dot{x}_2\end{bmatrix} = \begin{bmatrix}0 & 1 \\ -2 & -7\end{bmatrix}\begin{bmatrix}x_1 \\ x_2\end{bmatrix}$；

（2）$\dot{x}_1 = -2x_1 + 2x_2^4$；

$\dot{x}_2 = -x_2$;

(3) $\dot{x}_1 = -x_1 + 2x_1^2 x_2$;

$\dot{x}_2 = -x_2$。

2. 检验下列传递函数的正实性和严格正实性。

(1) $\dfrac{K(1+T_1 s)}{1+T_2 s}$;

(2) $\dfrac{K}{s^2+\omega^2}$。

3. 分析由两个严格正实传递函数串联或反馈所得传递函数的正实性。

4. 试证明若线性系统渐近稳定则必然全局渐近稳定。

5. 试讨论下列系统的稳定性:

$$\boldsymbol{x}(k+1) = \begin{bmatrix} 1 & 3 & 0 \\ -3 & -2 & -3 \\ 1 & 0 & 0 \end{bmatrix} \boldsymbol{x}(k)$$

第3章

实时参数估计

3.1 系统辨识的基本概念

系统辨识是一种借助系统试验输入/输出观测数据确定过程动态品质或系统结构和参数的理论与技术，主要研究应用试验分析方法确定未知系统的数学模型，其中包括系统参数辨识和系统状态估计。关于系统辨识的定义，目前还不统一。1962 年美国学者 Zader 曾下过一个定义："系统辨识是在对输入/输出数据观测的基础上，从指定的一类系统中确定一个与被测系统等价的系统。" 1978 年，L. Ljung 给辨识下的定义是："辨识有 3 个要素，即数据、模型类和准则。" 辨识就是按照一个准则在一组模型类中选择一个与数据拟合得最好的模型。" 模型在结构上不可能做到与被控系统同构，这是模型与被控系统之间的重要区别，也就是说，由系统辨识得到的拟合模型一般都存在未建模动力学模型。模型结构确定之后，模型的未知部分在绝大多数情况下以未知参数的形式出现，需要用获得的输入/输出数据按照一定的等价准则来估计这些未知参数，这就是所谓的参数估计。辨识的本质是从一组模型中选择一个模型，按照某种准则，使之能最好地拟合所关心的实际过程的动态特性。观测到的数据一般都会有噪声，因此辨识建模实际上是一种试验统计的方法，所获得的模型不过是与实际过程的外特性等价的一个近似描述。系统辨识一般可分成离线辨识和在线辨识两种。离线辨识要求把被测对象从整个系统中分离出来，然后按照一定的辨识方法进行辨识，通常采用记录和数据采集等专门的方法把试验中的观测结果记录出来，待测量结束后再对数据进行处理，常用于系统设计、过程参数监视、故障检测等。它的优点是对计算时间没有苛刻的要求，所以能达到较高的辨识精度。在线辨识则是随着被辨识过程的进行，实时地对数据进行处理，在线辨识通常采用递推算法，它要求计算机有足够高的计算速度，在一个采样周期内，能够完成一次迭代计算，要求递推算法有足够快的收敛速度。

系统辨识不仅可以作为建立系统数学模型的现代方法，而且已成为自适应控制的重要理论基础。实时在线辨识，尤其是递推参数估计方法对于自适应控制中的动态过程当前状态与随机信号（噪声）的确定将是十分重要的。系统辨识的基本思想是，根据对被辨识系统进行试验，将测定值与假定的数学模型的输出值进行比较，通过辨识机构，修正假定模型，直至假定的数学模型的输出与实际测定输出值之间的差趋于零，即使得辨识误差趋于零。其结构原理如图 3 - 1 所示。

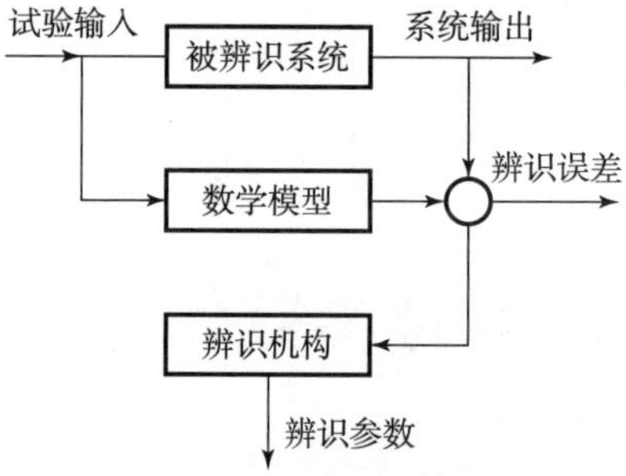

图 3 - 1　系统辨识结构图

在图 3 - 1 中，将只利用输入/输出信息进行参数辨识和系统状态估计的观测器叫作自适应观测器，以未知参数辨识为目的的机构叫作自适应辨识机构，自适应控制系统的自适应控制机构和自适应辨识机构是一样的。系统辨识的关键是模型结构的选择、试验的设计、参数的估计和模型的校验。系统辨识的基本步骤如下：

（1）确定系统数学模型的表达式，一般是根据被辨识系统的性质和所要采用的控制方法确定系统的数学模型的形式，数学模型一般有微分方程、差分方程、状态方程及脉冲响应函数等。

（2）选择试验信号，记录所需的试验数据，包括输入/输出数据等，也可以利用被辨识系统实际运行时的输入/输出数据进行系统辨识。

（3）根据一定的辨识算法进行参数辨识和状态估计。

（4）校验辨识数学模型。进行有效性检验以考核所选模型对于最终的辨识对象来说是否恰当地代表了该系统。

（5）如果有效性检验通过，则辨识过程结束，否则必须选择另一类模型并且重复步骤（2）~（5），直到获得有效的模型为止。

实时对被控过程的参数进行估计是自适应控制中一个重要环节，特别是在自校正控制器中，迭代的参数估计器是明确出现在系统结构中的，而在模型参考自适应控制器中，参数估计器是隐含在内的。在这一章节中，主要讲解如何进行实时参数估计。广义来说，参数估计可以认为是一种系统辨识。而在系统辨识中，关键步骤包括模型结构的选择、试验设计、参数估计和验证。在自适应控制系统中，系统辨识的过程常常是自动的，因此我们对于系统辨识的深入认识是必要的。模型结构的选择和参数化是需要进行考虑的基础问题。在这里，将使用一些简单的传递函数进行说明，当模型在参数上是线性的时，识别问题就大大简化了。在参数辨识过程中，试验设计是至关重要的，对于控制问题来说，这个归结为输入信号的选择。如何选择输入信号也是个问题，在选择之前，我们必须对被控过程和将用的模型有一定的了解。这一点对于自适应系统来说变得更复杂一些，因为对象的输入信号由反馈产生。在自适应系统中，过程参数通常是不断变化的，因此我们希望估计方法能够对参数进行不断地更新估计。同时我们需要对估计的结果进行验证。

对于自校正控制来说，需要对过程参数进行在线辨识和确定，下面给出一些实时参数估计的方法。首先介绍一下系统辨识的概念，系统辨识是指一种利用数学的方法从输入/输出序列中提取对象数学模型的方法。例如，一个工业炉加热过程，若忽略其他因素不计，其控制的主要目的是燃料流量与原料出口温度之间的关系。根据所观测的输入/输出数据，从模型类式中，寻找一个模型，也就是确定模型阶次 n 以及未知参数，使得准则 J 为最小。

系统辨识可以分为离线辨识和在线辨识。离线辨识是先做试验，收集一批需要的数据，然后通过对这些数据的处理，得到需要辨识的参数。在线辨识是实时的，利用实时得到的数据对需要估计的参数进行估计，将得到的结果立刻用于其他设计。在线辨识通常是一种递推算法，一旦获得新数据，利用新数据和递推算法，给出参数的新估计，再用于更新原先的设计。由于它的实时性和递推算法的简单性，使它成为自适应控制的一个重要内容。

由于应用自适应控制时，一般要采用计算机技术，因此需要把连续时间系统进行离散化，有多种离散化方法。在自适应控制文献中，输入/输出规范化模型有多种名称，如 CARMA（受控自回归滑动平均）模型：

$$\boldsymbol{y}(k)=\frac{q^{-d}\boldsymbol{B}(q^{-1})}{\boldsymbol{A}(q^{-1})}\boldsymbol{u}(k)+\frac{\boldsymbol{C}(q^{-1})}{\boldsymbol{A}(q^{-1})}\boldsymbol{\xi}(k) \tag{3-1}$$

式中，$\frac{q^{-d}\boldsymbol{B}(q^{-1})}{\boldsymbol{A}(q^{-1})}$为过程模型；$\frac{\boldsymbol{C}(q^{-1})}{\boldsymbol{A}(q^{-1})}$为噪声模型；$\boldsymbol{\xi}(k)$为零均值白噪声扰动信号。

系统辨识中用到的数据通常含有噪声，而且是有色噪声。所谓有色噪声，也叫相关噪声，它指噪声序列中每一时刻的噪声与另一时刻的噪声相关。相对于有色噪声的是白噪声，它是由一系列不相关的随机变量组成的理想化随机过程。如果有色噪声的相关性很弱，或者强度很小，也可将其看作白噪声。有色噪声可由白噪声驱动线性环节（成形滤波器）的输出构成。基于白噪声的测量数据，可采用较为简单的辨识方法得出比较满意的结果。

如果随机过程 $\boldsymbol{\xi}(k)$的均值为零，自相关函数为 $\sigma^2\delta(\tau)$，即：

$$E\{\boldsymbol{\xi}(k)\}=0 \tag{3-2}$$

$$R_{\xi}(\tau)=\sigma^2\delta(\tau) \tag{3-3}$$

则称之为白噪声过程。其中单位脉冲函数也叫 Dirac 函数。

事实上，符合上述定义的理想白噪声在物理上是不能实现的，实际应用中，需要做适当的处理以进行近似。

到目前为止，已经有许多不同的辨识方法，这些辨识方法就其所涉及的模型形式来说，可以分为两类，一类是非参数模型辨识方法，另一类是参数模型辨识方法。非参数模型辨识方法（也称为经典辨识法）获得的模型是非参数模型。它在假定过程是线性的前提下，不必事先确定模型的具体结构，因而这种方法可适用于任意复杂的过程。参数模型辨识方法（也称现代辨识方法）必须假定一种模型结构，通过极小化模型与结构之间的误差准则函数来确定模型的参数。如果模型的结构无法事先确定，则必须利用结构辨识方法先确定模型的结构参数，再进一步确定模型参数。这一类辨识方法就其不同原理来说又可分成3种不同的类型：最小二乘法、梯度校正法和极大似然法。在本书中，我们主要讨论最小二乘法，它是利用最小二乘原理，通过极小化广义误差的平方和函数来确定模型的参数。

3.2 最小二乘法

在自适应控制系统中，过程参数是连续变化的，因此必须采用某种算法在线递推估计过程参数，参数的估计方法有很多，这里只介绍常用的最小二乘算法。

最小二乘理论是高斯在1795年预测行星和彗星运动轨道时提出的，首次运用最小二乘法来处理由望远镜获得的观测数据，以估计天体运动的6个参数。高斯在《天体运动理论》一书中写到“未知量的最大可能值是这样一个数值，它使各次实际观测和计算值之间的差值的平方乘以度量其精确度的数值后的和为最小”。这就是著名的最小二乘法的最早思想。这一估计方法的特点是原理简单，不需要随机变量的任何统计特性。目前，它是动态系统辨识的主要手段。它作为一种基本的参数估计方法，假如模型的参数具有线性关系，那么这种方法是特别简单的。在这种情况下，通过最小二乘估计能够解析求解。在下面我们将详细讨论如何进行估计参数的推导。

最小二乘法能被应用到许多问题中，特别是对于如下描述的模型尤其简单。

$$\boldsymbol{y}(i)=\varphi_1(i)\theta_1^0+\varphi_2(i)\theta_2^0+\cdots+\varphi_n(i)\theta_n^0=\boldsymbol{\varphi}^{\mathrm{T}}(i)\boldsymbol{\theta}^0 \tag{3-4}$$

式中，$\boldsymbol{y}$ 是观测变量；θ_1^0、θ_2^0、⋯、θ_n^0 是要求辨识的模型参数；$\varphi_1(i)$、$\varphi_2(i)$、⋯、$\varphi_n(i)$ 是可能依赖于其他变量的已知函数。定义如下向量

$$\boldsymbol{\varphi}^{\mathrm{T}}(i)=[\varphi_1(i)\quad \varphi_2(i)\quad \cdots\quad \varphi_n(i)]$$

$$\boldsymbol{\theta}^0=[\theta_1^0\quad \theta_2^0\quad \cdots\quad \theta_n^0]$$

其中的 i 通常表示时间，$\boldsymbol{\varphi}_i$ 称为回归变量。方程式（3-1）称为回归模型，观测和回归变量对 $\{(\boldsymbol{y}(i),\boldsymbol{\varphi}(i)),i=1,2,\cdots,t\}$ 通过试验获得。现在的问题是确定参数使得模型输出和测量变量 $\boldsymbol{y}(i)$ 以最小二乘意义上尽可能接近。也就是说，选择的参数 $\boldsymbol{\theta}$ 应该最小化最小二乘代价函数

$$V(\boldsymbol{\theta},t)=\frac{1}{2}\sum_{i=1}^{t}\left[\boldsymbol{y}(i)-\boldsymbol{\varphi}^{\mathrm{T}}(i)\boldsymbol{\theta}\right]^2 \tag{3-5}$$

由于测量变量 $\boldsymbol{y}(i)$ 与参数 $\boldsymbol{\theta}^0$ 呈线性关系，最小二乘标准是二次型，于是这个问题存在解析解。引入以下符号

$$\boldsymbol{Y}(t)=[y(1)\quad y(2)\quad \cdots\quad y(t)]^{\mathrm{T}}$$

$$\boldsymbol{E}(t)=[\varepsilon(1)\quad \varepsilon(2)\quad \cdots\quad \varepsilon(t)]^{\mathrm{T}}$$

$$\boldsymbol{\Phi}(t)=\begin{bmatrix}\boldsymbol{\varphi}^{\mathrm{T}}(1)\\ \vdots\\ \boldsymbol{\varphi}^{\mathrm{T}}(t)\end{bmatrix}$$

$$\boldsymbol{P}(t)=[\boldsymbol{\Phi}^{\mathrm{T}}(t)\boldsymbol{\Phi}(t)]^{-1}=[\sum_{i=1}^{t}\boldsymbol{\varphi}(i)\boldsymbol{\varphi}^{\mathrm{T}}(i)]^{-1}$$

实际观测值与估计模型计算值之间的偏差（称为残差）为

$$\boldsymbol{\varepsilon}(i)=\boldsymbol{y}(i)-\hat{\boldsymbol{y}}(i)=\boldsymbol{y}(i)-\boldsymbol{\varphi}^{\mathrm{T}}(i)\boldsymbol{\theta}$$

那么可以得到

$$V(\boldsymbol{\theta},t)=\frac{1}{2}\sum_{i=1}^{t}\boldsymbol{\varepsilon}^2(i)=\frac{1}{2}\boldsymbol{E}^{\mathrm{T}}\boldsymbol{E} \tag{3-6}$$

其中，

$$\boldsymbol{E}=\boldsymbol{Y}-\hat{\boldsymbol{Y}}=\boldsymbol{Y}-\boldsymbol{\Phi\theta}$$

残差取决于参数拟合误差和过程噪声，参数估计的最小二乘算法就是确定使最小二乘目标函数（也称为准则函数）

$$\boldsymbol{V}=\boldsymbol{\varepsilon}^{\mathrm{T}}\boldsymbol{\varepsilon}=(\boldsymbol{Y}-\boldsymbol{\Phi}\hat{\boldsymbol{\theta}})^{\mathrm{T}}(\boldsymbol{Y}-\boldsymbol{\Phi}\hat{\boldsymbol{\theta}}) \tag{3-7}$$

最小的估计值。满足这个条件的估计称为最小二乘估计$\hat{\boldsymbol{\theta}}_{\mathrm{LS}}$。

定理 3－1　最小二乘估计

使得准则函数方程式（3－6）达到最小的参数估计$\hat{\boldsymbol{\theta}}_{\mathrm{LS}}$应该满足

$$\boldsymbol{\Phi}^{\mathrm{T}}\boldsymbol{\Phi}\hat{\boldsymbol{\theta}}_{\mathrm{LS}}=\boldsymbol{\Phi}^{\mathrm{T}}\boldsymbol{Y} \tag{3-8}$$

如果矩阵 $\boldsymbol{\Phi}^{\mathrm{T}}\boldsymbol{\Phi}$ 非奇异，则可得唯一解

$$\hat{\boldsymbol{\theta}}_{\mathrm{LS}}=(\boldsymbol{\Phi}^{\mathrm{T}}\boldsymbol{\Phi})^{-1}\boldsymbol{\Phi}^{\mathrm{T}}\boldsymbol{Y} \tag{3-9}$$

证明：代价函数方程式（3－6）能被写成

$$\begin{aligned}2V(\boldsymbol{\theta},t)&=\boldsymbol{E}^{\mathrm{T}}\boldsymbol{E}=(\boldsymbol{Y}-\boldsymbol{\Phi\theta})^{\mathrm{T}}(\boldsymbol{Y}-\boldsymbol{\Phi\theta})\\&=\boldsymbol{Y}^{\mathrm{T}}\boldsymbol{Y}-\boldsymbol{Y}^{\mathrm{T}}\boldsymbol{\Phi\theta}-\boldsymbol{\theta}^{\mathrm{T}}\boldsymbol{\Phi}^{\mathrm{T}}\boldsymbol{Y}+\boldsymbol{\theta}^{\mathrm{T}}\boldsymbol{\Phi}^{\mathrm{T}}\boldsymbol{\Phi\theta}\end{aligned} \tag{3-10}$$

由于矩阵$\boldsymbol{\Phi}^{\mathrm{T}}\boldsymbol{\Phi}$ 经常是非负定的，函数 V 有一个最小值，代价函数关于 $\boldsymbol{\theta}$ 是二次型的。可以通过许多方法获得这个最小值：一种方法是确定方程式（3－7）关于 $\boldsymbol{\theta}$ 的梯度，当满足方程式（3－6）时梯度为零；另一种方法是加入辅助变量得到。

$$\begin{aligned}2V(\boldsymbol{\theta},t)&=\boldsymbol{Y}^{\mathrm{T}}\boldsymbol{Y}-\boldsymbol{Y}^{\mathrm{T}}\boldsymbol{\Phi\theta}-\boldsymbol{\theta}^{\mathrm{T}}\boldsymbol{\Phi}^{\mathrm{T}}\boldsymbol{Y}+\boldsymbol{\theta}^{\mathrm{T}}\boldsymbol{\Phi}^{\mathrm{T}}\boldsymbol{\Phi\theta}+\boldsymbol{Y}^{\mathrm{T}}\boldsymbol{\Phi}(\boldsymbol{\Phi}^{\mathrm{T}}\boldsymbol{\Phi})^{-1}\boldsymbol{\Phi}^{\mathrm{T}}\boldsymbol{Y}-\boldsymbol{Y}^{\mathrm{T}}\boldsymbol{\Phi}(\boldsymbol{\Phi}^{\mathrm{T}}\boldsymbol{\Phi})^{-1}\boldsymbol{\Phi}^{\mathrm{T}}\boldsymbol{Y}\\&=\boldsymbol{Y}^{\mathrm{T}}[\boldsymbol{I}-\boldsymbol{\Phi}(\boldsymbol{\Phi}^{\mathrm{T}}\boldsymbol{\Phi})^{-1}\boldsymbol{\Phi}^{\mathrm{T}}]\boldsymbol{Y}+[\boldsymbol{\theta}-(\boldsymbol{\Phi}^{\mathrm{T}}\boldsymbol{\Phi})^{-1}\boldsymbol{\Phi}^{\mathrm{T}}\boldsymbol{Y}]^{\mathrm{T}}\boldsymbol{\Phi}^{\mathrm{T}}\boldsymbol{\Phi}[\boldsymbol{\theta}-(\boldsymbol{\Phi}^{\mathrm{T}}\boldsymbol{\Phi})^{-1}\boldsymbol{\Phi}^{\mathrm{T}}\boldsymbol{Y}]\end{aligned}$$

等式右边第一项与 $\boldsymbol{\theta}$ 无关，第二项总是大于零。最小值出现在

$$\boldsymbol{\theta}=\hat{\boldsymbol{\theta}}_{\mathrm{LS}}=(\boldsymbol{\Phi}^{\mathrm{T}}\boldsymbol{\Phi})^{-1}\boldsymbol{\Phi}^{\mathrm{T}}\boldsymbol{Y} \tag{3-11}$$

下面看一下最小二乘法的统计特性。

最小二乘法可以从数据统计的角度考虑。那么，我们有必要对如何生成数据做出一些假设。假设过程模型是

$$\boldsymbol{y}(i)=\boldsymbol{\varphi}^{\mathrm{T}}(i)\boldsymbol{\theta}^0+\boldsymbol{e}(i) \tag{3-12}$$

这里假设 $\boldsymbol{\theta}^0$ 是真实参数向量，$\{\boldsymbol{e}(i),i=1,2,\cdots\}$是独立且均匀分布的零均值随机变量。假设 $\boldsymbol{e}$ 独立于 $\boldsymbol{\varphi}$。

$$\boldsymbol{Y}=\boldsymbol{\Phi\theta}^0+\boldsymbol{E} \tag{3-13}$$

两边乘以$(\boldsymbol{\Phi}^{\mathrm{T}}\boldsymbol{\Phi})^{-1}\boldsymbol{\Phi}^{\mathrm{T}}$ 得到

$$(\boldsymbol{\Phi}^{\mathrm{T}}\boldsymbol{\Phi})^{-1}\boldsymbol{\Phi}^{\mathrm{T}}\boldsymbol{Y}=\hat{\boldsymbol{\theta}}=\boldsymbol{\theta}^0+(\boldsymbol{\Phi}^{\mathrm{T}}\boldsymbol{\Phi})^{-1}\boldsymbol{\Phi}^{\mathrm{T}}\boldsymbol{E} \tag{3-14}$$

假如 $\boldsymbol{E}$ 独立于 $\boldsymbol{\Phi}^{\mathrm{T}}$，$\hat{\boldsymbol{\theta}}$ 的数学期望等于 $\boldsymbol{\theta}^0$，这样的估计称为无偏估计。不进行证明地给出以下定理：

定理 3－2　最小二乘估计的统计特性

考虑方程式（3－11）给出的估计，假设数据由方程式（3－12）生成，其中$\{\boldsymbol{e}(i),i=$

1,2,…}是一系列独立的均值为 0 方差为 σ^2 的随机变量。用 expect 表示数学期望值，用 cov 表示随机变量的协方差。假如是非奇异的，那么

（1） $\text{expect}(t)=\boldsymbol{\theta}^0$；

（2） $\text{cov}(\hat{\boldsymbol{\theta}}(t))=\sigma^2(\boldsymbol{\Phi}^{\mathrm{T}}\boldsymbol{\Phi})^{-1}$；

（3） $\hat{\sigma}^2(t)=2V(\hat{\boldsymbol{\theta}},t)/(t-n)$是 σ^2 的一个无偏估计。

3.3 递推最小二乘法

上面讨论的最小二乘法是成批处理观测数据，这种估计方法称为离线估计。这种估计方法的优点是估计精度比较高，缺点是要求计算机的存储量比较大。一个连续运行的受辨系统，如果它能不断地提供新的试验数据，而且还希望利用这些新的信息来改善估计精度，那么就必须采用递推估计算法。下面介绍递推最小二乘法，这种方法对计算机的存储量要求不高，估计精度随着观测次数的增大而提高。递推估计算法的显著优点是：①无须存储全部数据，取得一组观测数据便可估计一次参数，而且一般都能在一个采样周期中完成。因此它所需的计算量和占用的存储空间都很小。②具有一定的实时处理能力。

在线估计中，总是利用新的信息来修正过去的估计，因此需要用递推方法，下面将推导递推最小二乘估计算法。

最小二乘估计的递推算法，基本思想是：新的估计值 = 老的估计值 + 修正项。

递推最小二乘法的推导：

在推导递推公式时，要频繁引用矩阵的求逆引理。

引理　（矩阵求逆）　设 $\boldsymbol{A}$、$\boldsymbol{C}$ 和（$\boldsymbol{A}+\boldsymbol{BCD}$）均为非奇异方阵，则

$$(\boldsymbol{A}+\boldsymbol{BCD})^{-1}=\boldsymbol{A}^{-1}-\boldsymbol{A}^{-1}\boldsymbol{B}(\boldsymbol{C}^{-1}+\boldsymbol{DA}^{-1}\boldsymbol{B})^{-1}\boldsymbol{DA}^{-1} \tag{3-15}$$

证明：采用直接证明法，两边乘以（$\boldsymbol{A}+\boldsymbol{BCD}$），如果得到单位矩阵，则说明等式成立。

定理（递推最小二乘估计）　未知参数向量的最小二乘估计的递推计算公式为：

$$\hat{\boldsymbol{\theta}}(k+1)=\hat{\boldsymbol{\theta}}(k)+\boldsymbol{K}(k+1)[\boldsymbol{y}(k+1)-\boldsymbol{\varphi}^{\mathrm{T}}(k+1)\hat{\boldsymbol{\theta}}(k)]$$

$$\boldsymbol{K}(k+1)=\frac{\boldsymbol{P}(k)\boldsymbol{\varphi}(k+1)}{1+\boldsymbol{\varphi}^{\mathrm{T}}(k+1)\boldsymbol{P}(k)\boldsymbol{\varphi}(k+1)}$$

$$\boldsymbol{P}(k+1)=[\boldsymbol{I}-\boldsymbol{K}(k+1)\boldsymbol{\varphi}^{\mathrm{T}}(k+1)]\boldsymbol{P}(k)$$

其中，

$$\boldsymbol{P}(k)=(\boldsymbol{\Phi}_k^{\mathrm{T}}\boldsymbol{\Phi}_k)^{-1}$$

$$\boldsymbol{\Phi}_k=[\varphi(1)\quad \varphi(2)\quad \cdots\quad \varphi(k)]$$

$\boldsymbol{\varphi}(i)$为观测向量，$\boldsymbol{K}(k+1)$为增益向量。

证明：设 $\hat{\boldsymbol{\theta}}(k)$是基于 $\boldsymbol{\Phi}$ 和 $\boldsymbol{Y}$ 的估计，即

$$\hat{\boldsymbol{\theta}}(k)=(\boldsymbol{\Phi}^{\mathrm{T}}\boldsymbol{\Phi})^{-1}\boldsymbol{\Phi}^{\mathrm{T}}\boldsymbol{Y}$$

对于 $k+1$ 时的最小二乘估计为：

$$\hat{\boldsymbol{\theta}}(k+1)=[\boldsymbol{\Phi}_{k+1}^{\mathrm{T}}\boldsymbol{\Phi}_{k+1}]^{-1}\boldsymbol{\Phi}_{k+1}^{\mathrm{T}}\boldsymbol{Y}_{k+1}$$

式中，

$$\boldsymbol{\Phi}_{k+1}=\begin{pmatrix}\boldsymbol{\Phi}\\ \boldsymbol{\varphi}^{\mathrm{T}}(k+1)\end{pmatrix}\in\mathbf{R}^{(k+1)\times(n_a+n_b+1)}$$

$$\boldsymbol{Y}_{k+1}=\begin{pmatrix}\boldsymbol{Y}\\ \boldsymbol{y}(k+1)\end{pmatrix}\in\mathbf{R}^{(k+1)\times 1}$$

于是

$$\hat{\boldsymbol{\theta}}(k+1)=[\boldsymbol{\Phi}^{\mathrm{T}}\boldsymbol{\Phi}+\boldsymbol{\varphi}(k+1)\boldsymbol{\varphi}^{\mathrm{T}}(k+1)]^{-1}[\boldsymbol{\varphi}(k+1)\boldsymbol{y}(k+1)+\boldsymbol{\Phi}^{\mathrm{T}}\boldsymbol{Y}]$$

令

$$\boldsymbol{P}(k+1)=[\boldsymbol{\Phi}^{\mathrm{T}}\boldsymbol{\Phi}+\boldsymbol{\varphi}(k+1)\boldsymbol{\varphi}^{\mathrm{T}}(k+1)]^{-1}$$

利用前面的引理得到：

$$\boldsymbol{P}(k+1)=(\boldsymbol{\Phi}^{\mathrm{T}}\boldsymbol{\Phi})^{-1}-\frac{(\boldsymbol{\Phi}^{\mathrm{T}}\boldsymbol{\Phi})^{-1}\boldsymbol{\varphi}(k+1)\boldsymbol{\varphi}^{\mathrm{T}}(k+1)(\boldsymbol{\Phi}^{\mathrm{T}}\boldsymbol{\Phi})^{-1}}{1+\boldsymbol{\varphi}^{\mathrm{T}}(k+1)(\boldsymbol{\Phi}^{\mathrm{T}}\boldsymbol{\Phi})^{-1}\boldsymbol{\varphi}(k+1)}$$

再令 $\boldsymbol{P}(k)=(\boldsymbol{\Phi}^{\mathrm{T}}\boldsymbol{\Phi})^{-1}$，则有

$$\boldsymbol{P}(k+1)=\boldsymbol{P}(k)-\frac{\boldsymbol{P}(k)\boldsymbol{\varphi}(k+1)\boldsymbol{\varphi}^{\mathrm{T}}(k+1)\boldsymbol{P}(k)}{1+\boldsymbol{\varphi}^{\mathrm{T}}(k+1)\boldsymbol{P}(k)\boldsymbol{\varphi}(k+1)}$$

又令

$$\boldsymbol{K}(k+1)=\frac{\boldsymbol{P}(k)\boldsymbol{\varphi}(k+1)}{1+\boldsymbol{\varphi}^{\mathrm{T}}(k+1)\boldsymbol{P}(k)\boldsymbol{\varphi}(k+1)}$$

另外 $\boldsymbol{P}(k+1)$ 也可写为：

$$\boldsymbol{P}(k+1)=\boldsymbol{P}(k)-\boldsymbol{K}(k+1)\boldsymbol{\varphi}^{\mathrm{T}}(k+1)\boldsymbol{P}(k)=[\boldsymbol{I}-\boldsymbol{K}(k+1)\boldsymbol{\varphi}^{\mathrm{T}}(k+1)\boldsymbol{P}]\boldsymbol{P}(k)$$

将上式代入 $\hat{\boldsymbol{\theta}}(k+1)$ 的等式，有：

$$\begin{aligned}\hat{\boldsymbol{\theta}}(k+1)&=[\boldsymbol{I}-\boldsymbol{K}(k+1)\boldsymbol{\varphi}^{\mathrm{T}}(k+1)]\boldsymbol{P}(k)[\boldsymbol{\varphi}(k+1)\boldsymbol{y}(k+1)+\boldsymbol{\Phi}^{\mathrm{T}}\boldsymbol{Y}]\\&=[\boldsymbol{I}-\boldsymbol{K}(k+1)\boldsymbol{\varphi}^{\mathrm{T}}(k+1)][\boldsymbol{P}(k)\boldsymbol{\varphi}(k+1)\boldsymbol{y}(k+1)+\hat{\boldsymbol{\theta}}(k)]\\&=\hat{\boldsymbol{\theta}}(k)+\boldsymbol{K}(k+1)[\boldsymbol{y}(k+1)-\boldsymbol{\varphi}^{\mathrm{T}}(k+1)\hat{\boldsymbol{\theta}}(k)]\end{aligned}$$

递推最小二乘算法的说明：

（1）新的估计向量 $\hat{\boldsymbol{\theta}}(k+1)$ 是先前估计量 $\hat{\boldsymbol{\theta}}(k)$ 加上修正项 $\boldsymbol{K}(k+1)[\boldsymbol{y}(k+1)-\boldsymbol{\varphi}^{\mathrm{T}}(k+1)\hat{\boldsymbol{\theta}}(k)]$，在不断更新过程中，$\boldsymbol{\varphi}^{\mathrm{T}}(k+1)$、$\boldsymbol{K}(k+1)$ 和 $\boldsymbol{\Phi}$ 的行列数不变，但它们的旧数据不断被新数据替换。

（2）$\boldsymbol{K}(k+1)$ 为增益向量，$\boldsymbol{P}(k+1)$ 为误差的协方差矩阵，一般与误差成正比，协方差越大，说明估计值与真值相差越大，增益向量也会越大，所产生的校正作用也越大。

（3）初值 $\hat{\boldsymbol{\theta}}(0)$ 和 $\boldsymbol{P}(0)$ 的确定。

方法 1：若已有组数据，则可批处理它们，并将结果作为初值，即

$$\hat{\boldsymbol{\theta}}(0)=(\boldsymbol{\Phi}^{\mathrm{T}}\boldsymbol{\Phi})^{-1}\boldsymbol{\Phi}^{\mathrm{T}}\boldsymbol{Y},\boldsymbol{P}(0)=(\boldsymbol{\Phi}^{\mathrm{T}}\boldsymbol{\Phi})^{-1}$$

方法 2：$\hat{\boldsymbol{\theta}}(0)=0$，$\boldsymbol{P}(0)=\alpha\boldsymbol{I}$，其中 $\alpha=10^6\sim10^{10}$。

3.4　具有遗忘因子的递推最小二乘法

递推最小二乘法有一个缺点是常常出现“数据饱和”。随着 k 的增加，$\boldsymbol{P}(k+1)$ 和 $\boldsymbol{K}(k+1)$

变得越来越小，$\hat{\boldsymbol{\theta}}(k+1)$ 估计公式中的修正项的修正能力变得越来越弱，即新近加入的输入/输出数据对参数向量估计值的更新作用影响不大。这样导致的结果是：参数估计值难以接近真值；当参数真值时变时，该算法无法跟踪这种变化，从而使实时参数辨识失败。

解决该问题的方法之一是用具有遗忘因子的递推最小二乘法。

取性能指标函数：

$$\boldsymbol{J}=(\boldsymbol{Y}-\boldsymbol{\Phi}\hat{\boldsymbol{\theta}})^{\mathrm{T}}\boldsymbol{W}(\boldsymbol{Y}-\boldsymbol{\Phi}\hat{\boldsymbol{\theta}}) \tag{3-16}$$

式中，$\boldsymbol{W}$ 为加权对角矩阵：

$$\boldsymbol{W}=\begin{bmatrix}\lambda^{N-1} & \cdots & 0\\ \vdots & & \vdots\\ 0 & \cdots & 1\end{bmatrix}$$

其中，N 为观测数据组数；λ 为遗忘因子，$0<\lambda<1$。

按与前面相同的思路，可推出具有遗忘因子的递推最小二乘估计公式：

$$\hat{\boldsymbol{\theta}}(k+1)=\hat{\boldsymbol{\theta}}(k)+\boldsymbol{K}(k+1)[\boldsymbol{y}(k+1)-\boldsymbol{\varphi}^{\mathrm{T}}(k+1)\hat{\boldsymbol{\theta}}(k)] \tag{3-17}$$

$$\boldsymbol{K}(k+1)=\frac{\boldsymbol{P}(k)\boldsymbol{\varphi}(k+1)}{\boldsymbol{\lambda}+\boldsymbol{\varphi}^{\mathrm{T}}(k+1)\boldsymbol{P}(k)\boldsymbol{\varphi}(k+1)}$$

$$\boldsymbol{P}(k+1)=\frac{1}{\boldsymbol{\lambda}}[\boldsymbol{I}-\boldsymbol{K}(k+1)\boldsymbol{\varphi}^{\mathrm{T}}(k+1)]\boldsymbol{P}(k)$$

式中，

$$\boldsymbol{P}(k)=(\boldsymbol{\Phi}^{\mathrm{T}}\boldsymbol{W}\boldsymbol{\Phi})^{-1}$$

几点说明：

（1）当 $\lambda=1$ 时，该估计公式组为基本递推最小二乘算法。

（2）λ 的取值范围一般在 $0.95\leqslant\lambda\leqslant0.99$，参数变化快时，取较小值；变化慢时，取较大值。

（3）初值的选取同前面的基本递推最小二乘法。

3.5 闭环系统辨识

3.5.1 问题的出现

前面介绍的参数辨识算法，一般用于开环系统。然而，实际系统中有相当一部分是在闭环状态下工作的。某些系统本身就存在固有的和内在的反馈，要将其生硬地切断为开环系统十分困难，还有些系统必须工作在闭环状态。闭环辨识的必要性和重要性表现在多方面，一是为了保证安全生产和正常生产，对于许多工业对象，辨识试验只能在闭环条件下进行，这是因为受控对象可能是开环不稳定的，过程中存在常值干扰和输出漂移等；二是许多受辨系统具有固有的反馈结构，不允许或者不可能断开闭环，例如经济系统、生物系统或者人体系统；三是在闭环条件下，有可能得到比开环辨识更高的估计精度。因此，闭环系统辨识并不是一种罕见的情况，由此而引起的问题包括：什么是闭环系统可辨识？闭环可辨识条件是什么？闭环辨识方法如何？原来用于开环系统的辨识方法能否用于闭环系统？

3.5.2　什么是闭环系统可辨识

设辨识对象为闭环完全系统，如图3-2所示。图中 $G(z^{-1})$ 为前向通道过程传递函数，$R(z^{-1})$ 为反馈通道控制器传递函数，$N_\omega(z^{-1})$ 和 $N_p(z^{-1})$ 分别为反馈通道噪声 $\omega(k)$ 和摄动信号 $p(k)$ 的滤波器，$N_\xi(z^{-1})$ 为前向通道噪声 $\xi(k)$ 的滤波器。$\xi(k)$ 和 $\omega(k)$ 是均值为零，方差分别为 σ_ξ^2 和 σ_ω^2 的互不相关随机噪声，$p(k)$ 可测，$r(k)$ 为给定信号，一般设其为零，$y(k)$ 为输出。

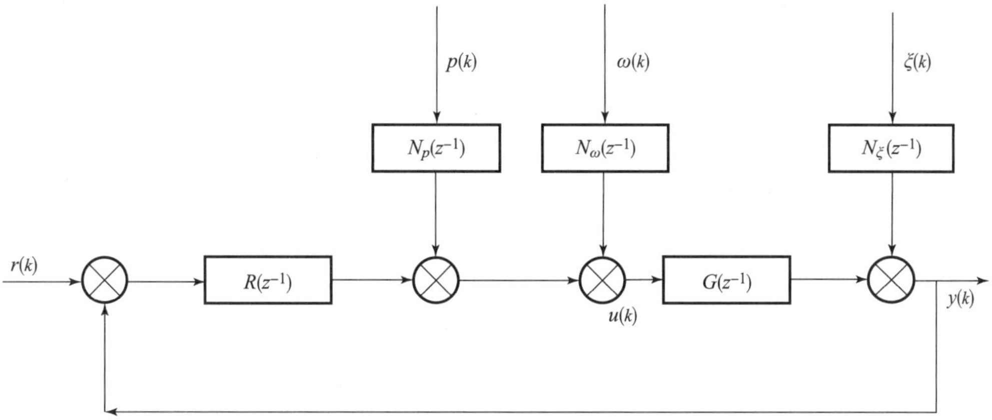

图3-2　闭环完全系统

取模型结构为

$$G(z^{-1})=\frac{z^{-d}B(z^{-1})}{A(z^{-1})},R(z^{-1})=\frac{Q(z^{-1})}{P(z^{-1})},N_\xi(z^{-1})=\frac{C(z^{-1})}{A(z^{-1})}$$

$$N_\omega(z^{-1})=\frac{F(z^{-1})}{P(z^{-1})},N_p(z^{-1})=\frac{E(z^{-1})}{P(z^{-1})}$$

式中，

$$A(z^{-1})=1+a_1z^{-1}+\cdots+a_{n_a}z^{-n_a},\ B(z^{-1})=b_0+b_1z^{-1}+\cdots+b_{n_b}z^{-n_b}$$

$$C(z^{-1})=1+c_1z^{-1}+\cdots+c_{n_c}z^{-n_c},P(z^{-1})=1+p_1z^{-1}+\cdots+p_{n_p}z^{-n_p}$$

$$Q(z^{-1})=q_0+q_1z^{-1}+\cdots+q_{n_q}z^{-n_q},E(z^{-1})=1+e_1z^{-1}+\cdots+e_{n_e}z^{-n_e}$$

$$F(z^{-1})=1+f_1z^{-1}+\cdots+f_{n_f}z^{-n_f}$$

设模型参数向量真实值 $\boldsymbol{\theta}$ 和参数向量估计值 $\hat{\boldsymbol{\theta}}$ 分别为

$$\boldsymbol{\theta}=\left[a_1,\quad a_2,\quad \cdots\quad a_{n_a},b_0,\quad b_1,\quad \cdots\quad b_{n_b},\quad c_1,c_2,\cdots,c_{n_c}\right]^{\mathrm{T}}$$

$$\hat{\boldsymbol{\theta}}=\left[\hat{a}_1,\quad \hat{a}_2,\quad \cdots\quad \hat{a}_{n_a},\hat{b}_0,\quad \hat{b}_1,\quad \cdots\quad \hat{b}_{n_b},\hat{c}_1,\hat{c}_2,\cdots,\hat{c}_{n_c}\right]^{\mathrm{T}}$$

通过一定的辨识方法，在一定的试验条件下，用获得的数据长度 L，对参数向量真实值 $\boldsymbol{\theta}$ 的估计为 $\hat{\boldsymbol{\theta}}$，在数据长度 L 不断增加的情况下，如果 $\hat{\boldsymbol{\theta}}-\boldsymbol{\theta}$ 的模依概率1收敛于零，即

$$\lim_{L\to\infty}|\hat{\boldsymbol{\theta}}-\boldsymbol{\theta}|\xrightarrow{W.P.1}0$$

则称该系统在此模型辨识方法的试验条件下是可辨识的。

3.5.3 闭环状态下的辨识方法和可辨识条件

闭环辨识方法可粗略地分为时域法和频域法。时域法又可分为 3 种，它们是直接辨识法、间接辨识法和联合输入/输出过程法。前面的两种为主要的方法，这里将具体介绍。所谓直接辨识法是利用前向通道的输入/输出数据 $u(k)$ 和 $y(k)$ （见图 3－2），直接建立前向通道的数学模型，反馈通道的控制器模型可以不知道，其思路与开环状态下的辨识相似，但输入 $u(k)$ 的含义不同；间接辨识法是先获得闭环系统模型，在此基础上利用反馈通道的控制器模型，导出前向通道模型。

两辨识法的区别在于：直接辨识法要求前向通道的输入/输出数据可测，间接辨识法要求反馈通道的控制器模型已知。对于直接辨识法，如果反馈通道加上一个均值为零且与输出噪声无关的持续激励信号，系统总是闭环可测的；间接辨识法一般用于反馈通道上无扰动信号的情况。当反馈通道上无扰动信号时，不论是直接辨识法还是间接辨识法，闭环系统可辨识需满足一定的条件，下面加以讨论。

用闭环直接辨识法进行参数辨识时，如果反馈通道不存在扰动信号，即图 3－2 中的 $\omega(k)=0$，$p(k)=0$，但前向通道的过程输入 $u(k)$ 和输出 $y(k)$ 可测，前向通道模型为

$$A(z^{-1})y(k)=z^{-d}B(z^{-1})u(k)+C(z^{-1})\xi(k)$$

设

$$\boldsymbol{\theta}=\left[a_1,\quad a_2,\quad \cdots\quad a_{n_a},b_0,\quad b_1,\quad \cdots\quad b_{n_b},c_1,c_2,\cdots,c_{n_c}\right]^{\mathrm{T}}$$

$$\boldsymbol{\varphi}=[-y(k-1),\cdots,-y(k-n_a),u(k-d),\cdots,u(k-d-n_b),\hat{\xi}(k-1),\cdots,\hat{\xi}(k-n_c)]^{\mathrm{T}} \tag{3-18}$$

式中，

$$\hat{\xi}(k)=y(k)-\boldsymbol{\varphi}^{\mathrm{T}}(k)\hat{\boldsymbol{\theta}}(k-1)$$

其中 $\hat{\boldsymbol{\theta}}(k-1)$ 为 $k-1$ 时刻的参数估计值。

为了用 $\{u(i),y(i),i=1,2,\cdots\}$ 数据来估计 $\boldsymbol{\theta}$，无论用哪种开环辨识法，必须保证 $\boldsymbol{\varphi}(k)$ 中的每个元与其他元不相关，否则辨识将失败。$\boldsymbol{\varphi}(k)$ 中 $y(k-1)$ 和 $\hat{\xi}(k-1)$ 均为随机变量，它们不会与其他元相关。由于反馈作用的影响，$u(k-d)$ 可能与其他元相关。

事实上，由图 3－2 有

$$u(k-d)=-p_1u(k-d-1)-\cdots-p_{n_p}u(k-d-n_p)-q_0y(k-d)-\cdots-q_{n_q}y(k-d-n_q) \tag{3-19}$$

如果

$$n_p\leqslant n_b,n_q\leqslant n_a-d$$

由式（3－18）可知，$u(k-d)$ 是 $\boldsymbol{\varphi}(k)$ 中部分元的线性组合，进而破坏了 $\boldsymbol{\varphi}(k)$ 中各元应相互独立的要求，造成无法用开环辨识方法辨识参数 $\boldsymbol{\theta}$，所以

$$n_p > n_b, n_q > n_a - d$$

是闭环直接辨识法的可辨识条件之一。

如果反馈通道上存在干扰信号，即 $\omega(k) \neq 0$，或 $p(k) \neq 0$，由于向量 $\boldsymbol{\varphi}(k)$ 中的 $u(k-d)$，在式（3－19）的基础上叠加此扰动信号，它与 $\boldsymbol{\varphi}(k)$ 中其他元不再相关，从而保证开环辨识方法的使用条件，此时系统总是可辨识的。

闭环间接辨识法在反馈通道无扰动信号时，即 $\omega(k)=0$，$p(k)=0$ 时，由图 3－2 有

$$[1+G(z^{-1})R(z^{-1})]y(k)=N_\xi(z^{-1})\xi(k)$$

即

$$[A(z^{-1})P(z^{-1})+z^{-d}B(z^{-1})Q(z^{-1})]y(k)=C(z^{-1})P(z^{-1})\xi(k) \tag{3-20}$$

设

$$\overline{A}(z^{-1})=A(z^{-1})P(z^{-1})+z^{-d}B(z^{-1})Q(z^{-1})=1+\alpha_1 z^{-1}+\cdots+\alpha_l z^{-l} \tag{3-21}$$

$$\overline{B}(z^{-1})=C(z^{-1})P(z^{-1})=1+\beta_1 z^{-1}+\cdots+\beta_r z^{-r} \tag{3-22}$$

式中，

$$r=n_d+n_p, l=\max(n_a+n_p, n_b+n_q+d)$$

则式（3－20）可表述为

$$\overline{A}(z^{-1})y(k)=\overline{B}(z^{-1})\xi(k) \tag{3-23}$$

模型参数

$$\overline{\boldsymbol{\theta}}=[\alpha_1,\alpha_2,\cdots,\alpha_l,\beta_1,\beta_2,\cdots,\beta_r]^{\mathrm{T}}$$

只要式（3－23）所示的过程稳定，即 $\overline{A}(z^{-1})$ 所有根都在 z 平面单位圆内，且 $C(z^{-1})$ 与 $\overline{A}(z^{-1})$ 无公因子，也就是反馈不引起零极点对消，那么根据闭环系统的输出，利用增广二乘法或极大似然法等开环辨识方法便可获得模型参数的估计值 $\hat{\overline{\boldsymbol{\theta}}}$。

现在的问题是：根据反馈通道控制器的已知参数 p_i 和 q_i，由模型式（3－23）的估计参数 $\overline{\boldsymbol{\theta}}$，能否唯一地确定前向通道过程模型的参数 $\boldsymbol{\theta}$？这里

$$\boldsymbol{\theta}=\begin{bmatrix} a_1, & a_2, & \cdots & a_{n_a}, b_0, & b_1, & \cdots & b_{n_b}, c_1, c_2, \cdots, c_{n_c}\end{bmatrix}^{\mathrm{T}}$$

回答这一问题的是 Isermann 在 1981 年提出的下列定理。

Isermann 定理：图 3－2 所示闭环系统，当反馈通道不存在扰动，且多项式 $D(z^{-1})$ 与 $\overline{A}(z^{-1})$ 互质时，利用间接辨识法估计前向通道过程与噪声模型 $G(z^{-1})$ 和 $N_\xi(z^{-1})$，若

$$l=\max(n_a+n_p, n_b+n_q+d) \geqslant n_a+n_b$$

或

$$\max(n_p-n_b, n_q-n_a+d) \geqslant 0$$

也就是反馈通道控制器模型阶次符合

$$n_p \geqslant n_b \quad 或 \quad n_q \geqslant n_a - d$$

条件时，闭环系统是可辨识的，同时也是参数可辨识的。

从该定理可知，无论前向通道还是反馈通道，如果存在纯时延，将有利于闭环可辨识条件的满足：与闭环系统直接辨识法相比，可辨识条件几乎相同，仅一个等号之差。

当反馈通道存在扰动信号时，闭环系统间接辨识法的可辨识条件仍如 Isermann 定理一样，但实际中不用此法，而改用直接辨识法。因为在那里，没有可辨识条件的限制。

虽然一个闭环系统是否可辨识与模型选择、试验条件、辨识方法、辨识准则、试验数据等诸多因素有关，但是从实用的角度来说，下列结论具有一般意义：

（1）反馈通道控制器为线性非时变，且不存在扰动信号时，闭环系统可辨识条件是：反馈通道模型结构不应导致闭环传递函数零极点对消，并且反馈通道的模型阶次应高于前向通道的模型阶次。如果反馈通道或前向通道出现纯时延环节，它有利于可辨识条件。

（2）如果反馈通道上有足够阶次的持续激励信号，且与前向通道的噪声不相关，则闭环系统是可辨识的。

（3）反馈通道上的控制器为时变或具有非线性，闭环系统也是可辨识的。

（4）反馈通道上的控制器能在几种不同控制规律间切换时，闭环系统是可辨识的。

当考虑将在开环系统中被广泛采用的最小二乘法应用于闭环系统时，其可辨识性不例外地应满足上述四条。就其参数估计的一致性来说，它要求前向通道和反馈通道至少有一个存在纯时延；就其参数估计的唯一性来说，它要求反馈通道上存在噪声，或者反馈通道的模型阶次高于前向通道模型阶次。

习　题

1. 试证明矩阵求逆公式

$$(\boldsymbol{A}+\boldsymbol{BC})^{-1}=\boldsymbol{A}^{-1}-\boldsymbol{A}^{-1}\boldsymbol{B}(\boldsymbol{I}+\boldsymbol{C}\boldsymbol{A}^{-1}\boldsymbol{B})^{-1}\boldsymbol{C}\boldsymbol{A}^{-1}$$

2. 调研广义最小二乘估计算法的基本内容，分析其与最小二乘估计的区别与联系。

3. 写出增广最小二乘算法。

4. 模拟如下二阶过程：

$$y(k)+a_1y(k-1)+a_2y(k-2)=b_1u(k-1)+b_2u(k-2)+v(k)$$

式中，$\{v(k)\}$为白噪声序列；$a_2=0.7$，$b_1=1$，$b_2=0.5$。而

$$a_1=0.6,\ k<1\,000$$
$$a_1=1.2,\ k\geqslant 2\,000$$

给出遗忘因子λ分别为1、0.995、0.99、0.95时的a_1、a_2和b_1、b_2的估计值，并分析λ对辨识结果的影响。

5. 有一模型如下：

$$(1-0.8z^{-1}+0.15z^{-2})y(k)=(z^{-2}+0.5z^{-3})u(k)+(1-0.65z^{-1}+0.1z^{-2})\xi(k)$$

式中，$\xi(k)$是均值为零，方差为1的白噪声。根据模型生成的输入/输出数据，采用最小二乘法作参数估计。提示：可用 MATLAB 语言中的函数“randn”产生。

6. 间接自校正控制和直接自校正控制各有什么优点和缺点？由间接自校正控制算法向直接自校正控制算法转化的关键在哪？决定使用的那种控制算法的原则是什么？

7. 已知被控对象模型为

$$(1+2z^{-1}+3z^{-2})y(k)=z^{-1}(0.8+0.5z^{-1})u(k)$$

取期望传递函数分母多项式为

$$A_m(z^{-1})=1+0.9z^{-1}+0.2z^{-2}$$

试用直接自校正控制法进行数字仿真：观察系统输出跟踪参考输入（可取为方波）和控制参数的变化情况；当对象参数变化时（注意不要让 $B(z^{-1})=0$ 的根出了单位圆），观察系统输出和控制参数有何变化。

8. 有被控过程

$$(1-1.7z^{-1}+0.6z^{-2})y(k)=(z^{-2}+1.2z^{-3})u(k)$$

给定期望传递函数分母多项式为

$$A_m(z^{-1})=1-0.6z^{-1}+0.08z^{-2}$$

试按极点配置设计控制系统，使期望输出无稳态误差，并写出 $u(k)$ 表达式。

第 4 章

模型参考自适应控制

4.1 系统结构

模型参考自适应控制是不同于自校正控制的另一类自适应控制。模型参考自适应控制的基本原理：利用可调系统（包括被控对象）的各种信息，度量或测出某种性能指标，把它与参考模型期望的性能指标相比较；用性能指标偏差（广义误差）通过非线性反馈的自适应机构产生的自适应律来调节可调系统，以削弱可调系统因不确定性所造成的性能指标的偏差，最后达到使被控的可调系统获得较好的性能指标的目的。其中的可调系统一般包括被控对象和调节器，它们形成一常规的反馈控制系统。这个系统相对于模型参考系统来说是一个子系统或称内回路。另外，模型参考自适应系统还有一个自适应反馈回路，称为外回路，它用来调节可调系统。由内外回路组成双回路系统是模型参考自适应控制系统的结构特点。模型参考自适应控制可以处理缓慢变化的不确定性对象的控制问题。它由于可以不必经过系统辨识而度量性能指标，因而有可能获得快速跟踪控制。模型参考自适应控制系统主要基于局部参数最优化和稳定性理论的设计方法，它在处理有非线性特性的对象方面比其他方法优越。模型参考自适应控制是一种非常重要的自适应控制方案。它可以被看作一种自适应伺服系统，其中系统的期望性能由参考模型给出。模型参考自适应控制系统结构图如图 4－1 所示。

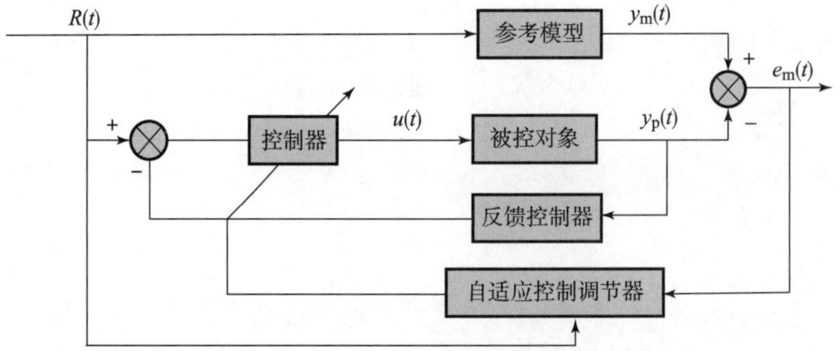

图 4－1　模型参考自适应控制系统结构图

这个系统有一个通常的反馈回路，它包括过程和控制器，另一个反馈回路可用来改变控制器的参数。参数的变化和调节根据的是有误差过来的反馈。其中的误差是系统的输出和参考系统输出的差。通常的反馈回路称为内回路，参数调节回路称为外回路。对于模型参考自适应控制来说，如何对参数进行调节至关重要。调节参数一般可以通过两种途径实现，一种是利用梯度法，另一种是基于稳定性理论。

在模型参考自适应控制系统中，在原来反馈控制的基础之上附加一个参考模型和参数自适应控制调节器。用参考模型表示系统性能要求，因此也可以称参考模型为希望模型，它的输出称为希望输出。

（1）参考模型自适应控制系统中给定的性能指标集合被一个动态性能指标代替，同时引入一个参考模型辅助动态系统。

（2）参考模型辅助动态系统与可调系统一起被输入激励输出一个给定的性能指标。

（3）用减法器得到这个指标与可调系统的状态之差，并输入自适应机构来修改可调系统的参数或产生一个辅助输入信号，从而使测得的性能指标保持在参考性能指标的邻域内。

调节过程中，内环形成一个一般的反馈控制系统，只是其控制器的参数不是固定的，而是由外环进行调整；当被控系统受干扰的影响而使运行特性偏离了参考模型的输出的期望轨迹时，则通过被控系统和参考模型的输出之差产生的广义误差来修改调节器的参数，使可调系统与参考模型相一致。内、外环的调整过程同时影响整个系统的稳定性和性能，其稳定性、稳定过程和鲁棒性是模型参考自适应的重要研究内容。

模型参考自适应控制系统（MRACS）最初由MIT的怀特克等于1958年提出，并用参数最优化理论导出了自适应规律，并在直升机自动驾驶中进行应用试验研究。由于这种设计方法不是从稳定性的角度出发的，设计完成后，往往需要进行稳定性检验。但是，许多实际的模型参考自适应系统是无法用解析法检验其全局稳定性的。而全局稳定性又是模型参考自适应系统的首要品质指标。

MIT方法的最大缺陷是仅考虑了参数调节的适应性，而不能确保所设计的自适应系统是全局渐近稳定的。为了克服上述问题，1966年Parks首先提出了用Lyapunov稳定性理论设计模型参考自适应控制系统的方法。这种方法的关键是构造一个适当的Lyapunov函数，然后用确保Lyapunov函数的导函数是负定或半负定来确定自适应规律。这种方法可以在保证系统稳定性的同时，具有自适应速度快的优点。20世纪70年代，Landau将Popov的超稳定性理论用到MRACS的设计中来，得到了更加灵活方便、性能更佳的自适应规律。20世纪60年代以来，现代控制理论蓬勃发展所取得的一些成果，如状态空间法、稳定性理论、最优控制、随机控制和参数估计等，为自适应控制理论的形成和发展准备了条件。

在模型参考自适应控制系统中，通过对控制器参数化，使闭环系统等价于给定的（输入驱动下的）参考模型，借助输出误差来“估计”参数化中的参数，以保证系统输出渐近收敛到参考模型的期望输出。当然，这里的“估计”是加引号的，因为自调节性质，参数估计值一般并不会收敛于参数化的真实值。

线性系统的自适应控制问题已基本解决，但非线性系统的自适应控制还存在很多难点，工程化实现难度非常大。

模型参考自适应控制（MRAC）是自适应控制的一个重要分支，因为其设计目标就是使过程的输出与参考模型的输出相匹配，该参考模型规定了被控系统所要求的性能，等价于给被控系统设计了一个动态的性能指标。不同于鲁棒控制的设计思想，鲁棒控制使用优化技术，直接考虑系统不确定的最坏的情形下，设计控制器，不能避免由不确定参数造成的保守性。模型参考自适应控制使系统行为渐近逼近参考模型的响应，属于间接优化性能。该方法能够导致相对容易实现的系统，且具有较高的自适应速度，能够应用到多种情况。

理想 MRAC 系统设计需做如下基本假定：

（1）参考模型是线性定常的。

（2）可调系统与参考模型的维数相同。

（3）可调系统的参数仅依赖于自适应机构。

（4）除输入量之外，没有其他外部信号（干扰）作用在系统上。

（5）偏差 $\boldsymbol{e}(f)=\boldsymbol{X}_{\mathrm{m}}(f)-\boldsymbol{X}_{\mathrm{p}}(t)$ 是可测的。

模型参考自适应控制系统的组成可以由图 4－1 表示，包含 4 部分：带有未知参数的被控对象（其中 $\hat{a}$ 为参数估计值）、参考模型（描述控制系统的期望输出）、带有可校正参数的反馈控制律以及校正参数的自适应机制。

虽然参数未知，但可以假设被控对象的结构是已知的。对于线性系统，这说明系统的极点和零点的个数是已知的，而它们的位置是未知的；对于非线性系统，说明动态方程的结构是已知的，而某些参数是未知的。

参考模型是为自适应系统相应外部指令所提供的一个理想参考系统。当自适应机制在校正参数时，期望系统响应能尽量与理想响应接近。选择参考模型必须满足两个要求：一是要能够反映控制任务中所指定的性能，如上升时间、调节时间、超调量或频率特性等；二是这种理想性能应该是自适应控制系统可以实现的。

控制器应该具有完全的跟踪能力。当被控对象的参数准确已知时，响应的控制器可以使系统的输出与参考模型的输出相等；而当参数未知时，自适应机制将校正参数，从而渐近达到完全跟踪。为了得到稳定性和跟踪收敛性的自适应机制，现有的自适应控制设计一般要求控制器参数是线性的。

自适应机制用来校正控制器中的参数，自适应规律通过探索参数使得在自适应控制规律下，被控对象的响应逐渐与参考模型的响应相等，使跟踪误差收敛到零。这种自适应机制就是自适应控制与传统控制的主要区别。自适应控制的目的就是设计出好的自适应机制，保证参数变化时系统稳定，并使得跟踪误差收敛到零。非线性控制的许多方法可以用来达到这个目的，如 Lyapunov 理论、超稳定性理论、耗散理论等。

4.2 MIT 法则

MIT 法则是模型参考自适应控制最开始采用的方法，由于该法则是 1958 年由 MIT 的仪器实验室（现在的 Draper 实验室）提出的，故得此名。它的设计原理是：构造一个由广义误差和可调参数组成的目标函数，并把它视为位于可调参数空间中的一个超曲面，再利用参数最优化方法使这个目标函数逐渐减小，直到目标函数值达到最小或位于最小值的某个邻域为止，从而满足可调系统与参考模型之间的一致性要求。在 MIT 法则中，常常用到的误差是二次型目标函数。在单变量情况下，大多采用平方误差积分目标函数。为使目标函数达到最小的参数最优化方法有：最速下降法、Newton - Raphson 法、共轭梯度法和变尺度法等，其中最速下降法比较简单。图 4 - 2 所示为增益可调的参考模型自适应控制系统。

为了推导 MIT 法则，我们考虑一个闭环系统，它的控制器有一个可调参数 $\boldsymbol{\theta}$，期望闭环系统响应有参考模型输出 $\boldsymbol{y}_{\mathrm{m}}$，实际系统输出为 $\boldsymbol{y}$，为了获得调节参数的规则，我们定义一个代价函数

$$J(\boldsymbol{\theta}) = \frac{1}{2}\boldsymbol{e}^2 \tag{4-1}$$

式中，

$$\boldsymbol{e} = \boldsymbol{y}_{\mathrm{m}} - \boldsymbol{y}$$

为了最小化 J，在 J 的负梯度方向改变参数，也就是

$$\frac{\mathrm{d}\boldsymbol{\theta}}{\mathrm{d}t} = -\gamma\frac{\partial J}{\partial \boldsymbol{\theta}} = -\gamma \boldsymbol{e}\frac{\partial \boldsymbol{e}}{\partial \boldsymbol{\theta}} \tag{4-2}$$

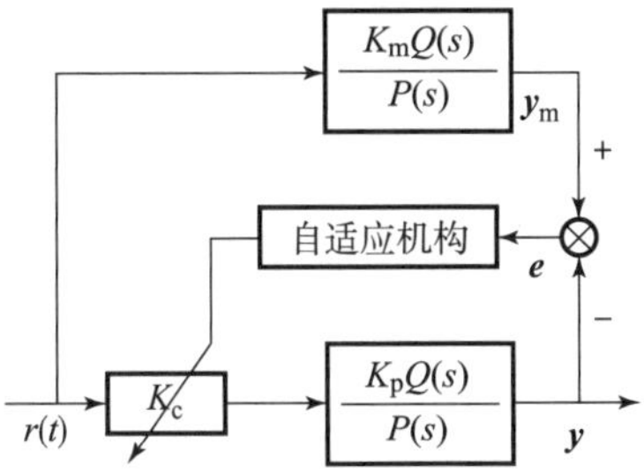

图 4 - 2　增益可调的参考模型自适应控制系统

这就是著名的 MIT 法则。其中偏导数 $\frac{\partial \boldsymbol{e}}{\partial \boldsymbol{\theta}}$ 称为系统的敏感导数，它表征了误差是如何受到可调参数的影响的。假设参数变化比系统中的其他变量慢，那么偏导数 $\frac{\partial \boldsymbol{e}}{\partial \boldsymbol{\theta}}$ 可以在假设 $\boldsymbol{\theta}$ 是常数的条件下进行估计。

事实上，代价函数并不限于一种，假如我们用

$$J(\boldsymbol{\theta}) = |\boldsymbol{e}|$$

那么应用梯度法，可以得到

$$\frac{\mathrm{d}\boldsymbol{\theta}}{\mathrm{d}t} = -\gamma\frac{\partial \boldsymbol{e}}{\partial \boldsymbol{\theta}}\operatorname{sgn}(\boldsymbol{e}) \tag{4-3}$$

这是第一个模型参考自适应控制采用的算法。还有其他一些算法，如

$$\frac{\mathrm{d}\boldsymbol{\theta}}{\mathrm{d}t} = -\gamma\operatorname{sgn}(\boldsymbol{e})\operatorname{sgn}\left(\frac{\partial \boldsymbol{e}}{\partial \boldsymbol{\theta}}\right) \tag{4-4}$$

这个算法称为 sgn - sgn 算法。它的离散版被应用在通信中，那是为了快速计算和应用起来简单。其中的变量 $\boldsymbol{\theta}$ 可以理解为多变量，此时可以把它看作向量。

例 4 - 1　已知被控对象的传递函数是二阶的，即

$$G_{\mathrm{p}}(s) = \frac{K_{\mathrm{c}}K_{\mathrm{v}}}{a_2 s^2 + a_1 s + 1} \tag{4-5}$$

要求用 MIT 法设计 MRACS。

此系统的广义误差方程为

$$a_2\ddot{e}(t) + a_1\dot{e}(t) + e(t) = (K - K_{\mathrm{c}}K_{\mathrm{v}})r(t) \tag{4-6}$$

当 $t > 0^+$ 时，$r(t) = R =$ 常数（即阶跃扰动），由上式两边求导可得

$$a_2\dddot{e}(t) + a_1\ddot{e}(t) + \dot{e}(t) = -K_{\mathrm{v}}R\dot{K}_{\mathrm{c}}$$

由于要求参考模型是稳定的，所以当 $t \to \infty$ 时，$y_{\mathrm{m}}(t) \to KR$。由 MIT 自适应规律可导出

$$\dot{K}_c = \mu e y_m(t) = \mu e K R$$

则当 $t \to \infty$ 时广义误差方程为

$$a_2 \dddot{e}(t) + a_1 \ddot{e}(t) + \dot{e}(t) + K_v \mu K R^2 e(t) = 0 \tag{4-7}$$

利用代数准则判断稳定性。若

$$a_1 > a_2 (K_v \mu K R^2) \quad 或 \quad \mu < \frac{a_1}{a_2 K_v K R^2}$$

则系统是稳定的。由上面的不等式可得到如下结论：

（1）当 $a_1 \gg a_2$ 时，则系统近似为一阶非周期环节，在阶跃扰动下是稳定的。

（2）当 K_v 较大时，由于参考模型的 K 值也大，因而 $K_v K$ 很大，会使系统不稳定。

（3）MRACS 的稳定性不仅与该系统的结构有关，而且与外加扰动信号的类型和大小有关。由上面的不等式可知，当 R 很大时，系统可能不稳定。

（4）当把 $\mu = \lambda K_v / K$ 代入上述不等式时可知，当 $\lambda < a_1 / (a_2 K_v^2 R^2)$ 时系统才能稳定。因此，若搜索步长 λ 太大，系统的稳定性就会变差，但 λ 太小，搜索时间太长也不好。所以，λ 大小的选择要兼顾稳定性和搜索时间的要求。

对于设计一个控制系统来说，首要的目标是稳定。

MIT 方法最大的缺点是只考虑到优化输出误差和参数误差的某种正性指标函数及这些误差的收敛过程，而不能确保所设计的自适应控制系统闭环是全局渐近稳定的。20 世纪 60 年代中期，Parks 提出了用李雅普诺夫稳定性理论对 MRACS 进行设计的方法，确保了该类自适应系统的稳定性。

下面讨论如何确定自适应增益。在前面的章节中通过使用 MIT 法则可以得到一个自适应系统。注意到自适应律只有一个参数，即自适应增益 γ，它是由使用者选择的。通过一些仿真例子可以看出，这个增益的选择对于系统的特性是重要的，在这一节中，我们将讨论如何来确定自适应增益。

假设有一个系统如图 4－3 所示，它的传递函数是 $kG(s)$，其中 $G(s)$ 是已知的并且是稳定的，而 k 是一个未知常数。我们希望找到一个前馈控制器使得传递函数是 $k_0 G(s)$。系统由以下方程描述：

$$\boldsymbol{y} = kG(p)\boldsymbol{u}$$

$$\boldsymbol{y}_m = k_0 G(p)\boldsymbol{u}_c$$

$$\boldsymbol{u} = \boldsymbol{\theta}\boldsymbol{u}_c$$

$$\boldsymbol{e} = \boldsymbol{y} - \boldsymbol{y}_m$$

$$\frac{d\boldsymbol{\theta}}{dt} = -\gamma \boldsymbol{y}_m e$$

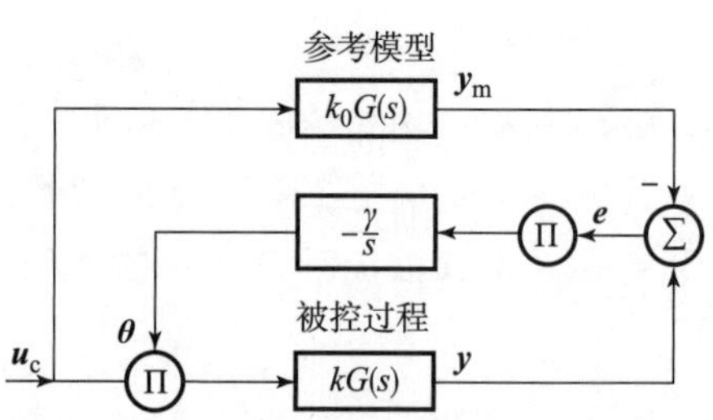

图 4－3　一个模型参考自适应控制系统框图

上述式中，$\boldsymbol{u}_c$ 是指令信号；$\boldsymbol{y}_m$ 是模型输出；$\boldsymbol{y}$ 是过程输出；$\boldsymbol{\theta}$ 是可调参数；p 是微分算子。从以上方程消掉 $\boldsymbol{u}$ 和 $\boldsymbol{y}$ 可得

$$\frac{d\boldsymbol{\theta}}{dt} + \gamma \boldsymbol{y}_m [kG(p)\boldsymbol{\theta}\boldsymbol{u}_c] = \gamma \boldsymbol{y}_m^2 \tag{4-8}$$

此方程称为参数方程，$\boldsymbol{y}_{\mathrm{m}}$ 可认为是已知的函数，这是一个线性时变常微分方程。为了研究此方程表征的系统特性，假设一个试验：参数 $\boldsymbol{\theta}$ 固定，然后把自适应机制断开，输入一个常值信号 $\boldsymbol{u}_{\mathrm{c}}^{0}$，让所有信号平稳后连接自适应机制，参数的变化规律由以下方程给出

$$\frac{\mathrm{d}\boldsymbol{\theta}}{\mathrm{d}t}+\gamma\boldsymbol{y}_{\mathrm{m}}^{0}\boldsymbol{u}_{\mathrm{c}}^{0}[kG(p)\boldsymbol{\theta}]=\gamma(\boldsymbol{y}_{\mathrm{m}}^{0})^{2} \tag{4-9}$$

这是一个线性时不变系统。这个方程是常系数线性的。它的稳定性由以下代数方程确定

$$s+\gamma\boldsymbol{y}_{\mathrm{m}}^{0}\boldsymbol{u}_{\mathrm{c}}^{0}kG(s)=0 \tag{4-10}$$

由于 MIT 法则作用下的系统稳定性受到系统输入信号幅值的影响，因此提出了改进的 MIT 法则，假设

$$\boldsymbol{\varphi}=-\partial\boldsymbol{e}/\partial\boldsymbol{\theta}$$

原 MIT 法则为

$$\frac{\mathrm{d}\boldsymbol{\theta}}{\mathrm{d}t}=\gamma\boldsymbol{\varphi}\boldsymbol{e}$$

改进的 MIT 法则为

$$\frac{\mathrm{d}\boldsymbol{\theta}}{\mathrm{d}t}=\frac{\gamma\boldsymbol{\varphi}\boldsymbol{e}}{\alpha+\boldsymbol{\varphi}^{\mathrm{T}}\boldsymbol{\varphi}} \tag{4-11}$$

为了应对 $\boldsymbol{\varphi}$ 出现小值的情况，引入参数 $\alpha>0$。

此时，再重复上面的试验，会发现稳定性由以下方程决定

$$s+\gamma\frac{\boldsymbol{\varphi}^{0}\boldsymbol{u}_{\mathrm{c}}^{0}}{\alpha+\boldsymbol{\varphi}^{0\mathrm{T}}\boldsymbol{\varphi}^{0}}kG(s)=0 \tag{4-12}$$

由于 $\boldsymbol{\varphi}^{0}$ 正比于 $\boldsymbol{u}_{\mathrm{c}}^{0}$，方程根不会随着信号幅值发生过大变化，其稳定性与信号幅值关系不大，这个法则被称为归一化 MIT 法则。

4.3　基于李氏理论的模型参考自适应

对于设计一个控制系统来说，首要的目标是稳定。MIT 方法最大的缺点是只考虑到优化输出误差和参数误差的某种指标函数及这些误差的收敛过程，而不能确保所设计的自适应控制系统闭环是全局渐近稳定的。20 世纪 60 年代中期，Parks 提出了用李氏稳定性理论（即李雅普诺夫稳定性理论）对 MRACS 进行设计的方法，确保了该类自适应系统的稳定性。

响应运动稳定性可分为基于输入/输出描述的外部稳定性和基于状态空间描述的内部稳定性。外部稳定性是一种零初始条件下的有界输入/有界输出稳定性。内部稳定性是零输入条件下自治系统状态运动的稳定性，它等同于李雅普诺夫意义下的渐近稳定性。外部稳定性与内部稳定性之间有十分紧密的联系，一般来说，内部稳定性决定外部稳定性。1892 年，李雅普诺夫提出了运动稳定性的一般理论，即稳定性分析的第一方法和第二方法。第一方法将非线性自治系统运动方程在足够小的邻域内进行泰勒展开，导出一次近似线性化系统，再根据线性系统特征值在复平面上的分布推断非线性系统在邻域内的稳定性；第二方法引入具有广义能量属性的李雅普诺夫函数，并分析其函数的定号性，建立判断系统稳定性的相应结

论。它在1960年前后被引入控制理论界，并很快成为研究系统稳定性的主要工具。具体的稳定性方面的定义在前面第2章已经做过介绍，这里主要针对具体的问题开展讨论。

定理　线性系统的李雅普诺夫函数

假设线性系统有以下方程

$$\frac{d\boldsymbol{x}}{dt}=\boldsymbol{A}\boldsymbol{x} \tag{4-13}$$

系统是渐近稳定的，那么对于每一个对称正定矩阵 $\boldsymbol{Q}$，存在一个唯一对称正定矩阵 $\boldsymbol{P}$ 使得

$$\boldsymbol{A}^{\mathrm{T}}\boldsymbol{P}+\boldsymbol{P}\boldsymbol{A}=-\boldsymbol{Q} \tag{4-14}$$

进一步，函数 $V(\boldsymbol{x})=\boldsymbol{x}^{\mathrm{T}}\boldsymbol{P}\boldsymbol{x}$ 是对于此系统的一个李雅普诺夫函数。

证明：设定 $\boldsymbol{Q}$ 是一个对称的正定矩阵。定义

$$\boldsymbol{P}(t)=\int_0^t \mathrm{e}^{\boldsymbol{A}^{\mathrm{T}}(t-s)}\boldsymbol{Q}\mathrm{e}^{\boldsymbol{A}(t-s)}\mathrm{d}s$$

矩阵 $\boldsymbol{P}$ 是对称正定的，因为正定矩阵的积分是正定的。矩阵 $\boldsymbol{P}$ 同时也满足

$$\frac{d\boldsymbol{P}}{dt}=\boldsymbol{A}^{\mathrm{T}}\boldsymbol{P}+\boldsymbol{P}\boldsymbol{A}+\boldsymbol{Q}$$

因为矩阵 $\boldsymbol{A}$ 是稳定的，极限 $\boldsymbol{P}_0=\lim\limits_{t\to\infty}\boldsymbol{P}(t)$ 存在。这个矩阵满足方程式（4－14）。方程式（4－14）的解是唯一的。

对于一个稳定的线性系统来说，我们总能找到一个二次型李雅普诺夫函数，利用以上定理，可以选择一个正定矩阵 $\boldsymbol{Q}$，然后求解方程式（4－14）获得 $\boldsymbol{P}$。

下面给出一个实例，利用李雅普诺夫理论设计模型参考自适应系统。

（1）采用可调系统状态变量构成自适应规律的设计方法。

对一般多变量线性系统，可采用如图4－4所示的控制器结构。

设所选定参考模型的状态方程为：

$$\dot{\boldsymbol{x}}_{\mathrm{m}}=\boldsymbol{A}_{\mathrm{m}}\boldsymbol{x}_{\mathrm{m}}+\boldsymbol{B}_{\mathrm{m}}\boldsymbol{r} \qquad \boldsymbol{x}_{\mathrm{m}}(0)=\boldsymbol{x}_{\mathrm{m}0}$$

式中，$\boldsymbol{A}_{\mathrm{m}}$ 为 $n\times n$ 维稳定矩阵；$\boldsymbol{B}_{\mathrm{m}}$ 为 $n\times m$ 维矩阵。

所选定的参考模型 $\sum(\boldsymbol{A}_{\mathrm{m}},\boldsymbol{B}_{\mathrm{m}})$ 一般为渐近稳定的，且其状态完全是能控能观的。

此外参考模型 $\sum(\boldsymbol{A}_{\mathrm{m}},\boldsymbol{B}_{\mathrm{m}})$ 应体现对被控系统的输出响应和性能指标的要求，如超调量、快速性、周期性、阻尼比、动态速降和通频带宽等指标可通过参考模型的选取来体现。实际上，参考模型体现对被控系统输出响应和性能指标的理想化要求。

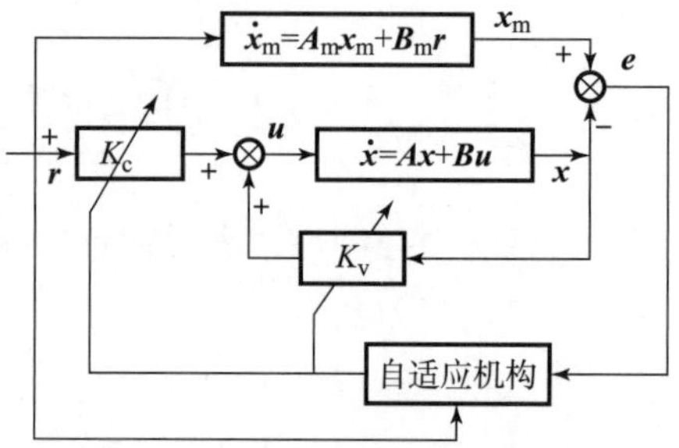

图4－4　用状态变量构成的模型参考自适应系统

被控系统的状态方程为

$$\dot{\boldsymbol{x}}=\boldsymbol{A}\boldsymbol{x}+\boldsymbol{B}\boldsymbol{u} \qquad \boldsymbol{x}(0)=\boldsymbol{x}_0$$

设系统的广义状态误差向量

$$\boldsymbol{e}=\boldsymbol{x}_{\mathrm{m}}-\boldsymbol{x}$$

则

$$\begin{aligned}\dot{\boldsymbol{e}} &= \dot{\boldsymbol{x}}_{\mathrm{m}} - \dot{\boldsymbol{x}} \\ &= \boldsymbol{A}_{\mathrm{m}}\boldsymbol{x}_{\mathrm{m}} + \boldsymbol{B}_{\mathrm{m}}\boldsymbol{r} - \boldsymbol{A}\boldsymbol{x} - \boldsymbol{B}\boldsymbol{u} \\ &= \boldsymbol{A}_{\mathrm{m}}\boldsymbol{e} + (\boldsymbol{A}_{\mathrm{m}} - \boldsymbol{A})\boldsymbol{x} + \boldsymbol{B}_{\mathrm{m}}\boldsymbol{r} - \boldsymbol{B}\boldsymbol{u} \\ &= \boldsymbol{A}_{\mathrm{m}}\boldsymbol{e} + \boldsymbol{B}_{\mathrm{m}}\boldsymbol{r} + (\boldsymbol{A}_{\mathrm{m}} - \boldsymbol{A})\boldsymbol{x} - \boldsymbol{B}(K_{\mathrm{v}}\boldsymbol{x} + K_{\mathrm{c}}\boldsymbol{r}) \\ &= \boldsymbol{A}_{\mathrm{m}}\boldsymbol{e} + (\boldsymbol{A}_{\mathrm{m}} - \boldsymbol{A} - \boldsymbol{B}K_{\mathrm{v}})\boldsymbol{x} + (\boldsymbol{B}_{\mathrm{m}} - \boldsymbol{B}K_{\mathrm{c}})\boldsymbol{r} \\ &\triangleq \boldsymbol{A}_{\mathrm{m}}\boldsymbol{e} + \boldsymbol{\Phi}\boldsymbol{x} + \boldsymbol{\Psi}\boldsymbol{r}\end{aligned}$$

现在问题为设计 K_{v} 和 K_{c}，使得误差系统为渐近稳定。从而有

$$\lim_{t\to\infty}\boldsymbol{e}(t) = 0$$

定义李雅普诺夫函数

$$\begin{aligned}V &= \boldsymbol{e}^{\mathrm{T}}\boldsymbol{P}\boldsymbol{e} + \mathrm{tr}[\boldsymbol{\Phi}^{\mathrm{T}}\boldsymbol{\Phi} + \boldsymbol{\Psi}^{\mathrm{T}}\boldsymbol{\Psi}] \\ &= \boldsymbol{e}^{\mathrm{T}}\boldsymbol{P}\boldsymbol{e} + \sum_{i=1}^{n}\boldsymbol{\varphi}_i^{\mathrm{T}}\boldsymbol{\varphi}_i + \sum_{i=1}^{m}\boldsymbol{\psi}_i^{\mathrm{T}}\boldsymbol{\psi}_i\end{aligned}$$

其中，

$$\dot{\boldsymbol{e}} = \boldsymbol{A}_{\mathrm{m}}\boldsymbol{e} + \boldsymbol{\Phi}\boldsymbol{x} + \boldsymbol{\Psi}\boldsymbol{r}$$

式中，$\boldsymbol{\varphi}_i$、$\boldsymbol{\Psi}_i$ 分别是 $\boldsymbol{\Phi}$，$\boldsymbol{\psi}$ 的第 i 列；$\boldsymbol{P}$ 为对称正定矩阵，显然，$\boldsymbol{V}$ 正定，而

$$\begin{aligned}\dot{V} &= \dot{\boldsymbol{e}}^{\mathrm{T}}\boldsymbol{P}\boldsymbol{e} + \boldsymbol{e}^{\mathrm{T}}\boldsymbol{P}\dot{\boldsymbol{e}} + \sum_{i=1}^{n}(\dot{\boldsymbol{\varphi}}_i^{\mathrm{T}}\boldsymbol{\varphi}_i + \boldsymbol{\varphi}_i^{\mathrm{T}}\dot{\boldsymbol{\varphi}}_i) + \sum_{i=1}^{m}(\dot{\boldsymbol{\psi}}_i^{\mathrm{T}}\boldsymbol{\psi}_i + \boldsymbol{\psi}_i^{\mathrm{T}}\dot{\boldsymbol{\psi}}_i) \\ &= \boldsymbol{e}^{\mathrm{T}}(\boldsymbol{A}_{\mathrm{m}}^{\mathrm{T}}\boldsymbol{P} + \boldsymbol{P}\boldsymbol{A}_{\mathrm{m}})\boldsymbol{e} + 2[\boldsymbol{e}^{\mathrm{T}}\boldsymbol{P}(\boldsymbol{\Phi}\boldsymbol{x} + \boldsymbol{\Psi}\boldsymbol{r}) + \sum_{i=1}^{n}\dot{\boldsymbol{\varphi}}_i^{\mathrm{T}}\boldsymbol{\varphi}_i + \sum_{i=1}^{m}\dot{\boldsymbol{\psi}}_i^{\mathrm{T}}\boldsymbol{\psi}_i]\end{aligned}$$

$\boldsymbol{A}_{\mathrm{m}}$ 为稳定矩阵，故必存在正定矩阵 $\boldsymbol{Q}$ 满足李雅普诺夫方程：

$$\boldsymbol{A}_{\mathrm{m}}^{\mathrm{T}}\boldsymbol{P} + \boldsymbol{P}\boldsymbol{A}_{\mathrm{m}} = -\boldsymbol{Q}$$

代入上式有：

$$\begin{aligned}\dot{V} &= -\boldsymbol{e}^{\mathrm{T}}\boldsymbol{Q}\boldsymbol{e} + 2[\boldsymbol{e}^{\mathrm{T}}\boldsymbol{P}(\boldsymbol{\Phi}\boldsymbol{x} + \boldsymbol{\Psi}\boldsymbol{r}) + \sum_{i=1}^{n}\dot{\boldsymbol{\varphi}}_{\mathrm{i}}^{\mathrm{T}}\boldsymbol{\varphi}_i + \sum_{i=1}^{m}\dot{\boldsymbol{\psi}}_i^{\mathrm{T}}\boldsymbol{\psi}_i] \\ &= -\boldsymbol{e}^{\mathrm{T}}\boldsymbol{Q}\boldsymbol{e} + 2[\boldsymbol{e}^{\mathrm{T}}\boldsymbol{P}(\sum_{i=1}^{n}\boldsymbol{\varphi}_i\boldsymbol{x}_i + \sum_{i=1}^{m}\boldsymbol{\psi}_i\boldsymbol{r}_i) + \sum_{i=1}^{n}\dot{\boldsymbol{\varphi}}_i^{\mathrm{T}}\boldsymbol{\varphi}_{\mathrm{i}} + \sum_{i=1}^{m}\boldsymbol{\psi}_i^{\mathrm{T}}\boldsymbol{\psi}_i]\end{aligned}$$

$\boldsymbol{x}_i$、$\boldsymbol{r}_i$ 分别是向量 $\boldsymbol{x}$、$\boldsymbol{r}$ 的第 i 分量，如果我们选择

$$\boldsymbol{e}^{\mathrm{T}}\boldsymbol{P}(\sum_{i=1}^{n}\boldsymbol{\varphi}_i\boldsymbol{x}_i + \sum_{i=1}^{m}\boldsymbol{\psi}_i\boldsymbol{r}_i) + \sum_{i=1}^{n}\dot{\boldsymbol{\varphi}}_i^{\mathrm{T}}\boldsymbol{\varphi}_i + \sum_{i=1}^{m}\dot{\boldsymbol{\psi}}_i^{\mathrm{T}}\boldsymbol{\psi}_i = 0$$

即取

$$\dot{\boldsymbol{\varphi}}_i^{\mathrm{T}} = -\mathrm{e}^{\mathrm{T}}\boldsymbol{P}\boldsymbol{x}_i, i = 1, 2, \cdots, n$$

$$\dot{\boldsymbol{\psi}}_i^{\mathrm{T}} = -\mathrm{e}^{\mathrm{T}}\boldsymbol{P}\boldsymbol{r}_i, i = 1, 2, \cdots, m$$

则 $\dot{\boldsymbol{V}} = -\boldsymbol{e}^{\mathrm{T}}\boldsymbol{Q}\boldsymbol{e}$ 为负定，从而广义误差系统为渐近稳定。

这种方法要求所有状态可测，这对许多实际对象往往不现实，为此可采用按对象输入/输出来直接设计自适应控制系统。其中一种为**直接法**，它根据对象的输入/输出来设计自适

应控制器，从而来调节可调参数，使可调系统与给定参考模型匹配；另一种为**间接法**，利用对象的输入/输出设计一个自适应观测器，实时地给出对象未知参数和状态的估计，然后利用这些估计值再来设计自适应控制器，使对象输出能跟踪模型输出，或使其某一性能指标最优。

（2）采用受控对象输入/输出构成自适应规律的设计方法。其系统结构如图 4－5 所示。

设计任务：设计可调增益 K_c 的自适应规律，使得控制系统能够适应被控对象时变或未知的开环增益 K_p，且被控系统的输出动态特性与参考模型相一致。

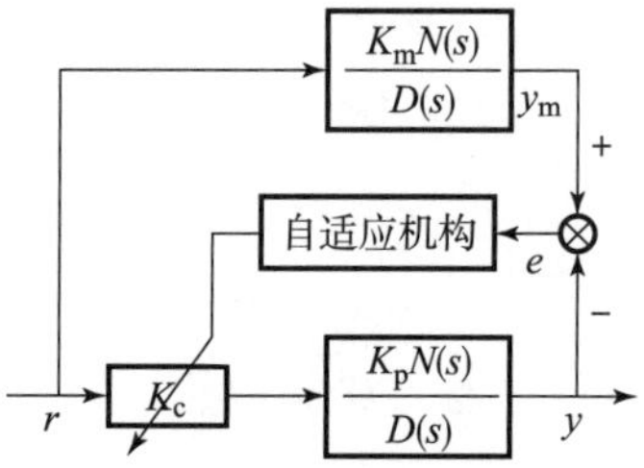

图 4－5　增益可调的参考模型自适应控制系统

由图 4－5，可得参考模型和参数可调被控系统的 s 域表达式分别为

$$Y_m(s)=\frac{K_m N(s)}{D(s)}R(s)$$

$$Y(s)=\frac{K_c K_p N(s)}{D(s)}R(s)$$

其中，$D(s)$ 和 $N(s)$ 分别为如下已知的 n 阶的稳定首一多项式和 $n-1$ 阶多项式：

$$D(s)=s^n+\sum_{i=0}^{n-1}a_i s^i$$

$$N(\mathrm{s})=\sum_{i=0}^{n-1}b_i s^i$$

下面基于李氏稳定性理论，设计比例调节器的增益 K_c 的自适应规律。

首先定义如下广义误差 $e=y_m-y$，因此，误差 e 的传递函数为

$$\frac{E(s)}{r(s)}=(K_m-K_c K_p)\frac{N(s)}{D(s)}=\tilde{K}\ \frac{N(s)}{D(s)}$$

其中增益误差 $\tilde{K}$ 为

$$\tilde{K}=K_m-K_c K_p$$

由此可知，广义误差 e 满足如下微分方程

$$e^{(n)}+a_{n-1}e^{(n-1)}+\cdots+a_0=\tilde{K}\left[b_{n-1}r^{(n-1)}+\cdots+b_0 r\right]$$

选择状态变量：

$$x_1=e,\ x_2=\dot{x}_1-\beta_1 r,\ \cdots,\ x_n=\dot{x}_{n-1}-\beta_{n-1}r$$

可得其状态方程实现：

$$\begin{cases}\dot{\boldsymbol{x}}=\boldsymbol{A}\boldsymbol{x}+\tilde{K}\boldsymbol{B}r\\ \boldsymbol{e}=\boldsymbol{C}\boldsymbol{x}\end{cases}$$

其中

$$\boldsymbol{A}=\begin{bmatrix}0 & & \boldsymbol{I}_{n-1} & \\ -a_0 & -a_1 & \cdots & -a_{n-1}\end{bmatrix}$$

$$\boldsymbol{B}=\begin{bmatrix}\beta_1\\ \vdots\\ \beta_n\end{bmatrix}=\begin{bmatrix}1 & 0 & \cdots & 0\\ a_{n-1} & 1 & \cdots & 0\\ \vdots & \vdots & & \vdots\\ a_1 & \cdots & a_{n-1} & 1\end{bmatrix}^{-1}\begin{bmatrix}b_{n-1}\\ b_{n-2}\\ \vdots\\ b_0\end{bmatrix}$$

$$\boldsymbol{C}=[1\quad 0\quad \cdots\quad 0]$$

如下定义正定李氏函数

$$V=\boldsymbol{x}^{\mathrm{T}}\boldsymbol{P}\boldsymbol{x}+\lambda\tilde{K}^2>0$$

式中，$\boldsymbol{P}$ 为所选定的正定矩阵，λ为大于零的实数。

对函数 V 求导可得

$$\dot{V}=\dot{\boldsymbol{x}}^{\mathrm{T}}\boldsymbol{P}\boldsymbol{x}+\boldsymbol{x}^{\mathrm{T}}\boldsymbol{P}\dot{\boldsymbol{x}}+2\lambda\tilde{K}\dot{\tilde{K}}$$

$$=\boldsymbol{x}^{\mathrm{T}}(\boldsymbol{PA}+\boldsymbol{A}^{\mathrm{T}}\boldsymbol{P})\boldsymbol{x}+2\boldsymbol{x}^{\mathrm{T}}\boldsymbol{PB}\tilde{K}\boldsymbol{r}+2\boldsymbol{\lambda}\tilde{K}\dot{\tilde{K}}$$

$$\dot{\boldsymbol{x}}=\boldsymbol{A}\boldsymbol{x}+\tilde{K}\boldsymbol{B}\boldsymbol{r}$$

参考模型总是稳定的，$\boldsymbol{A}$ 为稳定矩阵，因此总可以选择正定矩阵 $\boldsymbol{Q}$，使得

$$V=-\boldsymbol{x}^{\mathrm{T}}\boldsymbol{Q}\boldsymbol{x}+2\boldsymbol{x}^{\mathrm{T}}\boldsymbol{PB}\tilde{K}\boldsymbol{r}+2\boldsymbol{\lambda}\tilde{K}\dot{\tilde{K}}$$

$$\boldsymbol{PA}+\boldsymbol{A}^{\mathrm{T}}\boldsymbol{P}=-\boldsymbol{Q}$$

若令 $2\boldsymbol{x}^{\mathrm{T}}\boldsymbol{PB}\tilde{K}\boldsymbol{r}+2\lambda\tilde{K}\dot{\tilde{K}}=0$,即可推出 $\dot{V}$ 负定。于是可得：

$$\dot{\tilde{K}}=-\frac{1}{\lambda}\boldsymbol{x}^{\mathrm{T}}\boldsymbol{PBr}\qquad \dot{K}_{\mathrm{c}}=\frac{1}{\lambda K_{\mathrm{p}}}\boldsymbol{x}^{\mathrm{T}}\boldsymbol{PBr}$$

由上式可知，该自适应规律除包含输出误差 e 之外，还包含它的各阶微。对实际控制系统来说，带有微分因素的控制规律对系统的环境变化或扰动较敏感，容易引起系统的不稳定，而且实现纯微分环节也较困难。因此，该自适应规律在具体实现上有一定困难。为此，可在选择 $\boldsymbol{P}$ 矩阵时使 $\boldsymbol{P}$ 满足 $\boldsymbol{PB}=\mu\boldsymbol{C}^{\mathrm{T}}=[\mu\quad 0\quad \cdots\quad 0]^{\mathrm{T}}$，$\mu>0$，此时就有

$$\dot{K}_{\mathrm{c}}=\alpha\boldsymbol{e}\boldsymbol{r},\ \alpha=\frac{\mu}{\lambda K_{\mathrm{p}}}$$

一个自适应控制系统应提供被控对象当前状态的连续信息，即辨识对象；将当前系统性能与期望性能或某种最优化指标进行比较，在此基础上做出决策，对控制器进行实时修正，使得系统趋向期望性能或趋于最优化状态。

（3）假定系统的各个状态变量都可直接得到。控制对象的参数一般是未知的，并且是不能直接调整的。

设控制对象的状态方程为

$$\dot{\boldsymbol{x}}_{\mathrm{p}}=\boldsymbol{A}_{\mathrm{p}}\boldsymbol{x}_{\mathrm{p}}+\boldsymbol{B}_{\mathrm{p}}\boldsymbol{u}$$

式中，$\dot{\boldsymbol{x}}_{\mathrm{p}}$ 为 n 维状态向量；$\boldsymbol{u}$ 为 m 维控制向量；$\boldsymbol{A}_{\mathrm{p}}$ 为 $n\times n$ 矩阵；$\boldsymbol{B}_{\mathrm{p}}$ 为 $n\times m$ 矩阵。由于控制对象的状态矩阵 $\boldsymbol{A}_{\mathrm{p}}$ 和控制矩阵 $\boldsymbol{B}_{\mathrm{p}}$ 是不能直接调整的，如要改变控制对象的动态特性，只能用前馈控制和反馈控制，如图 4－6 所示。

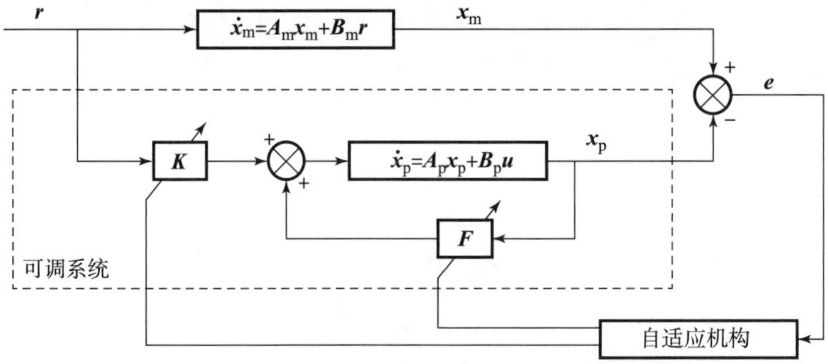

图 4-6　用状态变量构成自适应控制规律

控制信号 $\boldsymbol{u}$ 由前馈信号 $\boldsymbol{Kr}$ 和反馈信号 $\boldsymbol{Fx}_{\mathrm{p}}$ 所组成，即

$$\boldsymbol{u}=\boldsymbol{Kr}+\boldsymbol{Fx}_{\mathrm{p}}$$

式中，$\boldsymbol{K}$ 为 $m\times m$ 矩阵；$\boldsymbol{F}$ 为 $m\times n$ 矩阵；$\boldsymbol{r}$ 为 m 维输入信号。可得

$$\dot{\boldsymbol{x}}_{\mathrm{p}}=[\boldsymbol{A}_{\mathrm{p}}+\boldsymbol{B}_{\mathrm{p}}\boldsymbol{F}]\boldsymbol{x}_{\mathrm{p}}+\boldsymbol{B}_{\mathrm{p}}\boldsymbol{Kr}$$

上式称为可调系统。矩阵 $\boldsymbol{A}_{\mathrm{p}}$ 和 $\boldsymbol{B}_{\mathrm{p}}$ 的元素都是时变参数，它们随系统的工作环境和外界干扰而变化。由于矩阵 $\boldsymbol{A}_{\mathrm{p}}$ 和 $\boldsymbol{B}_{\mathrm{p}}$ 不能直接进行调整，为了使控制对象的动态特性与参考模型的动态特性相一致，需要按照自适应规律调整前馈增益矩阵 $\boldsymbol{K}$ 和反馈增益矩阵 $\boldsymbol{F}$，使自适应闭环回路的特性接近于参考模型的特性。

参考模型是由设计者所选取的动态品质优良的理想系统，一般均选择参考模型与受控对象同维数。

选定参考模型的状态方程为

$$\dot{\boldsymbol{x}}_{\mathrm{m}}=\boldsymbol{A}_{\mathrm{m}}\boldsymbol{x}_{\mathrm{m}}+\boldsymbol{B}_{\mathrm{m}}\boldsymbol{r}$$

式中，$\boldsymbol{x}_{\mathrm{m}}$ 为 n 维状态向量；$\boldsymbol{r}$ 为 m 维输入向量；$\boldsymbol{A}_{\mathrm{m}}$ 为 $n\times n$ 矩阵；$\boldsymbol{B}_{\mathrm{m}}$ 为 $n\times m$ 矩阵；$\boldsymbol{A}_{\mathrm{m}}$ 和 $\boldsymbol{B}_{\mathrm{m}}$ 均为常数矩阵。

设系统的广义状态误差向量为

$$\boldsymbol{e}=\boldsymbol{x}_{\mathrm{m}}-\boldsymbol{x}_{\mathrm{p}}$$

可得

$$\dot{\boldsymbol{e}}=\boldsymbol{A}_{\mathrm{m}}\boldsymbol{e}+(\boldsymbol{A}_{\mathrm{m}}-\boldsymbol{A}_{\mathrm{p}}-\boldsymbol{B}_{\mathrm{p}}\boldsymbol{F})\boldsymbol{x}_{\mathrm{p}}+(\boldsymbol{B}_{\mathrm{m}}-\boldsymbol{B}_{\mathrm{p}}\boldsymbol{K})\boldsymbol{r}$$

在理想情况下，右边后两项应等于零。设 $\boldsymbol{F}$ 和 $\boldsymbol{K}$ 的理想值分别为 $\overline{\boldsymbol{F}}$ 和 $\overline{\boldsymbol{K}}$，当 $\boldsymbol{F}=\overline{\boldsymbol{F}}$，$\boldsymbol{K}=\overline{\boldsymbol{K}}$，且 $|\overline{\boldsymbol{K}}|\neq 0$ 时，则有

$$\boldsymbol{A}_{\mathrm{p}}+\boldsymbol{B}_{\mathrm{p}}\overline{\boldsymbol{F}}=\boldsymbol{A}_{\mathrm{m}},\quad \boldsymbol{B}_{\mathrm{p}}\overline{\boldsymbol{K}}=\boldsymbol{B}_{\mathrm{m}},\quad \boldsymbol{B}_{\mathrm{p}}=\boldsymbol{B}_{\mathrm{m}}\overline{\boldsymbol{K}}^{-1}$$

及

$$\boldsymbol{A}_{\mathrm{m}}-\boldsymbol{A}_{\mathrm{p}}=\boldsymbol{B}_{\mathrm{p}}\overline{\boldsymbol{F}}$$

于是有

$$\dot{\boldsymbol{e}}=\boldsymbol{A}_{\mathrm{m}}\boldsymbol{e}+\boldsymbol{B}_{\mathrm{m}}\overline{\boldsymbol{K}}^{-1}(\overline{\boldsymbol{F}}-\boldsymbol{F})\boldsymbol{x}_{\mathrm{p}}+\boldsymbol{B}_{\mathrm{m}}\overline{\boldsymbol{K}}^{-1}(\overline{\boldsymbol{K}}-\boldsymbol{K})\boldsymbol{r}$$

$$\dot{\boldsymbol{e}}=\boldsymbol{A}_{\mathrm{m}}\boldsymbol{e}+\boldsymbol{B}_{\mathrm{m}}\overline{\boldsymbol{K}}^{-1}\boldsymbol{\Phi}\boldsymbol{x}_{\mathrm{p}}+\boldsymbol{B}_{\mathrm{m}}\overline{\boldsymbol{K}}^{-1}\boldsymbol{\Psi}\boldsymbol{r}$$

式中，$\boldsymbol{\Phi}=\overline{\boldsymbol{F}}-\boldsymbol{F}$ 为 $m\times n$ 矩阵；$\boldsymbol{\Psi}=\overline{\boldsymbol{K}}-\boldsymbol{K}$ 为 $m\times m$ 矩阵。$\boldsymbol{\Phi}$ 和 $\boldsymbol{\Psi}$ 称为可调参数误差矩阵。

选取李雅普诺夫函数为

$$V=\frac{1}{2}[\boldsymbol{e}^{\mathrm{T}}\boldsymbol{P}\boldsymbol{e}+\mathrm{tr}(\boldsymbol{\Phi}^{\mathrm{T}}\boldsymbol{\Gamma}_1^{-1}\boldsymbol{\Phi}+\boldsymbol{\Psi}^{\mathrm{T}}\boldsymbol{\Gamma}_2^{-1}\boldsymbol{\Psi})]$$

式中，$\boldsymbol{P}$、$\boldsymbol{\Gamma}_1$、$\boldsymbol{\Gamma}_2$ 皆为正定对称矩阵；符号 tr 表示矩阵的迹。对时间 t 求导得

$$\dot{V}=\frac{1}{2}[\dot{\boldsymbol{e}}^{\mathrm{T}}\boldsymbol{P}\boldsymbol{e}+\boldsymbol{e}^{\mathrm{T}}\boldsymbol{P}\dot{\boldsymbol{e}}+\mathrm{tr}(\dot{\boldsymbol{\Phi}}^{\mathrm{T}}\boldsymbol{\Gamma}_1^{-1}\boldsymbol{\Phi}+\boldsymbol{\Phi}^{\mathrm{T}}\boldsymbol{\Gamma}_1^{-1}\dot{\boldsymbol{\Phi}}+\dot{\boldsymbol{\Psi}}^{\mathrm{T}}\boldsymbol{\Gamma}_2^{-1}\boldsymbol{\Psi}+\boldsymbol{\Psi}^{\mathrm{T}}\boldsymbol{\Gamma}_2^{-1}\dot{\boldsymbol{\Psi}})]$$

由此可得

$$\dot{V}=\frac{1}{2}\boldsymbol{e}^{\mathrm{T}}(\boldsymbol{P}\boldsymbol{A}_{\mathrm{m}}+\boldsymbol{A}_{\mathrm{m}}^{\mathrm{T}}\boldsymbol{P})\boldsymbol{e}+\boldsymbol{e}^{\mathrm{T}}\boldsymbol{P}\boldsymbol{B}_{\mathrm{m}}\overline{\boldsymbol{K}}^{-1}\boldsymbol{\Phi}\boldsymbol{x}_{\mathrm{p}}+\boldsymbol{e}^{\mathrm{T}}\boldsymbol{P}\boldsymbol{B}_{\mathrm{m}}\overline{\boldsymbol{K}}^{-1}\boldsymbol{\Psi}\boldsymbol{r}+$$

$$\frac{1}{2}\mathrm{tr}(\dot{\boldsymbol{\Phi}}^{\mathrm{T}}\boldsymbol{\Gamma}_1^{-1}\boldsymbol{\Phi}+\boldsymbol{\Phi}^{\mathrm{T}}\boldsymbol{\Gamma}_1^{-1}\dot{\boldsymbol{\Phi}}+\dot{\boldsymbol{\Psi}}^{\mathrm{T}}\boldsymbol{\Gamma}_2^{-1}\boldsymbol{\Psi}+\boldsymbol{\Psi}^{\mathrm{T}}\boldsymbol{\Gamma}_2^{-1}\dot{\boldsymbol{\Psi}})$$

根据矩阵的迹的性质 $\mathrm{tr}(\boldsymbol{A})=\mathrm{tr}(\boldsymbol{A}^{\mathrm{T}})$ 和 $\boldsymbol{x}^{\mathrm{T}}\boldsymbol{A}\boldsymbol{x}=\mathrm{tr}(\boldsymbol{x}\boldsymbol{x}^{\mathrm{T}}\boldsymbol{A})$，可知

$$\mathrm{tr}(\dot{\boldsymbol{\Phi}}^{\mathrm{T}}\boldsymbol{\Gamma}_1^{-1}\boldsymbol{\Phi})=\mathrm{tr}(\boldsymbol{\Phi}^{\mathrm{T}}\boldsymbol{\Gamma}_1^{-1}\dot{\boldsymbol{\Phi}})$$

$$\mathrm{tr}(\dot{\boldsymbol{\Psi}}^{\mathrm{T}}\boldsymbol{\Gamma}_2^{-1}\boldsymbol{\Psi})=\mathrm{tr}(\boldsymbol{\Psi}^{\mathrm{T}}\boldsymbol{\Gamma}_2^{-1}\dot{\boldsymbol{\Psi}})$$

$$\boldsymbol{e}^{\mathrm{T}}\boldsymbol{P}\boldsymbol{B}_{\mathrm{m}}\overline{\boldsymbol{K}}^{-1}\boldsymbol{\Phi}\boldsymbol{x}_{\mathrm{p}}=\mathrm{tr}(\boldsymbol{x}_{\mathrm{p}}\boldsymbol{e}^{\mathrm{T}}\boldsymbol{P}\boldsymbol{B}_{\mathrm{m}}\overline{\boldsymbol{K}}^{-1}\boldsymbol{\Phi})$$

$$\boldsymbol{e}^{\mathrm{T}}\boldsymbol{P}\boldsymbol{B}_{\mathrm{m}}\overline{\boldsymbol{K}}^{-1}\boldsymbol{\Psi}\boldsymbol{r}=\mathrm{tr}(\boldsymbol{r}\boldsymbol{e}^{\mathrm{T}}\boldsymbol{P}\boldsymbol{B}_{\mathrm{m}}\overline{\boldsymbol{K}}^{-1}\boldsymbol{\Psi})$$

于是有

$$\dot{V}=\frac{1}{2}\boldsymbol{e}^{\mathrm{T}}(\boldsymbol{P}\boldsymbol{A}_{\mathrm{m}}+\boldsymbol{A}_{\mathrm{m}}^{\mathrm{T}}\boldsymbol{P})\boldsymbol{e}+\mathrm{tr}(\dot{\boldsymbol{\Phi}}^{\mathrm{T}}\boldsymbol{\Gamma}_1^{-1}\boldsymbol{\Phi}+\boldsymbol{x}_{\mathrm{p}}\boldsymbol{e}^{\mathrm{T}}\boldsymbol{P}\boldsymbol{B}_{\mathrm{m}}\overline{\boldsymbol{K}}^{-1}\boldsymbol{\Phi})+$$

$$\mathrm{tr}(\dot{\boldsymbol{\Psi}}^{\mathrm{T}}\boldsymbol{\Gamma}_2^{-1}\boldsymbol{\Psi}+\boldsymbol{r}\boldsymbol{e}^{\mathrm{T}}\boldsymbol{P}\boldsymbol{B}_{\mathrm{m}}\overline{\boldsymbol{K}}^{-1}\boldsymbol{\Psi}) \tag{4-15}$$

因为 $\boldsymbol{A}_{\mathrm{m}}$ 为稳定矩阵，则可以选定正定对称矩阵 $\boldsymbol{Q}$，使 $\boldsymbol{P}\boldsymbol{A}_{\mathrm{m}}+\boldsymbol{A}_{\mathrm{m}}^{\mathrm{T}}\boldsymbol{P}=-\boldsymbol{Q}$ 成立。对于任意 $\boldsymbol{e}\neq\boldsymbol{0}$，等号右边第一项是负定的。如果式（4-15）等号右边后两项都为零，则 $\dot{V}$ 为负定的。为此选

$$\dot{\boldsymbol{\Phi}}=-\boldsymbol{\Gamma}_1(\boldsymbol{B}_{\mathrm{m}}\overline{\boldsymbol{K}}^{-1})\boldsymbol{P}\boldsymbol{e}\boldsymbol{x}_{\mathrm{p}}^{\mathrm{T}}$$

$$\dot{\boldsymbol{\Psi}}=-\boldsymbol{\Gamma}_2(\boldsymbol{B}_{\mathrm{m}}\overline{\boldsymbol{K}}^{-1})\boldsymbol{P}\boldsymbol{e}\boldsymbol{r}^{\mathrm{T}}$$

则式（4-15）等号右边后两项都为零。

当 $\boldsymbol{A}_{\mathrm{p}}$ 和 $\boldsymbol{B}_{\mathrm{p}}$ 为常值或缓慢变化时，可设

$$\dot{\overline{\boldsymbol{F}}}\approx\boldsymbol{0},\ \dot{\overline{\boldsymbol{K}}}\approx\boldsymbol{0}$$

则可得自适应控制规律为

$$\dot{\boldsymbol{F}}=\dot{\overline{\boldsymbol{F}}}-\dot{\boldsymbol{\Phi}}=-\dot{\boldsymbol{\Phi}}=\boldsymbol{\Gamma}_1(\boldsymbol{B}_{\mathrm{m}}\overline{\boldsymbol{K}}^{-1})\boldsymbol{P}\boldsymbol{e}\boldsymbol{x}_{\mathrm{p}}^{\mathrm{T}}$$

$$\boldsymbol{K}=\dot{\overline{\boldsymbol{K}}}-\dot{\boldsymbol{\Psi}}=-\dot{\boldsymbol{\Psi}}=\boldsymbol{\Gamma}_2(\boldsymbol{B}_{\mathrm{m}}\overline{\boldsymbol{K}}^{-1})\boldsymbol{P}\boldsymbol{e}\boldsymbol{r}^{\mathrm{T}}$$

$\boldsymbol{F}(t)$ 和 $\boldsymbol{K}(t)$ 的自适应变化规律为

$$\boldsymbol{F}(t)=\int_0^t\boldsymbol{\Gamma}_1(\boldsymbol{B}_{\mathrm{m}}\overline{\boldsymbol{K}}^{-1})\boldsymbol{P}\boldsymbol{e}\boldsymbol{x}_{\mathrm{p}}^{\mathrm{T}}\mathrm{d}\tau+\boldsymbol{F}(0)$$

$$\boldsymbol{K}(t)=\int_0^t\boldsymbol{\Gamma}_2(\boldsymbol{B}_{\mathrm{m}}\overline{\boldsymbol{K}}^{-1})\boldsymbol{P}\boldsymbol{e}\boldsymbol{r}^{\mathrm{T}}\mathrm{d}\tau+\boldsymbol{K}(0)$$

所设计的自适应规律对任意分段连续输入向量函数 $\boldsymbol{r}$ 均能够保证模型参考自适应控制系统是全局渐近稳定的，即

$$\lim_{t\to\infty}\boldsymbol{e}(t)=\boldsymbol{0}$$

$\boldsymbol{e}(t)=\boldsymbol{0}$意味着

$$\boldsymbol{B}_{\mathrm{m}}\overline{\boldsymbol{K}}^{-1}\boldsymbol{\Phi x}_{\mathrm{p}}+\boldsymbol{B}_{\mathrm{m}}\overline{\boldsymbol{K}}^{-1}\boldsymbol{\Psi r}=\boldsymbol{0}$$

及

$$\boldsymbol{\Phi x}_{\mathrm{p}}+\boldsymbol{\Psi r}\equiv\boldsymbol{0}$$

上面的恒等式对任何 t 都成立的条件如下：

（1）$\boldsymbol{x}_{\mathrm{p}}$ 和 $\boldsymbol{r}$ 为线性相关，并且 $\boldsymbol{\Phi}\neq\boldsymbol{0}$，$\boldsymbol{\Psi}\neq\boldsymbol{0}$。

（2）$\boldsymbol{x}_{\mathrm{p}}$ 和 $\boldsymbol{r}$ 恒为零。

（3）$\boldsymbol{x}_{\mathrm{p}}$ 和 $\boldsymbol{r}$ 为线性独立，并且 $\boldsymbol{\Phi}=\boldsymbol{0}$，$\boldsymbol{\Psi}=\boldsymbol{0}$。

显然只有第三种情况能导致参数收敛，所以要求 $\boldsymbol{x}_{\mathrm{p}}$ 与 $\boldsymbol{r}$ 线性独立。$\boldsymbol{x}_{\mathrm{p}}$ 与 $\boldsymbol{r}$ 线性独立的条件是，$\boldsymbol{r}(t)$ 为具有一定频率的方波信号或为 q 个不同频率的正弦信号组成的分段连续信号，其中 $q>\frac{n}{2}$或 $q>\frac{n-1}{2}$。在这种情况下，$\boldsymbol{x}_{\mathrm{p}}$ 与 $\boldsymbol{r}$ 不恒等于零，且彼此线性独立，可以保证误差矩阵 $\boldsymbol{\Phi}(t)$ 和 $\boldsymbol{\Psi}(t)$ 逐渐收敛，即

$$\lim_{t\to\infty}\boldsymbol{\Phi}(t)=\boldsymbol{0},\quad \lim_{t\to\infty}\boldsymbol{\Psi}(t)=\boldsymbol{0}$$

习　　题

1. 设被控对象的微分算子方程为

$$(a_{\mathrm{p2}}p^2+a_{\mathrm{p1}}p+1)y_{\mathrm{p}}(t)=(b_{\mathrm{p1}}p+b_{\mathrm{p0}})r(t)$$

选定参考模型

$$(a_{\mathrm{m2}}p^2+a_{\mathrm{m1}}p+1)y_{\mathrm{m}}(t)=(b_{\mathrm{m1}}p+b_{\mathrm{m0}})r(t)$$

设 $a_{\mathrm{p}i}$和 $b_{\mathrm{p}i}(i=0,1$ 或 $2)$ 为可调参数，试用局部参数优化设计方法设计可调参数规律。

2. 设参考模型方程为

$$(p^2+a_{\mathrm{m1}}p+a_{\mathrm{m0}})y_{\mathrm{m}}(t)=b_{\mathrm{m0}}r(t)$$

可调系统方程为

$$(p^2+a_{\mathrm{s1}}p+a_{\mathrm{s0}})y_{\mathrm{s}}(t)=b_{\mathrm{s0}}u(t)$$

式中 $a_{\mathrm{s0}}=a_{\mathrm{m0}}$为固定参数，试用李雅普诺夫稳定性理论设计 a_{s1}和 b_{s0}的自适应规律。

3. 设控制对象的状态方程为

$$\dot{\boldsymbol{X}}_{\mathrm{p}}=\boldsymbol{A}_{\mathrm{p}}(t)\boldsymbol{X}_{\mathrm{p}}+\boldsymbol{B}_{\mathrm{p}}(t)\boldsymbol{u}$$

参考模型状态方程为

$$\dot{\boldsymbol{X}}_{\mathrm{m}}=\boldsymbol{A}_{\mathrm{m}}\boldsymbol{X}_{\mathrm{m}}+\boldsymbol{B}_{\mathrm{m}}\boldsymbol{r}$$

设

$$\boldsymbol{A}_{\mathrm{p}}=\begin{bmatrix}0 & 1\\ -6 & -7\end{bmatrix},\quad \boldsymbol{b}_{\mathrm{p}}=\begin{bmatrix}2\\ 4\end{bmatrix}$$

$$\boldsymbol{A}_{\mathrm{m}}=\begin{bmatrix}0 & 1\\ -10 & -5\end{bmatrix},\ \boldsymbol{b}_{\mathrm{m}}=\begin{bmatrix}1\\ 2\end{bmatrix}$$

试用李雅普诺夫稳定性理论设计自适应规律。

4. 设控制对象的传递函数为

$$W_{\mathrm{p}}(s)=\frac{K_1}{T_1^2 s^2+2T_1\varepsilon_1 s+1}$$

其中参数 K_1、T_1 和 ε_1 随时间而变，

$$K_1(t)=1.12-0.08t,T_1=0.036+0.004t,\varepsilon_1=0.8-0.01t$$

设参考模型的传递函数为

$$W_{\mathrm{m}}(s)=\frac{1}{0.0064s^2+2\times 0.08\times 0.75s+1}$$

试用超稳定性理论设计模型参考自适应系统。假设系统参考输入为：

（1）$r(t)$ 是方波信号，周期为 4 s，振幅为 2；

（2）$r(t)=0.5+0.04t$，设计自适应规律，给出仿真结果。

5. 设对象模型为 $G_{\mathrm{p}}(s)=\dfrac{2}{s+1}$，参考模型 $G_{\mathrm{m}}(s)=\dfrac{3}{s+2}$。试推导自适应控制规律，画出系统框图，判断系统稳定性。

6. 已知增益可调的可调系统模型为

$$(a_3p^3+a_2p^2+a_1p+1)y_{\mathrm{s}}(t)=K_{\mathrm{s}}(e,t)r$$

式中，$p^i\triangleq\dfrac{\mathrm{d}^i}{\mathrm{d}t^i}$表示微分算子。参考模型为

$$(a_3p^3+a_2p^2+a_1p+1)y_{\mathrm{m}}(t)=K_{\mathrm{m}}r$$

（1）试用梯度法设计自适应系统。

（2）当 r 为常数时，试确定使自适应系统稳定的增益范围。

（3）当 $r=\sin\omega t$ 时，通过仿真了解输入频率对稳定性的影响。

7. 已知参考模型和可调系统模型分别为

$$\begin{bmatrix}\dot{x}_{1\mathrm{m}}\\ \dot{x}_{2\mathrm{m}}\end{bmatrix}=\begin{bmatrix}0 & 1\\ -a_0 & -a_1\end{bmatrix}\begin{bmatrix}x_{1\mathrm{m}}\\ x_{2\mathrm{m}}\end{bmatrix}+\begin{bmatrix}1\\ b\end{bmatrix}\boldsymbol{u},$$

$$\begin{bmatrix}\dot{x}_{1\mathrm{s}}\\ \dot{x}_{2\mathrm{s}}\end{bmatrix}=\begin{bmatrix}0 & 1\\ -a_{0\mathrm{s}} & -a_1(\boldsymbol{e},t)\end{bmatrix}\begin{bmatrix}x_{1\mathrm{s}}\\ x_{2\mathrm{s}}\end{bmatrix}+\begin{bmatrix}1\\ b_{\mathrm{s}}(\boldsymbol{e},t)\end{bmatrix}\boldsymbol{u}$$

式中，$\boldsymbol{e}$ 为广义误差向量，$\boldsymbol{e}=\begin{bmatrix}e_1\\ e_2\end{bmatrix}=\begin{bmatrix}x_{1\mathrm{m}}\\ x_{2\mathrm{m}}\end{bmatrix}-\begin{bmatrix}x_{1\mathrm{s}}\\ x_{2\mathrm{s}}\end{bmatrix}$。试用李雅普诺夫方法设计自适应控制系统，画出系统实现框图。

8. 设参考模型传递函数为 $G_{\mathrm{m}}(s)=\dfrac{K_0}{(1+\tau_0 s)(1+T_0 s)}$，其输入为 u_{m}；被控对象的传递

函数为 $G_p(s)=\dfrac{K}{(1+\tau s)(1+Ts)}$，其输入信号为 $u_p=u_{p1}+u_{p2}$，u_{p1} 为线性控制信号，u_{p2} 为自适应信号。

（1）将参考模型和可调系统表示为状态空间描述方式；

（2）设计自适应模型跟随控制系统，使可调系统输出跟随参考模型输出，并就 u_m 分别为方波信号、三角波信号、正弦信号进行仿真（注：应注意确定信号周期 T 使参考模型在半个周期内进入稳态）。

第5章

自校正控制

5.1 自校正系统原理

控制系统的设计与应用通常包含以下几步：建模、控制算法设计、实现以及验证。自校正控制系统用来对这些任务进行自动化处理。“自校正”这个词来自早期的一些论文。使用自校正控制器的主要原因是过程或者它所处的环境总在不停地变化，要对这类系统进行分析是比较困难的，因此我们假设过程参数是常值，但是未知，“自校正”用来表示控制器参数将收敛于假设过程已知情况下的控制器参数。对于估计获得的参数被认为是真实的，这一点称为一致等价原理。自校正控制系统因为其原理简单、容易实现，现已经广泛地用在参数变化、有延迟和时变过程，以及具有随机扰动的复杂系统。

自校正控制器是一种随机自适应控制器，对于结构已知、参数未知且定常或缓慢变化的随机系统，可以应用非线性随机最优控制理论来解决。然而，从实际应用的观点看，这些结果所需的计算量令人失望。至于一般的随机最优控制问题，由于需要事先知道被控对象及所处环境的数学模型，因而也是相当困难的。为实际工程的需要寻找一个只根据已有的输入/输出数据进行操作的控制规律，它不需要系统参数知识，并且收敛到只有当过程参数已知时才能设计的最优调节器，这种调节器称为自校正调节器。这项工作早在20世纪50年代末60年代初就有人开始研究，最早由Kalman在1958年提出，当时由于原理上的缺点，加上在计算机上难以实现，这个概念一直没有得到成功的应用。到1970年Peterka在他的论文中利用自校正概念解决噪声系统的自适应数字调整时，才得到广泛的重视。实际上，直到1973年Lund工学院的Åström和他的学生Wittenmark作出了技术上突破性的贡献，他们在造纸工业控制中应用自校正调节器获得了成功，紧接着在矿石粉碎/超级油轮自动驾驶仪等对象上取得了成果，显示了它比一般PID及其他方法的优越性。此后，在原理上不断改进和发展，使自校正控制更加完善。例如，1975年Clarke和Gawthrop提出了自校正控制器，它针对自校正调节器在非最小相位时不稳定的缺点，利用广义最小方差控制策略使得控制系统不管用在最小相位的对象还是非最小相位对象都能稳定。1982年Grimble提出的加权最小方差控制器，能很好地用在非线性对象和动态特性未知的系统。Anbumani等人在1981年研究了Hammerstein模型非线性系统的自校正最小方差控制，Toivonent讨论了具有输入幅值限制的最小方差控制，这些进展把自校正控制水平提到了一个新的高度。自校正控制系统是自适应控制系统的一个重要分支，是目前应用最广的一类自适应控制方法，它主要应用于结构已知但参数未知而恒定的随机系统，也适用于结构已知但参数缓慢变化的随机系统。如果对控制系统能够使用输入/输出数据在线辨识被控系统或控制器的参数，应用参数估计值去调整控制器的参数，从而适应被控系统的不确定性，使该系统处于良好运行状态，这种系统就是自校正控制系统。自校正控制系统是一种把参数的在线辨识与控制器的在线设计有机结合在一起的控制系统，并在设计辨识算法和控制算法时考虑了随机干扰的影响。

对于自校正控制系统，从原理上可分为隐式自校正和显式自校正两类。其中最小方差（包括广义最小方差）自校正控制因为是以一个隐式过程模型估计值为基础的，因而被称为隐式自校正。在隐式算法中控制参数直接由过程参数估计值进行修改，所以隐式自校正采用的是预测控制原理，并且要求系统的延迟是已知的。在显式自校正中，过程参数的估计和控制律的计算是分离的，因而过程参数的估计精度对于计算控制律十分重要，显式自校正是属于非直接控制一类，其延迟可作为过程参数的一部分利用递推参数估计法加以确定。属于显式自校正一类的有 1979 年 Wellstead 提出的极点配置自校正调节器，Wittenmark 提出的由极点配置方法设计的 PID 自校正调节器，以及 Åström 于 1980 年提出的极零点配置自校正调节器。这些方法的共同特点是：尽管对象是非最小相位的，但都能得到稳定的控制系统。其后，Vogel 和 Edgar 开发了自适应极点配置和延迟补偿器，它能有效地用在迟延显著变化的系统。对于非最小相位对象，它的鲁棒性也很好。为了避免连续系统离散化后带来的各种问题，1980 年 Gawthrop 提出了混合式自校正控制，它能很好地用在连续生产过程中。从自校正控制算法所采用的控制策略来分类，自校正控制系统可以分为基于最优控制策略的自校正控制系统（如最小方差、广义最小方差自校正控制器）、基于经典控制策略的自校正控制系统（如极点配置自校正调节器）和基于最优控制策略与经典控制策略相结合的自校正控制系统（如具有极点配置的广义自校正控制器）三类。

自校正控制的基本思想是将参数估计递推算法与各种不同类型的控制算法结合起来，形成一个能自动校正控制器参数的实时计算机控制系统，根据所采用的不同类型的控制算法，可以组成不同类型的自校正控制器。其中，最小方差自校正调节器的根本点在于利用最小二乘法进行参数估计，并以此估计参数为依据，按最小方差准则，进行控制律的设计。当被估计参数收敛时，根据估计模型所得到的最小方差调节器，将收敛于受控系统参数已知时的最小方差调节器。这种自校正调节器具有近似的最佳特征。自校正控制系统是由常规控制系统和自适应机构组成的，其中自适应机构包括辨识机构和控制参数计算环节，典型结构图如图 5－1 所示。

图 5－1 中“控制参数计算”也可以称为“调节器设计”，“控制器”也可称为“调节器”，“未知系统”也可称为“被控对象”。

自校正控制设计思路如下：

（1）先假设被控制系统的参数已知，适当选择目标函数，决定最优控制规律。

（2）先确定控制器结构，接着根据输入/输出信息，通过辨识机构进行系统参数辨识，将辨识参数看成系统实际参数，修改控制器参数，构成控制输入，调节未知系统，使被控系统动态性能达到最优。

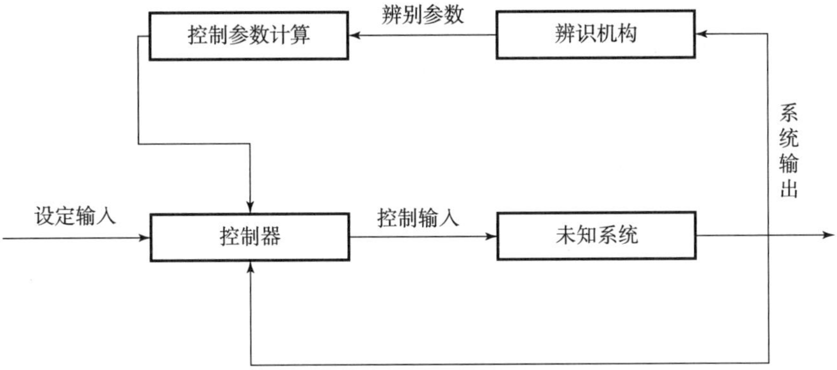

图 5－1　自校正调节器原理图

（3）自校正控制系统将控制对象参数递推估计算法与对系统运行指标的要求结合起来，形成一个能自动校正调节器或控制器参数的实时计算机控制系统。

自校正控制系统设计好后就可进行上线运行，调节过程是根据输入 $u(t)$ 和输出 $y(t)$ 序列数据，不断地对过程参数进行在线递推估计，得到 t 时刻过程的参数估计值。然后用最小方差控制律计算调节器的参数新值，并以此新值去修改调节器的参数，再用调节器在新参数下产生的控制作用 $u(t)$ 对过程进行控制，这样的估计和控制过程继续进行下去，直到递推过程参数估计值收敛到它的真值，调节器对过程的控制达到最小方差控制时，自校正调节过程才结束，此时的控制过程达到最优或次优。

由自校正调节过程可知，实现自校正调节过程必须解决下面 3 个问题：

（1）对过程进行在线递推参数估计，它的特点是在闭环条件下进行，这时输入 $u(t)$ 通过调节器和输出 $y(t)$ 联系起来了，因而和一般的辨识条件不同，这就存在着闭环可辨识条件问题。

（2）设计最小方差控制律，以便利用过程参数估计值对调节器的参数进行修改，达到最小方差的最优性能指标。

（3）设计在计算机上如何完成最小方差控制的算法。

自校正控制系统首先要求系统可以辨识，下面讨论闭环系统可辨识的条件。

设被控对象模型为受控的自回归滑动平均差分方程模型，对于单输入单输出对象用差分方程可以表示为：

$$y(t)+a_1y(t-1)+\cdots+a_{n_a}y(t-n_a)=b_0u(t-k)+b_1u(t-k-1)+\cdots+b_{n_b}u(t-k-n_b)+w(t)+c_1w(t-1)+\cdots+c_{n_c}w(t-n_c) \quad (5-1a)$$

若令

$$A(z^{-1})=1+a_1z^{-1}+\cdots+a_{n_a}z^{-n_a}$$

$$B(z^{-1})=b_0+b_1z^{-1}+\cdots+b_{n_b}z^{-n_b}$$

$$C(z^{-1})=1+c_1z^{-1}+\cdots+c_{n_c}z^{-n_c}$$

则式（5－1a）变成

$$A(z^{-1})y(t)=B(z^{-1})u(t-k)+C(z^{-1})w(t) \quad (5-1b)$$

式中，$A(z^{-1})$、$B(z^{-1})$、$C(z^{-1})$ 为参数多项式，其阶次分别为 n_a、n_b、n_c；$\{u(t)\}$，$\{y(t)\}$ 和 $\{w(t)\}$ 分别是输入、输出和白噪声序列；k 为对象延迟，其值是采样周期的整数倍。

假设图 5－1 中控制器的传递函数为

$$G_c(z^{-1}) = \frac{G(z^{-1})}{F(z^{-1})} \tag{5-2}$$

式中，多项式 $G(z^{-1}) = g_0 + g_1 z^{-1} + \cdots + g_{n_g} z^{-n_g}$，$F(z^{-1}) = 1 + f_1 z^{-1} + \cdots + f_{n_f} z^{-n_f}$；控制器为$\frac{G(z^{-1})}{F(z^{-1})}$，对象的传递函数为$\frac{z^{-k}B(z^{-1})}{A(z^{-1})}$，干扰信号的传递函数为$\frac{C(z^{-1})}{A(z^{-1})}$。

为了计算方便，假设 $k=0$，$b_0=0$，$n_a = n_b = n_c \overset{\text{def}}{=} n$，这样可得

$$A(z^{-1}) = 1 + a_1 z^{-1} + \cdots + a_n z^{-n}$$

$$B(z^{-1}) = z^{-1}(b_1 + b_2 z^{-1} + \cdots + b_n z^{-n})$$

$$C(z^{-1}) = 1 + c_1 z^{-1} + \cdots + c_n z^{-n}$$

控制器传递函数多项式仍为

$$G(z^{-1}) = g_0 + g_1 z^{-1} + \cdots + g_{n_g} z^{-n_g}$$

$$F(z^{-1}) = 1 + f_1 z^{-1} + \cdots + f_{n_f} z^{-n_f}$$

$B(z^{-1})$ 多项式从 $b_1 z^{-1}$ 开始说明从控制作用 $u(t)$ 到输出 $y(t)$ 不能有瞬间的响应，它们之间存在着一阶惯性，这是符合实际情况的。控制系统的闭环传递函数为

$$\frac{y(t)}{u(t)} = \frac{\dfrac{C(z^{-1})}{A(z^{-1})}}{1 + \dfrac{G(z^{-1})B(z^{-1})}{F(z^{-1})A(z^{-1})}} = \frac{F(z^{-1})C(z^{-1})}{A(z^{-1})F(z^{-1}) + B(z^{-1})G(z^{-1})} \tag{5-3}$$

令此传递函数$\frac{y(t)}{u(t)} = \frac{Q(z^{-1})}{P(z^{-1})}$，而 $P(z^{-1}) = 1 + p_1 z^{-1} + \cdots + p_l z^{-l}$，其阶次为 l，把这个关系式代入式（5－3）可得

$$\begin{cases} Q(z^{-1}) = F(z^{-1})C(z^{-1}) \\ P(z^{-1}) = A(z^{-1})F(z^{-1}) + B(z^{-1})G(z^{-1}) \end{cases} \tag{5-4}$$

由式（5－4）可知，多项式 $P(z^{-1})$ 的阶次 l 满足

$$l = n + \max\{n_g, n_f\}$$

闭环系统可辨识条件首先要求控制系统是稳定的，只有稳定输出序列 $\{y(t)\}$ 才有可能是平稳随机过程。其次要求方程 $P(z^{-1}) = A(z^{-1})F(z^{-1}) + B(z^{-1})G(z^{-1})$ 有唯一解。下面将导出参数唯一解的条件，即闭环可辨识条件。

把各多项式的具体方程代入 $P(z^{-1}) = A(z^{-1})F(z^{-1}) + B(z^{-1})G(z^{-1})$ 中，有

$$(1 + a_1 z^{-1} + \cdots + a_n z^{-n})(1 + f_1 z^{-1} + \cdots + f_{n_f} z^{-n_f}) + (b_1 z^{-1} + b_2 z^{-2} + \cdots + b_n z^{-n-1})(g_0 + g_1 z^{-1} + \cdots + g_{n_g} z^{-n_g}) = 1 + p_1 z^{-1} + \cdots + p_l z^{-l}$$

当 $j<0$ 时，记 $f_j = 0$，$g_j = 0$，$f_0 = 1$，比较上式两边同幂系数得到的方程组写成矩阵形式为

$$
\begin{bmatrix} p_1-f_1 \\ p_2-f_2 \\ \vdots \\ p_{n_f}-f_{n_f} \\ p_{n_f+1} \\ p_{n_f+2} \\ \vdots \\ p_l \end{bmatrix} = \begin{bmatrix} 1 & 0 & \cdots & 0 & g_0 & 0 & \cdots & 0 \\ f_1 & 1 & \cdots & 0 & g_1 & g_0 & \cdots & 0 \\ \vdots & \vdots & & \vdots & \vdots & \vdots & & \vdots \\ f_{n_f-1} & f_{n_f-2} & \cdots & 1 & g_{n_g-1} & g_{n_g-2} & \cdots & g_0 \\ f_{n_f} & f_{n_f-1} & \cdots & f_1 & g_{n_g} & g_{n_g-2} & \cdots & g_1 \\ 0 & f_{n_f} & \cdots & f_2 & 0 & g_{n_g} & \cdots & g_2 \\ \vdots & \vdots & & \vdots & \vdots & \vdots & & \vdots \\ 0 & 0 & \cdots & f_{n_f} & 0 & 0 & \cdots & g_{n_g} \end{bmatrix} \begin{bmatrix} a_1 \\ a_2 \\ \vdots \\ a_n \\ b_1 \\ b_2 \\ \vdots \\ b_n \end{bmatrix}
$$

或等价表示为

$$\boldsymbol{\alpha} = \boldsymbol{S\theta}$$

其中系数矩阵 $\boldsymbol{S}$ 有 $n+\max(n_f,n_g)$ 行、$2n$ 列。$\boldsymbol{\theta}$ 可辨识的条件是 $\boldsymbol{S}$ 的秩为 $2n$，这等价于

$$n+\max(n_f,n_g)\geqslant 2n$$

即

$$n_f\geqslant n \quad 或者 \quad n_g\geqslant n$$

也就是，调节器 $G(z^{-1})$ 或 $F(z^{-1})$ 的阶次大于或等于对象的阶次，闭环系统才是可辨识的。

5.2 极点配置自校正控制

这里我们介绍一种简单的控制器设计方法，基本的思路是设计一个控制器，使其拥有期望的闭环极点。另外，要求这个系统以确定的方式跟随指令信号，它有助于我们理解自适应控制。

设被控系统是一个单输入单输出系统，由以下方程描述

$$A(q)y(t)=B(q)[u(t)+v(t)]$$

式中，$y(t)$ 是系统输出；$u(t)$ 是对象输入；$v(t)$ 是干扰，它能以多种方式进入系统，这里假设只在输入端进入。对于线性系统来说，可采用叠加原理，用一个等价的输入干扰来代替其他干扰。另外，$A(q)$、$B(q)$ 是多项式，其中 q 是前置转移符号。多项式 A 的阶次为 n，B 的阶次为 $\deg A-d_0$，d_0 称为极点多余度，代表了时间滞后和采样间隙的积分部分。有时候我们也把模型写成延迟因子 q^{-1}的形式。引入

$$A^*(q^{-1})=q^{-n}A(q)$$

这样原模型可以写成

$$A^*(q^{-1})y(t)=B^*(q^{-1})[u(t-d_0)+v(t-d_0)]$$

其中，

$$A^*(q^{-1})=1+a_1q^{-1}+\cdots+a_nq^{-n}$$

$$B^*(q^{-1})=b_0+b_1q^{-1}+\cdots+b_mq^{-m}$$

$$m = n - d_0$$

其中，$n \geqslant m + d_0$。

我们主要处理离散时间系统，由于设计方法是纯代数的，因而能处理连续系统，把模型写成

$$Ay(t) = B(u(t) + v(t))$$

假设 A 和 B 相对互质，也就是说它们没有共同因子。进一步，我们假设 A 是首一的，也就是 A 中的最高阶次前的系数是 1。

一个一般的线性控制器能被描述为

$$Ru(t) = Tu_c(t) - Sy(t)$$

式中，R、S 和 T 是多项式。这个控制律表示一个负反馈和一个前馈。因此它是一个二自由度控制器，它的方块图如图 5－2 所示。

对于闭环系统

$$y(t) = \frac{BT}{AR + BS}u_c(t) + \frac{BR}{AR + BS}v(t)$$

$$u(t) = \frac{AT}{AR + BS}u_c(t) - \frac{BS}{AR + BS}v(t) \tag{5-5}$$

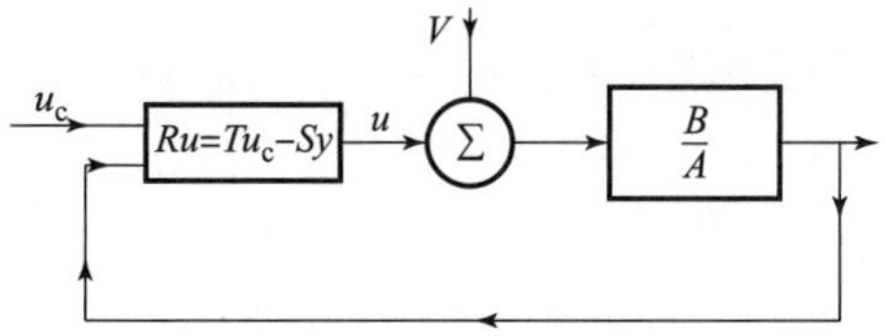

图 5－2　一个一般的二自由度线性控制器

因此闭环特征多项式为

$$AR + BS = A_c \tag{5-6}$$

设计控制器的主要想法是通过设计闭环特征多项式 A_c 来定义期望的系统性能，由此可以得到控制器的参数 R 和 S。此特征多项式在控制器的设计中非常重要，称之为 Diophantine 方程。这个方程总是有解的（假如 A 和 B 没有共同的因子）。

这个 Diophantine 方程仅确定了多项式 R 和 S。控制器中还有一个参数 T 需要确定，因此我们考虑在指令信号 u_c 下系统输出由以下方程确定

$$A_m y_m = B_m u_c$$

因此

$$\frac{BT}{AR + BS} = \frac{BT}{A_c} = \frac{B_m}{A_m}$$

以上式子表示了模型跟踪。

极点配置与模型跟踪的关系：

极点配置可以看成是一种模型跟踪设计，模型跟踪一般而言意味着闭环系统对于指令信号的响应由给出的模型确定，这意味着模型的极点和零点都由用户确定。而另一方面，极点配置仅规定了闭环极点。

$$A(z^{-1})y(k) = z^{-d}B(z^{-1})u(k) + C(z^{-1})\xi(k)$$

但假设 $A(z^{-1})$ 与 $B(z^{-1})$ 互质。

5.3　最小方差自校正控制

最小方差自校正调节器是由瑞典学者 Åström 和 Wittenmark 在 1973 年提出的。它是最早广泛应用于实际的自校正控制算法。它按最小输出方差为目标设计自校正控制律，用递推最小二乘估计算法直接估计控制器参数，它是一种最简单的自校正控制器。它的基本思想是：由于一般工业对象存在纯延迟 d，当前的控制作用要滞后 d 个采样周期才能影响输出，因此，要使输出方差最小，就必须提前 d 步对输出量进行预测，然后，根据所得的预测值来设计所需的控制。这样，通过连续不断的预测和控制，就能保证稳态输出方差为最小。由此可见，实现最小方差控制的关键在于预测。

5.3.1　预测模型

设过程为

$$A(z^{-1})y(t)=z^{-d}B(z^{-1})u(t)+C(z^{-1})\varepsilon(t) \tag{5-7}$$

式中，

$$A(z^{-1})=1+a_1z^{-1}+\cdots+a_{n_a}z^{-n_a}$$

$$B(z^{-1})=b_0+b_1z^{-1}+\cdots+a_{n_b}z^{-n_b}$$

$$C(z^{-1})=1+c_1z^{-1}+\cdots+a_{n_c}z^{-n_c}$$

$$E[\varepsilon(t)]=0$$

$$E[\varepsilon(i)\varepsilon(j)]=\begin{cases}\sigma^2,i=j\\0,i\neq j\end{cases}$$

假定 $C(z^{-1})$ 是 Hurwitz 多项式，即它的根完全位于平面的单位圆内。对于过程式（5 -7），到 t 时刻为止的所有输入/输出观测数据可记作

$$\{Y^t,U^t\}=\{y(t),y(t-1),\cdots,u(t),u(t-1),\cdots\}$$

基于 $\{Y^t,U^t\}$ 对 $t+d$ 时刻输出的预测，记作

$$\hat{y}(t+d/t)$$

预测误差记作

$$\tilde{y}(t+d/t)=y(t+d)-\hat{y}(t+d/t)$$

则关于提前 d 步最小方差预测的结果可归纳为以下定理。

定理 5 -1　最优 d 步预测　使预测误差的方差 $E[\tilde{y}^2(t+d/t)]$ 为最小的 d 步最优预测 $y^*(t+d/t)$ 必须满足方程

$$C(q^{-1})y^*(t+d/t)=G(q^{-1})y(t)+F(q^{-1})u(t) \tag{5-8}$$

其中，

$$F(q^{-1})=E(q^{-1})B(q^{-1}) \tag{5-9}$$

$$C(q^{-1})=A(q^{-1})E(q^{-1})+q^{-d}G(q^{-1}) \tag{5-10}$$

$$E(q^{-1})=1+e_1q^{-1}+\cdots+e_{n_e}q^{-n_e}$$

$$G(q^{-1})=g_0+g_1q^{-1}+\cdots+g_{n_g}q^{-n_g}$$

$$F(q^{-1})=f_0+f_1q^{-1}+\cdots+f_{n_f}q^{-n_f}$$

这时，最优预测误差方差为

$$E[\tilde{y}^*(t+d/t)^2]=\left(1+\sum_{i=1}^{d-1}e_i^2\right)\sigma^2 \tag{5-11}$$

证明： 把式（5-10）代入式（5-7）可得

$$y(t+d)=E\varepsilon(t+d)+\frac{B}{A}u(t)+\frac{G}{A}\varepsilon(t) \tag{5-12}$$

为书写方便，多项式 $A(q^{-1})$ 或 $A(z^{-1})$ 简写为 A，其余类推，由式（5-7）可得

$$\varepsilon(t)=\frac{A}{C}y(t)-\frac{q^{-d}B}{C}u(t)$$

将此式代入式（5-12），再利用式（5-10）并简化得到预测模型

$$y(t+d)=E\varepsilon(t+d)+\frac{F}{C}u(t)+\frac{G}{C}y(t) \tag{5-13}$$

由于最小化的性能指标 $J=E[\tilde{y}^2(t+d/t)]$，所以有

$$\begin{aligned}J&=E\{[y(t+d)-\hat{y}(t+d/t)]^2\}=E\left\{\left[E\varepsilon(t+d)+\frac{F}{C}u(t)+\frac{G}{C}y(t)-\hat{y}(t+d/t)\right]^2\right\}\\&=E\{[E\varepsilon(t+d)]^2\}+E\left\{\left[\frac{F}{C}u(t)+\frac{G}{C}y(t)-\hat{y}(t+d/t)\right]^2\right\}\end{aligned}$$

上式右边的第一项是不可预测的，因此，想使得 J 最小必须使得 $\hat{y}(t+d/t)$ 等于 $y^*(t+d/t)$，这时可得式（5-8），而且

$$J_{\min}=E\{[E(q)\varepsilon(t+d)]^2\}=(1+e_1^2+\cdots+e_{d-1}^2)\sigma^2$$

式（5-13）称为预测模型，式（5-8）称为最优预测器方程，式（5-10）称为Diophantine方程。当 $A(q^{-1})$、$B(q^{-1})$、$C(q^{-1})$ 和 d 是已知时，可以通过解方程而求得 $E(q^{-1})$ 和 $G(q^{-1})$，进而求得 $F(q^{-1})$。为了求解 $E(q^{-1})$ 和 $G(q^{-1})$，可令式（5-10）两边 q^{-1} 的同幂项系数相等，再求解所得的代数方程组，就可求得 $E(q^{-1})$ 和 $G(q^{-1})$ 的系数。求解最小方差预测的关键是求解 Diophantine 方程。最后应当说明一下关于初始条件的选择问题，当 $C(q^{-1})$ 是稳定多项式时，初始条件对最优预测的影响将指数衰减，所以当 t 足够大时，如在稳态下预测，初始条件的影响就无关紧要了。

例 5-1 求以下对象的最优预测器并计算其最小预测误差方差：

$$y(t)+a_1y(t-1)=b_0u(t-2)+\xi(t)+c_1\xi(t-1)$$

解： 已知

$$A(q^{-1})=1+a_1q^{-1},B(q^{-1})=b_0,C(q^{-1})=1+c_1q^{-1},d=2$$

根据对 E、F、G 阶的要求有

$$G(q^{-1})=g_0,E(q^{-1})=1+e_1q^{-1},F(q^{-1})=f_0+f_1q^{-1}$$

由 Diophantine 方程可得

$$1+c_1q^{-1}=(1+a_1q^{-1})(1+e_1q^{-1})+q^{-2}g_0=1+(e_1+a_1)q^{-1}+(g_0+a_1e_1)q^{-2}$$

令上式两边 q^{-1} 的同幂项系数相等，得下列代数方程组：

$$e_1 + a_1 = c_1$$
$$g_0 + a_1 e_1 = 0$$

解之得

$$e_1 = c_1 - a_1,\ g_0 = a_1(a_1 - c_1),\ f_0 = b_0,\ f_1 = b_0(c_1 - a_1)$$

预测模型、最优预测和最优预测误差的方差分别为

$$y(t+2) = \frac{g_0 y(t) + (f_0 + f_1 q^{-1})u(t)}{1 + c_1 q^{-1}} + (1 + e_1 q^{-1})\xi(t+2)$$

$$y^*(t+2/t) = \frac{g_0 y(t) + (f_0 + f_1 q^{-1})u(t)}{1 + c_1 q^{-1}}$$

$$E\{[\tilde{y}^*(t+2/t)]^2\} = (1 + e_1^2)\sigma^2$$

将数值

$$e_1 = 1.6,\ g_0 = 1.44,\ f_0 = 0.5,\ f_1 = 0.8$$

代入以上诸式，则有

$$y(t+2) = \frac{1.44y(t) + 0.5u(t) + 0.8u(t-1)}{1 + 0.7q^{-1}} + \xi(t+2) + 1.6\xi(t+1)$$

$$y^*(t+2/t) = \frac{1.44y(t) + 0.5u(t) + 0.8u(t-1)}{1 + 0.7q^{-1}}$$

$$E\{[\tilde{y}^*(t+2/t)]^2\} = 3.56\sigma^2$$

若 $d=1$，则一步预测误差为 σ^2。这说明预测误差随着预测长度 d 的增加而增加，也就是说，预测精度将随预测长度而降低。这与通常的直观判断相一致。

5.3.2　最小方差控制

假设特征多项式是 Hurwitz 多项式，即过程是最小相位的，则有以下定理。

定理 5 -2　最小方差控制　设控制的目标是使实际输出 $y(t+d)$ 与希望输出 $y_r(t+d)$ 之间误差方差

$$J = E\{[y(t+d) - y_r(t+d)]^2\}$$

为最小。则最小方差控制律为

$$F(q^{-1})u(t) = y_r(t+d) + [C(q^{-1}) - 1]y^*(t+d/t) - G(q^{-1})y(t) \tag{5-14}$$

证明：

已知

$$y(t+d) = E(q^{-1})\varepsilon(t+d) + y^*(t+d/t)$$

所以有

$$\begin{aligned} J &= E\{[E(q^{-1})\varepsilon(t+d) + y^*(t+d/t) - y_r(t+d)]^2\} \\ &= E\{[E(q^{-1})\varepsilon(t+d)]^2\} + E\{[y^*(t+d/t) - y_r(t+d)]^2\} \end{aligned}$$

上式右边第一项不可控，所以要使得 J 最小，必须使得 $y^*(t+d/t)$ 等于 $y_r(t+d)$，再利用预测方程式（5 -8）就得到式（5 -14）。

对于调节器问题，可以设 $y_r(t+d)=0$，则最小方差控制律方程式（5 -14）可以简化

为

$$F(q^{-1})u(t) = -G(q^{-1})y(t)$$

或

$$u(t) = -\frac{G(q^{-1})}{F(q^{-1})}y(t) = -\frac{G(q^{-1})}{E(q^{-1})B(q^{-1})}y(t)$$

因此容易得到闭环系统方程

$$y(t) = \frac{CF}{AF + q^{-d}BG}\varepsilon(t) = \frac{CBE}{CB}\varepsilon(t) = E(q^{-1})\varepsilon(t)$$

$$u(t) = \frac{CG}{AF + q^{-d}BG}\varepsilon(t) = -\frac{CG}{CB}\varepsilon(t) = -\frac{G}{B}\varepsilon(t)$$

从系统闭环方程可以看出，最小方差控制的实质就是用控制器的极点去对消对象的零点。当B不稳定时，输出虽然有界，但对象输入将增长并达到饱和，最后导致系统不稳定。因此，采用最小方差控制时，要求对象务必是最小相位的。实质上，多项式B、C的零点都是闭环系统的隐藏振型，为了保证闭环系统稳定，这些隐藏振型都必须是稳定振型。所以最小方差控制只能用于最小相位系统（逆稳系统），这是最小方差调节器最主要的一个缺点。它的另一个缺点是：最小方差控制对靠近单位圆的稳定零点非常灵敏，在设计时要加以注意。另外，当干扰方差较大时，由于需要一步完成校正，所以控制量的方差也很大，这将加速执行机构的磨损。有些对象也不希望调节过程过于猛烈，这也是最小方差控制的不足之处。

例 5－2 对于例 5－1 的对象，若采用最小方差控制，则有

$$u(t) = \frac{(1 + c_1 q^{-1})y_r(t+d) - a_1(a_1 - c_1)y(t)}{b_0[1 + (c_1 - a_1)q^{-1}]}$$

当$y_r(t+d) = 0$时，有

$$u(t) = -\frac{1}{b_0}\left[\frac{a_1(a_1 - c_1)}{1 + (c_1 - a_1)q^{-1}}\right]y(t)$$

或

$$u(t) = \frac{c_1 - a_1}{b_0}[a_1 y(t) - b_0 u(t-1)]$$

将例 5－1 的数据：$a_1 = -0.9$，$b_0 = 0.5$，$c_1 = 0.7$代入，则有

$$u(t) = -\frac{1.44}{0.5 + 0.8q^{-1}}y(t)$$

输出方差

$$E\{y^2(t)\} = (1 + 1.6^2)\sigma^2 = 3.56\sigma^2$$

如果不加控制，根据对象方程有

$$y(t) = 0.9y(t-1) + \xi(t) + 0.7\xi(t-1)$$

由于$E[y(t)\xi(t)] = 0, E[y(t-1)\xi(t-1)] = \sigma^2$，则由上式可算出当$u(t) \equiv 0$时，输出方差为

$$E\{y^2(t)\} = 14.47\sigma^2$$

此例说明，采用最小方差控制可使输出方差减小。对于某些大型工业过程，输出方差减

小意味着产品质量提高，这将会带来巨大的经济效益。

5.3.3　最小方差自校正调节器

当被控对象模型预测模型式（5－7）的参数未知时，将递推最小二乘估计和最小方差控制结合起来，就形成了最小方差自校正调节器。1973 年 Åström 和 Wittenmark 提出的是这种自校正调节器的隐式算法，下面介绍这种算法。

1. 估计模型

隐式算法要求直接估计控制器参数，为此需要建立一个估计模型，利用预测模型方差式（5－13），并令 $C(q^{-1})=1$，即得

$$y(t+d)=G(q^{-1})y(t)+F(q^{-1})u(q^{-1})+E(q^{-1})\xi(t+d) \tag{5-15}$$

这时，最优预测为

$$y^*(t+d/t)=G(q^{-1})y(t)+F(q^{-1})u(t)$$

如果我们讨论的是调节器问题，则相当于 $y^*(t+d/t)=0$，一般情况下可以把估计模型写成

$$y(t+d)=G(q^{-1})y(t)+F(q^{-1})u(q^{-1})+\varepsilon(t+d)$$

其中，

$$\varepsilon(t)=\xi(t)+e_1\xi(t-1)+\cdots+e_{d-1}\xi(t-d+1)$$

滑动平均过程 $\varepsilon(t)$ 与观察序列中的一切元素都是独立统计的，因此，可以采用最小二乘法得到估计模型参数，即可以得到控制器参数的无偏估计。

如果 $C(q^{-1})\neq 1$，考虑到

$$[C(q^{-1})]^{-1}=1+c_1'q^{-1}+c_2'q^{-2}+\cdots$$

可以把预测模型改写成

$$y(t+d)=G(q^{-1})y(t)+F(q^{-1})u(t)+c_1'[G(q^{-1})y(t-1)+F(q^{-1})u(t-1)]+$$
$$c_2'[G(q^{-1})y(t-2)+F(q^{-1})u(t-2)]+\cdots+E(q^{-1})\xi(t+d)$$

如果参数估计收敛，则参数估计将收敛到其真值，于是上式右边方括号中的各项都将为零，其效果与 $C(q^{-1})=1$ 等价。因此，不论 $C(q^{-1})$ 为何种形式，式（5－11）都可以作为隐式算法的估计模型。

为了保证参数估计的唯一性，我们可将估计模型中的某个参数固定，例如取 $f_0=b_0$，这就要求 b_0 事先知道，为此需要进行工艺分析或试验才能确定 b_0 值。由于准确的预测有困难，我们可设定其估计值为 $\hat{b}_0$，它不可能等于真值 b_0，为了保证参数收敛，应该取在（0，2）的范围以内。当选定 $\hat{b}_0$ 以后，递推参数估计公式要做一定形式的修改，为此先将估计模型改写成

$$y(t)-b_0u(t-d)=\boldsymbol{\phi}^{\mathrm{T}}(t-d)\boldsymbol{\theta}+\varepsilon(t)$$

式中，

$$\boldsymbol{\theta}=[g_0,g_1,\cdots,g_{n_g},f_1,f_2,\cdots,f_{n_f}]^{\mathrm{T}}$$

$$\boldsymbol{\phi}^{\mathrm{T}}=[y(t),\cdots,y(t-n_g),u(t-1),\cdots,u(t-n_f)]$$

这样可直接利用最小二乘递推公式。

2. 最小方差自校正调节算法

根据估计模型式（5 – 15），可以得到递推参数估计方程

$$\begin{aligned}\hat{\boldsymbol{\theta}}(t) &= \hat{\boldsymbol{\theta}}(t-1) + \boldsymbol{K}(t)[\boldsymbol{y}(t) - b_0\boldsymbol{u}(t-d) - \boldsymbol{\varphi}^{\mathrm{T}}(t-d)\hat{\boldsymbol{\theta}}(t-1)] \\ \boldsymbol{K}(t) &= \frac{\boldsymbol{P}(t-1)\boldsymbol{\phi}(t-d)}{1+\boldsymbol{\phi}^{\mathrm{T}}(t-d)\boldsymbol{P}(t-1)\boldsymbol{\phi}(t-d)} \\ \boldsymbol{P}(t) &= [\boldsymbol{I} - \boldsymbol{K}(t)\boldsymbol{\phi}^{\mathrm{T}}(t-d)]\boldsymbol{P}(t-1)\end{aligned} \tag{5-16}$$

与最小方差控制

$$\boldsymbol{u}(t) = -\frac{1}{b_0}\boldsymbol{\phi}^{\mathrm{T}}(t)\hat{\boldsymbol{\theta}}(t) \tag{5-17}$$

最小方差调节器的计算步骤如下：

设已知 n_a、n_b、d 和 b_0。

（1）设置初值 $\hat{\boldsymbol{\theta}}(0)$ 和 $\boldsymbol{P}(0)$，输入初始数据，计算 $\boldsymbol{u}(0)$。

（2）读取新的观测数据 $\boldsymbol{y}(t)$。

（3）组成观测数据向量（回归向量）$\boldsymbol{\phi}(t)$ 和 $\boldsymbol{\phi}(t-d)$。

（4）用递推最小二乘估计公式（5 – 16）计算最新参数估计向量 $\hat{\boldsymbol{\theta}}(t)$ 和 $\boldsymbol{P}(t)$。

（5）用式（5 – 17）计算自校正调节量 $\boldsymbol{u}(t)$。

（6）输出 $\boldsymbol{u}(t)$。

（7）返回（2），循环。

例 5 – 3 用一个简单的例子说明自校正调节将收敛于最小方差调节律。此例的对象方程为

$$y(t+1) + ay(t) = bu(t) + e(t+1) + ce(t)$$

其中 $\{e(t)\}$ 为零均值不相关随机变量序列。如果参数 a、b、c 为已知。用比例控制律

$$u(t) = -\theta y(t) = -\frac{c-a}{b}y(t)$$

可使输出的方差为最小。这时，输出变量

$$y(t) = e(t)$$

这个结果从最小方差控制律中得到。如果参数 a、b、c 为未知，可以直接利用这里的对象模型求出参数 a、b、c 的最小二乘估计 $\hat{a}$、$\hat{b}$、$\hat{c}$，代入比例控制律中得到自校正控制律

$$u(t) = -\frac{\hat{c}-\hat{a}}{\hat{b}}y(t)$$

但是，我们也可以认为反馈控制律中只有一个参数，即 $\theta = (c-a)/b$ 为未知，这时由 θ 表达的自校正预报估计模型为

$$y(t+1) = \theta y(t) + u(t)$$

利用上面的模型可以求得 θ 的最小二乘估计，即

$$\hat{\theta}(t) = \frac{\sum_{k=0}^{t-1} y(k)[y(k+1) - u(k)]}{\sum_{k=0}^{t-1} y^2(k)}$$

这时的自校正控制律是

$$u(t) = -\hat{\theta}(t)y(t)$$

由最小二乘估计公式可得

$$\frac{1}{t}\sum_{k=0}^{t-1} y(k+1)y(k) = \frac{1}{t}\sum_{k=0}^{t-1}\left[\hat{\theta}(k)y^2(k) + u(k)y(k)\right] = \frac{1}{t}\sum_{k=0}^{t-1}[\hat{\theta}(t) - \hat{\theta}(k)]y^2(k)$$

假设 y 是均方有界的，而且当 $t\to\infty$ 时，估计 $\hat{\theta}(t)$ 是收敛的，那么可得相关函数 r_y 的估计，即有 $\hat{r}_y = \lim\limits_{t\to\infty}\frac{1}{t}\sum\limits_{k=0}^{t-1} y(k+1)y(k) = 0$，此式说明 $y(k)$ 与 $y(k+1)$ 不相关，即 $\{y(k)\}$ 最终为不相关序列。也就是说，由上面自校正控制律所组成的自校正调节器将使输出达到渐近最小方差。本例只说明对于一阶对象，这个结论为真。

3. 最小方差控制律的步骤

设被控系统模型为

$$A(z^{-1})y(k) = z^{-d}B(z^{-1})u(k) + C(z^{-1})\xi(k)$$

其中，$y(k)$、$u(k)$、$\xi(k)$ 分别为系统的输出、输入和噪声。z^{-1} 为单位后移算子。

$$A(z^{-1}) = 1 + a_1z^{-1} + \cdots + a_{n_a}z^{-n_a}$$

$$B(z^{-1}) = b_0 + b_1z^{-1} + \cdots + b_{n_b}z^{-n_b}$$

$$C(z^{-1}) = 1 + c_1z^{-1} + \cdots + c_{n_c}z^{-n_c}$$

假设 $C(z^{-1})$ 为稳定多项式。

$\xi(k)$ 为独立的随机噪声，要求其满足

$$E[\xi(k)] = 0$$

$$E[\xi(i)\xi(j)] = \begin{cases}\sigma^2, i=j\\ 0, i\neq j\end{cases}$$

$$\lim_{N\to\infty}\frac{1}{N}\sum_{k=1}^{N}\xi(k)^2 < \infty$$

引入最小方差控制器性能指标

$$J = E\{[y(k+d) - y^*(k+d)]^2\}$$

$y^*(k+d)$ 是 $k+d$ 时刻的理想输出（期望输出），表示为

$$y^*(k+d) = R(z^{-1})w(k)$$

如果能找到 $y(k+d)$ 的最小方差预报 $y^*(k+d/k)$，那么只要令 $y^*(k+d/k) = y^*(k+d)$ 就可求出最优控制律 $u(k)$。

引入 Diophantine 方程

$$C(z^{-1}) = A(z^{-1})F(z^{-1}) + z^{-d}G(z^{-1})$$

$$F(z^{-1}) = 1 + f_1z^{-1} + \cdots + f_{n_f}z^{-n_f}$$

$$G(z^{-1}) = g_0 + g_1z^{-1} + \cdots + g_{n_g}z^{-n_g}$$

$$n_f = d-1, n_g = \max\{n_a - 1, n_c - d\}$$

求取最小方差控制律的步骤如下：

（1）根据被控系统的模型确定 Diophantine 方程中 $F(z^{-1})$ 和 $G(z^{-1})$ 的阶次。

（2）根据 Diophantine 方程，求解 $F(z^{-1})$ 和 $G(z^{-1})$ 的系数。

（3）根据以下式子求出最优方差控制律：

$$[G(z^{-1})y(k)+F(z^{-1})B(z^{-1})u(k)]/C(z^{-1})=y^{*}(k+d)$$

4. 采样周期选择

当自校正控制用于实际工业对象时，采样周期的选择是十分重要的，下面提出一些观点供选择时参考。

采样究竟应当多快，这是数字控制系统首先要确定的问题。一般来说采样周期依赖不同的应用，它可以从毫秒级到小时级。粗略地说，采样周期应当近似等于对象主要时间常数的1/5，当然还要考虑计算机的计算速度和其他因素。

在选择采样周期时，应当尽可能让它的整数倍等于对象的纯延时。如果出现纯延时等于采样周期的非整数倍的情况，就有可能使一个稳定的连续时间系统经过采样后变成一个非稳定的离散时间系统。出现这种情况，最小方差控制就不适用了。

当一个连续时间系统被采样并离散化以后，其极点将转换，然而，对于零点来说，这样的对应关系不成立。例如，位于左半平面的连续系统的零点经离散化后，将不会被转换成位于单位圆内的离散系统的零点；反倒有可能的是，离散化将右半平面的零点（连续系统）转换成单位圆内的零点（离散系统）。如果采样周期足够小，相对阶大于等于 2 的连续时间系统，经采样转换成离散时间系统，将具有不稳定的零点。

最小采样周期受到参数估计计算时间和控制量计算时间的限制。由于参数估计的计算量大，而且参数变化相对于状态变化要慢，所以我们可经过几个采样周期后再改进一次参数，但每次采样都需要计算一次控制。

习　　题

1. 设受控对象的差分方程为

$$(1-1.3q^{-1}+0.4q^{-2})y(t)=q^{-2}(1+0.5q^{-1})u(t)+(1-0.65q^{-1}+0.1q^{-2})\varepsilon(t)$$

式中 $\varepsilon(t)$ 是零均值、方差为 0.1 的白噪声。设计最小方差自校正调节器。

2. 设受控对象的差分方程为

$$(1-1.2q^{-1}+0.35q^{-2})y(t)=(0.5q^{-2}-0.85q^{-3})u(t)+(1-0.95q^{-1})\varepsilon(t)$$

式中 $\varepsilon(t)$ 是零均值、方差为 0.2 的白噪声。性能指标为

$$J=E\{[y(t+d)-y_r(t)]^2+[\Lambda u(t)]^2\}$$

设计最小方差控制器。按闭环系统稳定性要求，确定 Λ 的范围。

3. 设受控对象的差分方程为

$$(1-1.1q^{-1}+0.3q^{-2})y(t)=(q^{-2}+1.6q^{-3})u(t)+(1-0.65q^{-1})\varepsilon(t)$$

假设闭环特征方程 $T(q^{-1})=1-0.5q^{-1}$，试设计极点配置自校正调节器。

4. 设受控对象的差分方程为

$$(1-1.2q^{-1}+0.4q^{-2})y(t)=q^{-1}(1+1.5q^{-1})u(t)+(1-0.65q^{-1}+0.2q^{-2})\varepsilon(t)$$

式中 $\varepsilon(t)$ 是零均值、方差为0.2的白噪声。试设计最小方差自校正控制的极点配置。

5. 设有一多变量系统

$$\boldsymbol{Y}(t)+\boldsymbol{A}_1\boldsymbol{Y}(t-1)=\boldsymbol{B}_0\boldsymbol{u}(t-1)+\boldsymbol{B}_1\boldsymbol{u}(t-2)+\boldsymbol{\varepsilon}(t)$$

式中，

$$\boldsymbol{A}_1=\begin{bmatrix}-0.2 & 0.5\\ 0.5 & -0.1\end{bmatrix},\boldsymbol{B}_0=\begin{bmatrix}1 & 0\\ 0 & 2\end{bmatrix},\boldsymbol{B}_1=\begin{bmatrix}1 & 0\\ 0 & 1\end{bmatrix}$$

$$E[\boldsymbol{\varepsilon}(t)\boldsymbol{\varepsilon}(t)^{\mathrm{T}}]=\begin{bmatrix}1 & 0\\ 0 & 1\end{bmatrix}$$

指标函数为

$$J=E\{[\boldsymbol{Y}(t+d)-\boldsymbol{Y}_r(t)]^{\mathrm{T}}[\boldsymbol{Y}(t+d)-\boldsymbol{Y}_r(t)]+q[\boldsymbol{\Lambda}'\boldsymbol{u}(t)]^{\mathrm{T}}[\boldsymbol{\Lambda}'\boldsymbol{u}(t)]\}$$

选择指标函数中的加权矩阵 $\boldsymbol{\Lambda}'$，使得闭环系统稳定，并求出最小方差控制器。

第 6 章

非线性自适应控制

非线性自适应控制以非线性对象模型和非线性控制器为特征，它属于非线性控制领域的一个分支。非线性系统的控制是一个十分复杂的问题，到目前为止，还没有一个一般性的方法可以普遍适用。不过针对某些专门的非线性控制，已经取得了一些研究成果。下面分别简要介绍几种，如非线性自适应后推控制、自适应逆控制、鲁棒自适应控制等。

6.1 非线性自适应后推控制

对于非线性系统，自适应后推控制是通过适当的坐标变换和控制变换，将非线性控制转化为形式上的线性系统控制的方法。

6.1.1 反馈线性化

与通常的线性化方法不同，反馈线性化是通过严格的状态变换与反馈来达到。下面通过一个例子来进行说明。

例 6－1 考虑系统

$$\frac{\mathrm{d}x_1}{\mathrm{d}t}=x_2+f(x_1) \tag{6-1}$$

$$\frac{\mathrm{d}x_2}{\mathrm{d}t}=u \tag{6-2}$$

式中，f 是一个可微函数，首先引入新的坐标：

$$\zeta_1=x_1$$

$$\zeta_2=x_2+f(x_1)$$

于是有

$$\frac{\mathrm{d}\zeta_1}{\mathrm{d}t}=\zeta_2$$

$$\frac{\mathrm{d}\zeta_2}{\mathrm{d}t}=\zeta_2 f'(\zeta_1)+u$$

通过引入控制规律

$$u = -a_2\zeta_1 - a_1\zeta_2 - \zeta_2 f'(\zeta_1) + v \tag{6-3}$$

可得到一个由下式描述的线性闭环系统

$$\frac{\mathrm{d}\boldsymbol{\zeta}}{\mathrm{d}t} = \begin{bmatrix} 0 & 1 \\ -a_2 & -a_1 \end{bmatrix}\boldsymbol{\zeta} + \begin{bmatrix} 0 \\ 1 \end{bmatrix}\boldsymbol{v} \tag{6-4}$$

该系统是线性的，具有特征方程

$$s^2 + a_1 s + a_2 = 0 \tag{6-5}$$

如果换回到原坐标系，控制规律是

$$u = -a_2 x_1 - [a_1 + f'(x_1)][x_2 + f(x_1)] + v \tag{6-6}$$

上面的状态变换和输入变换都用到了状态反馈，它是通过反馈来进行线性化，所以称为反馈线性化。

6.1.2　自适应反馈线性化

现在讨论反馈线性化如何延伸到处理过程模型参数未知的情况。它的方法类似于用来推导模型参考自适应控制器的概念。看下面的例子：

例 6－2　自适应反馈线性化。

考虑系统

$$\frac{\mathrm{d}x_1}{\mathrm{d}t} = x_2 + \theta f(x_1) \tag{6-7}$$

$$\frac{\mathrm{d}x_2}{\mathrm{d}t} = u \tag{6-8}$$

这里 θ 是一个未知参数，f 是一个已知的可微函数。与前面的例子相比，方程中仅多了未知参数 θ。由确定性等价原理，可给出下列控制规律

$$u = -a_2 x_1 - [a_1 + \hat{\theta} f'(x_1)][x_2 + \hat{\theta} f(x_1)] + v \tag{6-9}$$

式中，$\hat{\theta}$ 是 θ 的估计。将它引入系统得到一个误差方程，该方程在参数误差中是非线性的。这就使得要找一个让系统稳定的参数调节规律非常困难，于是需要寻求其他的方法。

引入新的坐标：

$$\zeta_1 = x_1$$

$$\zeta_2 = x_2 + \hat{\theta} f(x_1)$$

于是有

$$\frac{\mathrm{d}\zeta_1}{\mathrm{d}t} = \frac{\mathrm{d}x_1}{\mathrm{d}t} = x_2 + \theta f(x_1) = \zeta_2 + (\theta - \hat{\theta}) f(\zeta_1)$$

$$\frac{\mathrm{d}\zeta_2}{\mathrm{d}t} = \frac{\mathrm{d}\hat{\theta}}{\mathrm{d}t} f(x_1) + \hat{\theta}[x_2 + \theta f(x_1)] f'(x_1) + u$$

选择控制规律为

$$u = -a_2\zeta_1 - a_1\zeta_2 - \hat{\theta}[x_2 + \hat{\theta} f(x_1)] f'(x_1) - f(x_1)\frac{\mathrm{d}\hat{\theta}}{\mathrm{d}t} + v \tag{6-10}$$

得到

$$\frac{\mathrm{d}\boldsymbol{\zeta}}{\mathrm{d}t}=\begin{bmatrix}0 & 1\\ -a_2 & -a_1\end{bmatrix}\boldsymbol{\zeta}+\begin{bmatrix}f(\zeta_1)\\ \hat{\theta}f(\zeta_1)f'(\zeta_1)\end{bmatrix}\tilde{\boldsymbol{\theta}}+\begin{bmatrix}0\\ 1\end{bmatrix}\boldsymbol{v} \tag{6-11}$$

其中 $\tilde{\theta}=\theta-\hat{\theta}$，与确定性等价控制规律比较，主要是在控制律中出现了$\frac{\mathrm{d}\hat{\theta}}{\mathrm{d}t}$。

在模型参考自适应控制系统的模拟量中，我们设想有一个系统，它从参考输入到输出的传递函数是

$$G(s)=\frac{a_2}{s^2+a_1 s+a_2} \tag{6-12}$$

引入下列传递函数的实现

$$\frac{\mathrm{d}\boldsymbol{x}_{\mathrm{m}}}{\mathrm{d}t}=\begin{bmatrix}0 & 1\\ -a_2 & -a_1\end{bmatrix}\boldsymbol{x}_{\mathrm{m}}+\begin{bmatrix}0\\ a_2\end{bmatrix}\boldsymbol{u}_{\mathrm{m}} \tag{6-13}$$

并且让 $\boldsymbol{e}=\boldsymbol{\zeta}-\boldsymbol{x}_{\mathrm{m}}$ 为误差向量，如果选择

$$v=a_2 u_{\mathrm{m}}$$

则发现误差方程变为

$$\frac{\mathrm{d}\boldsymbol{e}}{\mathrm{d}t}=\begin{bmatrix}0 & 1\\ -a_2 & -a_1\end{bmatrix}\boldsymbol{e}+\begin{bmatrix}f(\zeta_1)\\ \hat{\theta}f(\zeta_1)f'(\zeta_1)\end{bmatrix}\tilde{\boldsymbol{\theta}}=\boldsymbol{A}\boldsymbol{e}+\boldsymbol{B}\tilde{\boldsymbol{\theta}} \tag{6-14}$$

式中，

$$\boldsymbol{A}=\begin{bmatrix}0 & 1\\ -a_2 & -a_1\end{bmatrix},\boldsymbol{B}=\begin{bmatrix}f(\zeta_1)\\ \hat{\theta}f(\zeta_1)f'(\zeta_1)\end{bmatrix}$$

如果 $a_1>0$，$a_2>0$，则矩阵 $\boldsymbol{A}$ 的所有特征值都在 s 平面的左半部分。于是可能找到矩阵 $\boldsymbol{P}$，使得

$$\boldsymbol{A}^{\mathrm{T}}\boldsymbol{P}+\boldsymbol{P}\boldsymbol{A}=-\boldsymbol{I} \tag{6-15}$$

选择李雅普诺夫函数为

$$V=\boldsymbol{e}^{\mathrm{T}}\boldsymbol{P}\boldsymbol{e}+\frac{1}{r}\tilde{\theta}^2$$

于是

$$\frac{\mathrm{d}V}{\mathrm{d}t}=\boldsymbol{e}^{\mathrm{T}}(\boldsymbol{A}^{\mathrm{T}}\boldsymbol{P}+\boldsymbol{P}\boldsymbol{A})\boldsymbol{e}+2\tilde{\theta}\boldsymbol{B}^{\mathrm{T}}\boldsymbol{P}\boldsymbol{e}+\frac{2}{\gamma}\tilde{\theta}\frac{\mathrm{d}\tilde{\theta}}{\mathrm{d}t}$$

当

$$\frac{\mathrm{d}\tilde{\theta}}{\mathrm{d}t}=\frac{\mathrm{d}}{\mathrm{d}t}(\theta-\hat{\theta})=-\frac{\mathrm{d}\hat{\theta}}{\mathrm{d}t}=-\gamma\boldsymbol{B}^{\mathrm{T}}\boldsymbol{P}\boldsymbol{e}$$

此时李雅普诺夫函数的导数变为

$$\frac{\mathrm{d}V}{\mathrm{d}t}=-\boldsymbol{e}^{\mathrm{T}}\boldsymbol{e}$$

只要误差向量的元不是零，该导数就为负。因此在给出的控制律下，跟踪误差总是趋于零。

6.1.3　后推

不幸的是，自适应反馈线性化不能被用到通过反馈线性化的所有系统。其原因是对于高阶系统，参数估计的高阶导数将会出现在控制规律中。但是有一种叫作反推的非线性设计技术被采用，我们首先介绍这种方法，然后说明它如何用到自适应控制中。在反馈线性化中，我们引入新状态变量和非线性反馈，因而使得被转换的变量方程有一个特别的结构。相似的概念也被用在后推中，但是被转换的方程有一个不同的形式。为了说明主要的概念而没有太多技术上的复杂性，下面考虑一个简单的稳定性问题。

例 6-3　通过后推产生的稳定性。

考虑下式描述的系统

$$\frac{\mathrm{d}x_1}{\mathrm{d}t}=x_2+f(x_1)$$

$$\frac{\mathrm{d}x_2}{\mathrm{d}t}=x_3$$

$$\frac{\mathrm{d}x_3}{\mathrm{d}t}=u \tag{6-16}$$

引入新状态 $\zeta_1=x_1$，于是

$$\frac{\mathrm{d}\zeta_1}{\mathrm{d}t}=x_2+f(\zeta_1)=-\zeta_1+x_2+\zeta_1+f(\zeta_1)$$

如果引入函数

$$a_1(\zeta_1)=\zeta_1+f(\zeta_1)$$

及状态变量

$$\zeta_2=x_2+a_1(\zeta_1) \tag{6-17}$$

对于 ζ_1 的微分方程能被写为

$$\frac{\mathrm{d}\zeta_1}{\mathrm{d}t}=-\zeta_1+\zeta_2$$

而变量 ζ_2 的导数由下式给出

$$\frac{\mathrm{d}\zeta_2}{\mathrm{d}t}=\frac{\mathrm{d}x_2}{\mathrm{d}t}+\frac{\partial a_1}{\partial \zeta_1}(-\zeta_1+\zeta_2)=-\zeta_2+x_3+\zeta_2+\frac{\partial a_1}{\partial \zeta_1}(-\zeta_1+\zeta_2)$$

如果引入函数

$$a_2(\zeta_1,\zeta_2)=\zeta_2+\frac{\partial a_1}{\partial \zeta_1}(-\zeta_1+\zeta_2)$$

及状态变量

$$\zeta_3=x_3+a_2(\zeta_1,\zeta_2)$$

ζ_2 的微分方程能被写为

$$\frac{\mathrm{d}\zeta_2}{\mathrm{d}t}=-\zeta_2+\zeta_3$$

求 ζ_3 的导数并用系统方程式，有

$$\frac{d\zeta_3}{dt}=u+\frac{\partial a_2}{\partial\zeta_1}(-\zeta_1+\zeta_2)+\frac{\partial a_2}{\partial\zeta_2}(-\zeta_2+\zeta_3)$$

引入函数

$$a_3(\zeta_1,\zeta_2,\zeta_3)=\zeta_3+\frac{\partial a_2}{\partial\zeta_1}(-\zeta_1+\zeta_2)+\frac{\partial a_2}{\partial\zeta_2}(-\zeta_2+\zeta_3)$$

则 ζ_3 的微分方程变为

$$\frac{d\zeta_3}{dt}=-\zeta_3+a_3(\zeta_1,\zeta_2,\zeta_3)+u$$

反馈

$$u=-a_3(\zeta_1,\zeta_2,\zeta_3)$$

给出了由下式描述的闭环系统

$$\frac{d\boldsymbol{\zeta}}{dt}=\begin{bmatrix}-1 & 1 & 0\\ 0 & -1 & 1\\ 0 & 0 & -1\end{bmatrix}\boldsymbol{\zeta}$$

这个系统显然是稳定的，并且状态 $\boldsymbol{\zeta}$ 按指数衰减，直至为零。注意，通过稍微的程序改动，就能够在系统矩阵的对角线上获得任意数。

上面的转换能通过递推获得。如果变量 x_2 是一个能自由选择的控制变量，“控制规律”为

$$x_2=-a_1(\zeta_1)$$

将给出

$$\frac{d\zeta_1}{dt}=-\zeta_1$$

这里定义的状态变量 ζ_2 能被解释为 x_2 与“稳定反馈” $-a_1(\zeta_1)$ 之差。

类似地，如果 x_3 是一个能被自由选定的控制变量，控制规律为

$$x_3=-a_2(\zeta_1,\zeta_2)$$

将给出闭环系统

$$\frac{d\zeta_1}{dt}=-\zeta_1+\zeta_2$$

$$\frac{d\zeta_2}{dt}=-\zeta_2$$

状态变量 ζ_3 能被解释为 x_3 与“稳定反馈” $-a_2(\zeta_1,\zeta_2)$ 之差。

上例中，系统被转换为上面所示的三角形式，也可转换为其他的形式。上述的过程最初是通过采用这种回归性的推导得出的，名字“后推（Backstepping）”就来源于此处。

6.1.4 自适应后推

后推的主要目的是要推导一个误差方程和缔造一个控制规律，以及参数调节规律，以使误差方程的状态趋于零，下面看一个例子。

例 6-4 由后推产生的自适应稳定性。

考虑系统

$$\frac{dx_1}{dt}=x_2+\theta f(x_1)$$

$$\frac{dx_2}{dt}=x_3$$

$$\frac{dx_3}{dt}=u$$

式中，f 是一个已知函数；θ 是一个未知参数。现在要推导一个控制规律，使其在参数未知时能稳定系统。于是引入一个新的状态变量 $\zeta_1=x_1$，表示 ζ_1 的导数为几项之和，在这几项和之中仅一项依赖于已知量。为此引入参数估计 $\hat{\theta}$ 和估计误差 $\tilde{\theta}=\theta-\hat{\theta}$。$\zeta_1$ 的导数变为

$$\frac{d\zeta_1}{dt}=-\zeta_1+\zeta_1+x_2+\hat{\theta}f(\zeta_1)+\tilde{\theta}f(\zeta_1)$$

按下式引入一个状态变量

$$\zeta_2=x_2+a_1(\zeta_1,\hat{\theta})$$

这里

$$a_1(\zeta_1,\hat{\theta})=\zeta_1+\hat{\theta}f(\zeta_1)$$

于是 ζ_1 的微分方程可被写成

$$\frac{d\zeta_1}{dt}=-\zeta_1+\zeta_2+\tilde{\theta}f(\zeta_1) \tag{6-18}$$

现在求 ζ_2 的导数，为

$$\frac{d\zeta_2}{dt}=\frac{dx_2}{dt}+\frac{\partial a_1}{\partial\zeta_1}\frac{d\zeta_1}{dt}+\frac{\partial a_1}{\partial\hat{\theta}}\frac{d\hat{\theta}}{dt}$$

式（6 - 18）给出了我们希望看到的项数分离。为了获得类似的表达，需要做某些工作使

$$\frac{d\zeta_2}{dt}=x_3+\frac{\partial a_1}{\partial\zeta_1}(-\zeta_1+\zeta_2+\tilde{\theta}f)+\frac{\partial a_1}{\partial\hat{\theta}}\frac{d\hat{\theta}}{dt} \tag{6-19}$$

按后推的概念，考虑 x_3 是一个能被自由选择的控制变量。

下列的李雅普诺夫函数

$$V=\frac{1}{2}(\zeta_1^2+\zeta_2^2+\tilde{\theta}^2)$$

能被用来找一个控制规律和自适应规律，并且该自适应规律对于变量 ζ_1 和 ζ_2 而言能稳定误差方程。V 的导数可由下式给出

$$\frac{dV}{dt}=-\zeta_1^2+\zeta_1\zeta_2+x_3\left(\zeta_2+\frac{\partial a_1}{\partial\hat{\theta}}\frac{d\hat{\theta}}{dt}\right)+\tilde{\theta}\left[\zeta_1 f+\zeta_2\frac{\partial a_1}{\partial\zeta_1}f(\zeta_1)-\frac{d\hat{\theta}}{dt}\right]$$

包括 $\tilde{\theta}$ 的项能通过以下选择而被消去：

$$\frac{d\hat{\theta}}{dt}=b_2(\zeta_1,\zeta_2)$$

式中，

$$b_2 = \zeta_1 f(\zeta_1) + \zeta_2 \frac{\partial a_1}{\partial \zeta_1} f(\zeta_1)$$

函数 $b_2(\zeta_1, \zeta_2)$ 能被看作是基于 ζ_1 和 ζ_2 选择参数更新率 $\mathrm{d}\hat{\theta}/\mathrm{d}t$ 的一个好方法。

选择控制变量 x_3，使

$$\frac{\mathrm{d}V}{\mathrm{d}t} = -\zeta_1^2 - \zeta_2^2$$

用 b_2 作为$\frac{\mathrm{d}\hat{\theta}}{\mathrm{d}t}$的估计，重写式（6－19）为

$$\frac{\mathrm{d}\zeta_2}{\mathrm{d}t} = -\zeta_1 - \zeta_2 + x_3 + \zeta_1 + \zeta_2 + \frac{\partial a_1}{\partial \zeta_1}(-\zeta_1 + \zeta_2 + \tilde{\theta} f) + \frac{\partial a_1}{\partial \hat{\theta}} b_2 + \frac{\partial a_1}{\partial \hat{\theta}}\left(\frac{\mathrm{d}\hat{\theta}}{\mathrm{d}t} - b_2\right) \tag{6-20}$$

现在定义

$$a_2(\zeta_1, \zeta_2, \hat{\theta}) = \zeta_1 + \zeta_2 + \frac{\partial a_1}{\partial \zeta_1}(-\zeta_1 + \zeta_2) + \frac{\partial a_1}{\partial \hat{\theta}} b_2$$

引入状态变量

$$\zeta_3 = x_3 + a_2(\zeta_1, \zeta_2, \hat{\theta})$$

微分方程式（6－20）能被表示为

$$\frac{\mathrm{d}\zeta_2}{\mathrm{d}t} = -\zeta_1 - \zeta_2 + \zeta_3 + \frac{\partial a_1}{\partial \zeta_1}\hat{\theta} f + \frac{\partial a_1}{\partial \hat{\theta}}\left(\frac{\mathrm{d}\hat{\theta}}{\mathrm{d}t} - b_2\right) \tag{6-21}$$

ζ_3 的导数变为

$$\frac{\mathrm{d}\zeta_3}{\mathrm{d}t} = u + \frac{\partial a_2}{\partial \zeta_1}\frac{\mathrm{d}\zeta_1}{\mathrm{d}t} + \frac{\partial a_2}{\partial \zeta_2}\frac{\mathrm{d}\zeta_2}{\mathrm{d}t} + \frac{\partial a_2}{\partial \hat{\theta}}\frac{\mathrm{d}\hat{\theta}}{\mathrm{d}t}$$

注意控制变量 u 现在明确地出现在上式的右边。在稳定性问题中，误差等于向量 $\boldsymbol{\zeta}$，并且通过误差方程结合系统微分方程而获得。按照一般的模型自适应方法，我们试着找一个反馈规律和一个稳定误差方程的参数调节规则，选

$$2V = \zeta_1^2 + \zeta_2^2 + \zeta_3^2 + \tilde{\theta}^2$$

作为一种可能的李雅普诺夫函数，在简单的计算之后，得到

$$\frac{\mathrm{d}V}{\mathrm{d}t} = -\zeta_1^2 - \zeta_2^2 + \zeta_2\zeta_3 + \frac{\partial a_1}{\partial \hat{\theta}}\left(\frac{\mathrm{d}\hat{\theta}}{\mathrm{d}t} - b_2\right) + \zeta_3\left[u + \frac{\partial a_1}{\partial \hat{\theta}}\left(\frac{\mathrm{d}\hat{\theta}}{\mathrm{d}t} - b_2\right) + \frac{\partial a_2}{\partial \hat{\theta}}\frac{\mathrm{d}\hat{\theta}}{\mathrm{d}t}\right] +$$
$$\hat{\theta}\left[\zeta_1 f + \zeta_2 \frac{\partial a_1}{\partial \zeta_1} f + \zeta_3\left(\frac{\partial a_2}{\partial \zeta_1} + \frac{\partial a_1}{\partial \zeta_1}\frac{\partial a_2}{\partial \zeta_2}\right) f - \frac{\mathrm{d}\hat{\theta}}{\mathrm{d}t}\right]$$

包含 $\tilde{\theta}$ 的项能通过下述方法更新参数而消去：

$$\frac{\mathrm{d}\hat{\theta}}{\mathrm{d}t} = \zeta_1 f + \zeta_2 \frac{\partial a_1}{\partial \zeta_1} f + c(\zeta_1, \zeta_2)\zeta_3$$

式中，

$$c(\zeta_1, \zeta_2) = \left(\frac{\partial a_2}{\partial \zeta_1} + \frac{\partial a_1}{\partial \zeta_1}\frac{\partial a_2}{\partial \zeta_2}\right) f$$

此外，引入

$$b_3(\zeta_1,\zeta_2,\zeta_3)=b_2+c\zeta_3$$

和

$$a_3=\zeta_2+\zeta_3+\frac{\partial a_2}{\partial\zeta_1}(-\zeta_1+\zeta_2)+\frac{\partial a_2}{\partial\zeta_2}\left(-\zeta_1-\zeta_2+\zeta_3-\zeta_3^2\frac{\partial a_1}{\partial\hat{\theta}}c\right)+\frac{\partial a_2}{\partial\hat{\theta}}b_3$$

得到

$$\frac{\mathrm{d}\hat{\theta}}{\mathrm{d}t}=c\zeta_3-b_2=b_3 \tag{6-22}$$

于是李雅普诺夫函数的导数可写为

$$\frac{\mathrm{d}V}{\mathrm{d}t}=-\zeta_1^2-\zeta_2^2-\zeta_2^3+\zeta_3(u+a_3)$$

反馈规律

$$u=-a_3(\zeta_1,\zeta_2,\zeta_3) \tag{6-23}$$

得出

$$\frac{\mathrm{d}V}{\mathrm{d}t}=-\zeta_1^2-\zeta_2^2-\zeta_2^3$$

只要 $|\boldsymbol{\zeta}|\neq0$，则 $\frac{\mathrm{d}V}{\mathrm{d}t}$ 是负的。

综上可知，将系统选择式（6－22）作为参数调节规律，式（6－23）作为控制规律，能达到稳定控制的目的。

6.2　自适应逆控制

线性自适应控制理论本身适应于线性慢时变系统的控制，而这种慢时变可以看作是非线性系统在某点或者某个区域的非规则线性化。对于变化剧烈的本质非线性系统，线性自适应控制的效果往往难以如愿。在这里讨论的两种非线性自适应控制方法，在特定的情况下是可行的。非线性自适应后推控制通过坐标变换和控制变换，将非线性控制转化为线性控制，但是使用范围有限，而且变换中需要有一定的技巧。本节的自适应逆控制主要针对执行器的非线性特性，通过状态反馈和输出反馈逆控制的方式，实现非线性补偿，完成控制任务。

自适应逆控制（Adaptive Inverse Control）最初是由美国学者 Bernard Widrow 于 1986 年提出来的。它是利用过程中非线性函数的逆来抵消非线性的影响，从而使系统呈现线性的特征。由于过程非线性一般为未知，并且具有不确定性，所以必须通过某种调节规律来调整逆参数，使其补偿非线性，来实现某种意义上的极小。简单地说，自适应逆控制是利用被控对象传递函数的逆作为串联控制器来对系统的动态特性进行开环控制。或者说，自适应逆控制是要构筑一个控制器直接自适应地控制被控对象（过程），而该控制器的传递函数就是被控对象本身传递函数的逆。其基本结构如图 6－1 所示。

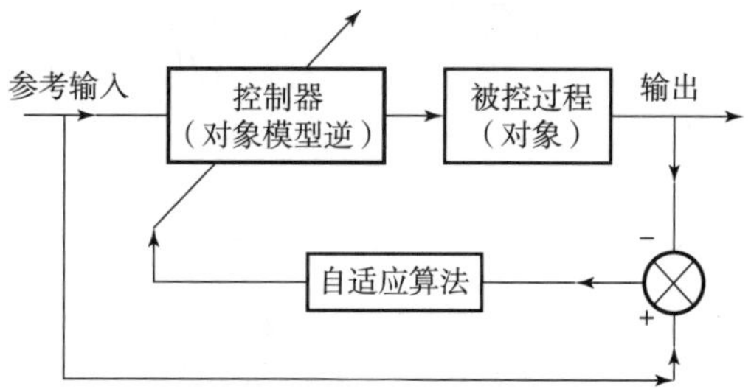

图 6－1　自适应逆控制原理框图

由图 6－1 可见，系统控制的目的在于使得被控系统跟随参考输入，但由于被控对象模型一般是未知的，或具有不确定性，因此必须自适应地调节该控制器的参数以便得到一个真正的被控对象的逆。通常是通过某种自适应算法，利用参考输入与对象输出之间的误差信号来调节控制器参数，使该误差信号的均方误差最小。与传统的反馈控制相比，自适应逆控制采用反馈是为了调整控制器的可变参数，而不是控制系统中的信号流动。在这种情况下，误差信号被用来调整控制器的参数，而不是直接反馈到对象输入。这种方式避免了因信号反馈而可能引起的不稳定问题。除此之外，自适应逆控制对系统动态特性的控制和对象扰动的控制可分为两个独立的过程来处理，这样，可使系统动态性能达到最优的同时，对象扰动影响也可以减小到最小，也就是可以实现两种控制同时最优。再者，为了使误差最小，控制器的传递函数应该是对象的逆，也就是该对象传递函数的倒数。因此，控制器和对象的级联组合传递函数的增益为 1。

实际系统一般是由执行机构来驱动而工作的，如电动机、阀门等是常用的执行器，它们往往具有非光滑非线性的特征，如死区、间隙和磁滞等。这些非线性属于本质非线性，而且随着时间变化而变化。它们对系统的影响比较大，轻则引起误差和振荡，重则导致系统不稳定。因此，研究对这类未知执行器非线性的自适应补偿控制不仅具有理论意义，而且具有实际价值。

1. 执行器非线性

设被控过程为

$$y(t)=G(s)u(t),u(t)=N[v(t)] \tag{6-24}$$

式中，$N(\cdot)$ 为执行器不确定非线性；$G(s)$ 为过程线性有理模型；$v(t)$ 为施加的控制量；$u(t)$ 是一个对控制来说是不可接近、对测量来说是不可实施的中间量，其结构如图 6－2 所示。

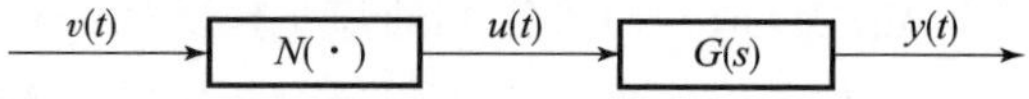

图 6－2　含有非线性执行器的过程

由于执行器的非线性是非光滑的，它们有间断点，不可微分。但是能用参数表示，其参数化的模型统一表达为

$$u(t)=N[v(t)]=N(\boldsymbol{\theta};v(t))=-\boldsymbol{\theta}^{\mathrm{T}}\boldsymbol{\omega}(t)+a_{\mathrm{s}}(t) \tag{6-25}$$

式中，$\boldsymbol{\theta}\in\mathbf{R}^{n_\theta}$（$n_\theta\geqslant1$）为未知参数向量；$\boldsymbol{\omega}(t)\in\mathbf{R}^{n_\theta}$为回归向量；$a_{\mathrm{s}}(t)\in\mathbf{R}$，其元由非线性特性 $N(\cdot)$ 的信号运动确定，也是未知的。

2. 用参数表示非线性逆

自适应逆控制的关键是要用一个逆

$$v(t)=N_{\mathrm{I}}[u_{\mathrm{d}}(t)] \tag{6-26}$$

来抵消未知非线性 $N(\cdot)$ 的影响。在这里，由于非线性参数 θ 是未知的，非线性逆的特性

$N_{\mathrm{I}}(\cdot)$ 只能用参数 θ 的估计值 $\hat{\theta}$ 表示，$u_{\mathrm{d}}(t)$ 是一个来自反馈律的、期望的控制信号。我们的重要任务是根据自适应律及时地更新逆的参数，并且参数应在预先确定的范围内变化。一个由式（6－26）表示的理想逆应该能用参数表达为下列形式：

$$u_{\mathrm{d}}(t)=-\hat{\boldsymbol{\theta}}^{\mathrm{T}}(t)\hat{\boldsymbol{\omega}}(t)+\hat{a}_{\mathrm{s}}(t) \tag{6-27}$$

式中，$\hat{\boldsymbol{\omega}}(t)\in\mathbf{R}^{n_\theta}$，$\hat{a}_{\mathrm{s}}(t)\in\mathbf{R}$ 为已知信号，其组成元由非线性逆 $N_{\mathrm{I}}(\cdot)$ 中的信号运动确定，并且如果 $u_{\mathrm{d}}(t)$ 有界，$v(t)$、$\boldsymbol{\omega}(t)$ 和 $a_{\mathrm{s}}(t)$ 都将有界。

3. 状态反馈逆控制

考虑将式（6－25）表示的过程写为状态空间形式：

$$\dot{\boldsymbol{x}}(t)=\boldsymbol{A}\boldsymbol{x}(t)+\boldsymbol{B}\boldsymbol{u}(t),\boldsymbol{u}(t)=N[\boldsymbol{v}(t)]$$
$$\boldsymbol{y}(t)=\boldsymbol{C}\boldsymbol{x}(t) \tag{6-28}$$

式中，$\boldsymbol{A}\in\mathbf{R}^{n\times n}$、$\boldsymbol{B}\in\mathbf{R}^{n\times l}$、$\boldsymbol{C}\in\mathbf{R}^{l\times n}$均为已知常数矩阵；$\boldsymbol{x}(t)$ 为状态向量；$N(\cdot)$ 为执行器非线性；$G(s)=\boldsymbol{C}(s\boldsymbol{I}-\boldsymbol{A})^{-1}\boldsymbol{B}$。

控制的目的是要设计一个自适应补偿器 $N_{\mathrm{I}}(\cdot)$，用来补偿不确定执行器非线性 $N(\cdot)$，以便通常用于线性部分的控制方案能被实施，确保期望的系统性能。据此，提出了如下所示的控制方案。

图 6－3 中 $\boldsymbol{K}^*\in\mathbf{R}^{l\times n}$为常数增益向量，它可由极点配置或者二次型最优控制算法确定，$N_{\mathrm{I}}(\cdot)$ 为执行器非线性 $N(\cdot)$ 的逆。

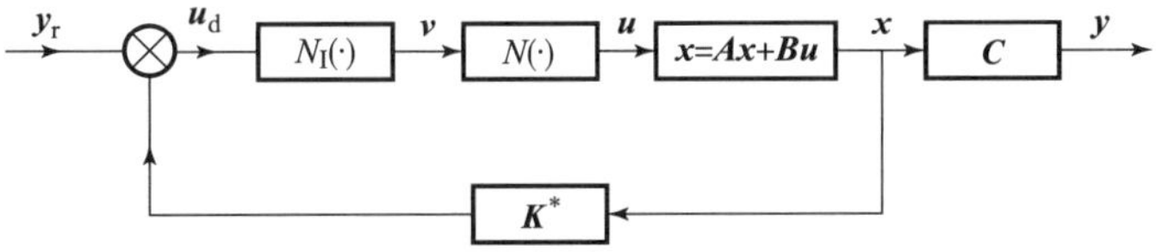

图 6－3　状态反馈逆控制方框图

由图可得状态反馈控制规律：

$$\boldsymbol{u}_{\mathrm{d}}(t)=\boldsymbol{y}_{\mathrm{r}}(t)+\boldsymbol{K}^*\boldsymbol{x}(t) \tag{6-29}$$

4. 输出反馈逆控制

当过程的状态不可测时，状态反馈控制的应用将受到限制。但是，如果系统的输出可测量，则可用它构成输出反馈控制。

具有执行器非线性过程的输出反馈逆控制方框图如图 6－4 所示。

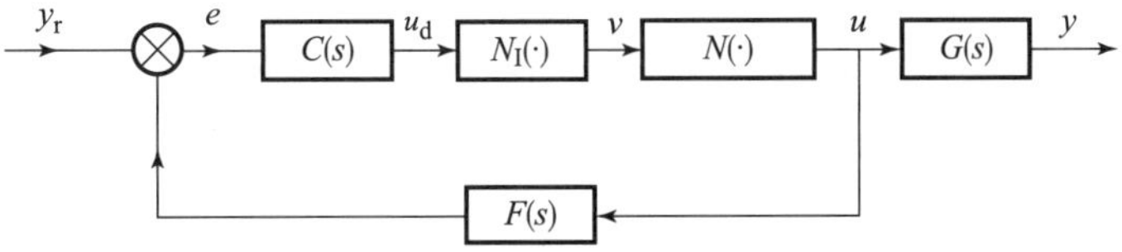

图 6－4　输出反馈逆控制方框图

其中 $N(\cdot)$ 和 $N_{\mathrm{I}}(\cdot)$ 分别为执行器非线性及其逆，$G(s)$ 为过程线性部分模型。

控制器结构为

$$u_{\mathrm{d}}(t)=C(s)e(t),e(t)=y_{\mathrm{r}}(t)-F(s)y(t)$$

这里 $C(s)$ 和 $F(s)$ 为待设计的控制器。

输出反馈逆控制器就是要设计自适应补偿器，用来抵消执行器不确定非线性的影响，并根据控制性能要求确定 $C(s)$ 和 $F(s)$，使闭环输出跟踪参考（期望）系统输出。也就是说，当 $u(t)=u_d(t)$ 时，有

$$y(t)=y_m(t)\triangleq W_m(s)y_r(t)=\frac{G(s)C(s)}{1+G(s)C(s)F(s)}y_r(t)$$

式中，$C(s)$ 和 $F(s)$ 应使

$$W_m(s)=\frac{G(s)C(s)}{1+G(s)C(s)F(s)} \tag{6-30}$$

按期望的零极点分布，以满足系统动态和静态要求。

为了导出一个更新逆 $N_I(\cdot)$ 参数向量的自适应调节规律，系统输出表示为

$$y(t)=y_m(t)+W(s)[(\hat{\boldsymbol{\theta}}-\boldsymbol{\theta})^T\hat{\boldsymbol{\omega}}(t)]+d(t)$$

式中，

$$W(s)=\frac{G(s)}{1+G(s)C(s)F(s)}$$

$$d(t)=W(s)d_N(t)$$

这里的 $W(s)$ 与式（6－30）的 $W_m(s)$ 相差一个 $C(s)$。这是因为控制引起的误差，即 $u-u_d$，在前向通道经 $G(s)$ 后输出，所以 $C(s)$ 不反映在 $W(s)$ 的分子上。另外，误差 $d(t)$ 因为 $d_N(t)$ 有界而有界。

定义估计误差

$$\varepsilon(t)=y(t)-y_m(t)+\delta(t)$$

式中，

$$\delta(t)=\hat{\boldsymbol{\theta}}^T\boldsymbol{\zeta}(t)-W(s)[\hat{\boldsymbol{\theta}}^T\hat{\boldsymbol{\omega}}],\boldsymbol{\zeta}(t)=W(s)\hat{\boldsymbol{\omega}}(t)$$

于是有

$$\varepsilon(t)=[\hat{\boldsymbol{\theta}}^T-\boldsymbol{\theta}]^T\boldsymbol{\zeta}(t)+d(t)$$

该估计误差与状态反馈估计的估计误差具有相同的形式。这里根据梯度投影优化方法，选 $\hat{\theta}(t)$ 的更新自适应规律为

$$\dot{\hat{\theta}}=-\frac{\Gamma\varepsilon(t)\zeta(t)}{m^2}+f(t)=g(t)+f(t)$$

这个自适应规律确保 $\hat{\theta}_i\in[\theta_i^a,\theta_i^b],i=1,2,\cdots,n_\theta$，并且$\frac{\varepsilon(t)}{m(t)}$和 $\dot{\hat{\theta}}$ 均有界。

执行器非线性被其逆补偿后，系统呈现线性特征，已有许多控制器设计方法可用来确定 $C(s)$ 和 $F(s)$，如 PID 控制、极点配置等。

6.3　变结构自适应控制

6.3.1　发展脉络

在许多实际控制问题中，往往感兴趣的是设计适当的控制器使系统的输出具有期望的动态特性，而且对于外部环境干扰和被控对象（过程）参数变化有强的鲁棒性。在设计的时候，变结构控制确实可作为一种较理想的鲁棒控制手段。变结构系统基本理论是苏联学者于 20 世纪 50 年代末开始研究，在 60 年代提出的，70 年代传入西方。变结构控制系统所反映的独特功能，如对干扰的不变性和降阶特性等，引起了西方控制界的高度重视，近 40 年来发展尤其迅速，产生了大量的科研学术成果，并逐渐形成了一个控制理论的分支。变结构控制就是当系统状态穿越状态空间不同连续曲面（即不同区域）时，反馈控制器的结构将按照一定规律发生变化，使得控制系统对被控对象（过程）的内在参数变化和外部环境扰动等因素具有一定适应能力，从而保证系统性能达到期望指标要求。其所以如此，是因为在变结构控制中，变结构控制器可使系统状态沿状态切换面做渐近滑动，而满足滑动条件的切换面具有十分有趣的特性，即使该表面成为一个不变集。或者说，这种变结构的滑动控制对系统参数的变化具有不变性，这就为整个控制系统创造了一个良好的自适应能力。从这点讲，变结构控制实质是一种非线性鲁棒控制，可视为一类广义的自适应控制。在变结构控制系统中，所谓“变结构”实质上是指系统内部反馈控制结构（包括反馈极性和系数）所发生的不连续非线性切变。当然，这种切变不是任意的，而是必须要遵循一套按照系统性能指标要求的切换逻辑。

变结构控制系统可归结为两个主要步骤，即首先设计恰当的切换函数使系统进入滑动模态运动后具有良好的动态特性；其次是设计变结构控制律保证在有限时间内到达切换面，并保持在其上运动具有自适应能力。从这个观点上讲，变结构自适应控制的设计同自校正控制和模型参考自适应控制在设计方法上有着本质的不同。本节将分别讲述单变量变结构和多变量变结构自适应控制的设计与实现问题。

6.3.2　单变量变结构自适应控制

1. 二阶系统的变结构自适应控制

设有二阶系统

$$\begin{cases} \dot{x}_1 = x_2 \\ \dot{x}_2 = a_1 x_1 - a_2 x_2 + b_1 u \end{cases}$$

式中，x_1、x_2 为状态变量；u 为控制输入；a_1、a_2、b_1 为精确值未知的常参数或时变参数。为实现变结构控制，可选择切换函数为

$$V = cx_1 + x_2$$

这时，切换线方程为

$$V = cx_1 + x_2 = 0$$

于是，在此切换线上交换控制信号，可实现变结构控制，其形式为

$$u=\begin{cases}u^{+},cx_1+x_2>0\\u^{-},cx_1+x_2<0\end{cases}$$

式中，$c>0$，$u^{+}\neq u^{-}$。

在变结构控制过程中，状态 x 始终在切换线的周围滑动，如图 6－5 所示。只要切换速度足够快，借助不连续控制 u^{+} 和 u^{-}，就可以把状态 x 限定在切换线上，使系统具有性能不变性。

分析表明，为了形成滑动，在切换线两侧必须满足如下条件：

$$\begin{cases}\lim\limits_{V\to 0^{+}} V<0\\ \lim\limits_{V\to 0^{-}} V>0\end{cases}$$

以保证状态 x 都向切换线方向移动。根据 $V>0$ 时要求 $\dot{V}<0$ 及 $V<0$ 时要求 $\dot{V}>0$ 的关系，可得如下切换条件

$$V\dot{V}\leqslant 0$$

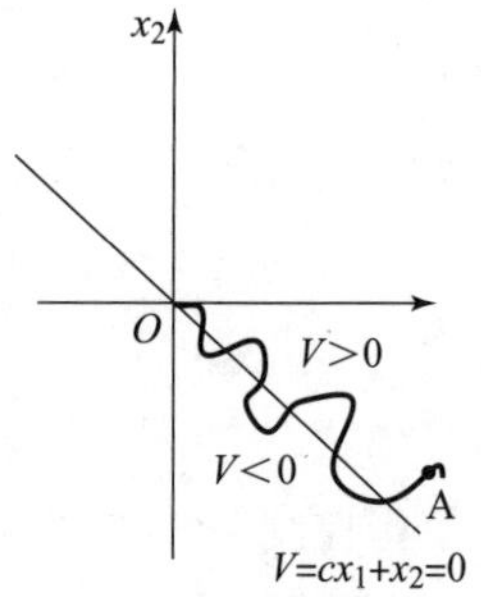

图 6－5　变结构控制过程中的状态曲线

另外，在滑动过程中，由于要求系统状态 x 处于切换线 $V=0$ 上，所以系统状态的微分方程为

$$V=cx_1+x_2=cx_1+\dot{x}_1$$

其解是

$$x(t)=x_1(t_0)^{-c^{-1}(t-t_0)}$$

可见，在滑动条件下，二阶系统将等效于时间常数为 c^{-1} 的一阶系统，使动态特性与系统状态方程无关，而与切换线的参数 c 有关，c 可以任意选择。下面确定 u^{+} 和 u^{-}。

设

$$u=-k_1x_1-k_2x_2$$

式中，

$$k_i=\begin{cases}\alpha_i,Vx_i>0\\ \beta_i,Vx_i<0,\end{cases}(i=1,2)$$

如在 $t=t_0$ 时，有 $Vx_1>0$，$Vx_2<0$，则

$$u^{+}=-\alpha_1x_1-\beta_2x_2$$

从时间 $t_0\to t_1$，状态 $x(t)$ 到达 $V=0$，并进入 $Vx_1<0$，$Vx_2>0$，则

$$u^{-}=-\beta_1x_1-\alpha_2x_2$$

再来讨论如何确定 α_1、α_2、β_1 及 β_2：

$$\begin{aligned}V\dot{V}&=V(c\dot{x}_1+\dot{x}_2)=V(cx_2-a_1x_1-a_2x_2+bu)\\&=(c-a_2)Vx_2-a_1Vx_1+bVu=(c-a_2)Vx_2-a_1Vx_1+bV(-k_1x_1-k_2x_2)\\&=(c-a_2-bk_2)Vx_2-(a_1+bk_1)Vx_1\end{aligned}$$

由此可得

$$k_1=\begin{cases}\alpha_1\geqslant -\dfrac{a_1}{b}, Vx_1>0\\ \beta_1\leqslant -\dfrac{a_1}{b}, Vx_2<0\end{cases}$$

$$k_2=\begin{cases}\alpha_2\geqslant -\dfrac{1}{b}(c-a_2), Vx_2>0\\ \beta_2\leqslant -\dfrac{1}{b}(c-a_2), Vx_2<0\end{cases}$$

2. 高阶系统的变结构自适应控制

设系统状态方程为

$$\begin{cases}\dot{x}_1=x_2\\ \dot{x}_2=x_3\\ \vdots\\ \dot{x}_n=-a_1x_1-a_2x_2-\cdots-a_nx_n+b_1u\end{cases}$$

式中，a_1、…、a_n 及 b_1 是时变未知的，且 $b_1\geqslant 0$，把系统状态方程写成矩阵形式则为

$$\dot{\boldsymbol{x}}=\boldsymbol{A}\boldsymbol{x}+\boldsymbol{b}u$$

式中，

$$\boldsymbol{x}=\begin{bmatrix}x_1\\ x_2\\ \vdots\\ x_n\end{bmatrix},\boldsymbol{A}=\begin{bmatrix}0 & 1 & 0 & \cdots & 0\\ 0 & 0 & 1 & \cdots & 0\\ \vdots & \vdots & \vdots & & \vdots\\ -a_1 & -a_2 & -a_3 & \cdots & -a_n\end{bmatrix},\boldsymbol{b}=\begin{bmatrix}0\\ 0\\ \vdots\\ b_1\end{bmatrix}$$

变结构控制 u 是系统的状态反馈

$$u=-\sum_{i=1}^{m}k_ix_i, 1\leqslant m\leqslant n$$

式中，

$$k_i=\begin{cases}\alpha_i, x_iV>0\\ \beta_i, x_iV<0\end{cases}$$

其中，V 为切换函数

$$V=c_1x_1+c_2x_2+\cdots+c_{n-1}x_{n-1}+x_n=\boldsymbol{c}^{\mathrm{T}}\boldsymbol{x}$$

此处

$$\boldsymbol{c}=[c_1\quad c_2\quad \cdots\quad c_{n-1}\quad 1]^{\mathrm{T}}$$

式中，c_1、c_2、…、c_{n-1}为常数。

为使系统状态在切换超平面上滑动，必须满足如下求得的条件。

因为

$$\dot{V}=\boldsymbol{c}^{\mathrm{T}}\dot{\boldsymbol{x}}=\boldsymbol{c}^{\mathrm{T}}\boldsymbol{A}\boldsymbol{x}+\boldsymbol{c}^{\mathrm{T}}\boldsymbol{b}u$$

可得

$$\dot{V}=\sum_{i=1}^{n}[c_{i-1}-a_i]x_i-b_1\sum_{i=1}^{m}k_ix_i=0$$

由 $V=\boldsymbol{c}^{\mathrm{T}}\boldsymbol{x}=0$，可得

$$x_n=-\sum_{i=1}^{n-1}c_ix_i$$

$$\dot{V}=\sum_{i=1}^{n}(c_{i-1}-a_i)x_i-(c_{n-1}-a_n)\left(\sum_{i=1}^{n-1}c_ix_i\right)-b_1\sum_{i=1}^{m}k_ix_i$$

于是

$$V\dot{V}=\sum_{i=1}^{n}(c_{i-1}-a_i-c_ic_{n-1}+c_ia_n-b_nk_i)\,Vx_i-\sum_{i=m+1}^{n-1}(c_{i-1}-a_i-c_ic_{n-1}+c_ia_n)Vx_i$$

由此得

$$k_i=\begin{cases}\alpha_i\geqslant\dfrac{1}{b}(c_{i-1}-a_i-c_ic_{n-1}+c_ia_n),Vx_i>0\\ \beta_i\leqslant\dfrac{1}{b}(c_{i-1}-a_i-c_ic_{n-1}+c_ia_n),Vx_i<0\end{cases}\quad(i=1,2,\cdots,m)$$

$$c_{i-1}-a_i=c_i(c_{n-1}-a_n)(i=m+1,\cdots,n-1)$$

在滑动状态期间，有 $V=0$ 和 $\dot{V}=0$，系统的动态特性由下列微分方程确定

$$x_{n-1}=-\sum_{i=1}^{n-1}c_ix_i$$

选择适当的 c_i，即可保证系统动态特性满足性能要求。

在实际中，我们虽然不能精确知道 a_1、…、a_n 及 b_1 的值，但总能知道这些参数的最大值或最小值，从而可将最大或者最小值代入，找出合适的 α_i 和 β_i，使系统工作性能不受参数变化的影响，从而具有自适应能力。

6.3.3 多变量变结构自适应控制

设有多变量线性系统的状态方程为

$$\dot{\boldsymbol{x}}(t)=\boldsymbol{A}\boldsymbol{x}(t)+\boldsymbol{B}\boldsymbol{u}(t)$$

式中，$\boldsymbol{x}(t)$ 为 n 维状态向量；$\boldsymbol{u}(t)$ 为 m 维控制向量。

不连续控制的切换超平面方程为

$$\boldsymbol{V}(x)=\begin{bmatrix}V_1(x)\\V_2(x)\\\vdots\\V_m(x)\end{bmatrix}\qquad\boldsymbol{C}=\begin{bmatrix}c_1^{\mathrm{T}}\\c_2^{\mathrm{T}}\\\vdots\\c_m^{\mathrm{T}}\end{bmatrix}$$

不连续控制为

$$u_i=\begin{cases}u_i^{+}(x),V_i(x)>0\\u_i^{-}(x),V_i(x)<0\end{cases}\qquad(u_i^{+}\neq u_i^{-})$$

为使系统状态在第 i 个超平面上滑动，必须在 $\boldsymbol{V}(x)=\boldsymbol{0}$ 的邻域上满足

$$\boldsymbol{V}\dot{\boldsymbol{V}}\leqslant 0$$

在滑动状态下，要满足条件

$$V_i(x)=0$$

$$\dot{V}_i(x)=0$$

当在全部超平面都为滑动状态时，则有

$$\boldsymbol{V}(x)=\boldsymbol{0}$$

$$\dot{\boldsymbol{V}}(x)=\boldsymbol{0}$$

这时，系统将具有不变性，其运动同系统参数变化及扰动无关。

对于线性系统，取切面方程为

$$\boldsymbol{V}(x)=\boldsymbol{C}\boldsymbol{x}=\boldsymbol{0}$$

则

$$\dot{\boldsymbol{V}}(x)=\boldsymbol{C}\dot{x}=\boldsymbol{CAx}+\boldsymbol{CBu}$$

若

$$\det[\boldsymbol{CB}]\neq 0$$

则由 $\dot{\boldsymbol{V}}=\boldsymbol{0}$，可得

$$\boldsymbol{CAx}+\boldsymbol{CBu}=0$$

从而可导出等价控制

$$\boldsymbol{u}_{\mathrm{eq}}=-[\boldsymbol{CB}]^{-1}\boldsymbol{CAx}=-\boldsymbol{Kx}$$

式中，

$$\boldsymbol{K}=[\boldsymbol{CB}]^{-1}\boldsymbol{CA}$$

将等价控制代入系统状态方程，可得

$$\dot{\boldsymbol{x}}=[\boldsymbol{A}-\boldsymbol{BK}]\boldsymbol{x}$$

这就是一般滑动方程，若选择适当，可保证系统状态收敛于坐标原点。

为了简化设计，可将方程进行如下变换。令

$$\boldsymbol{z}=\begin{bmatrix} z_1 \\ z_2 \end{bmatrix}=\boldsymbol{Tx}$$

式中,$\boldsymbol{T}$ 为正交矩阵,且

$$\boldsymbol{T}^{-1}=\boldsymbol{T}^{\mathrm{T}}$$

$\deg z_1=n-m_i$，$\deg z_i=m$（$\deg z_i$ 为 z_i 的阶数）。

于是有

$$\dot{\boldsymbol{z}}=\boldsymbol{T}\dot{\boldsymbol{x}}=\boldsymbol{T}(\boldsymbol{Ax}+\boldsymbol{Bu})=\boldsymbol{TAT}^{\mathrm{T}}\boldsymbol{z}+\boldsymbol{TBu}$$

式中，

$$\boldsymbol{TAT}^{\mathrm{T}}=\begin{bmatrix} A_{11} & A_{12} \\ A_{21} & A_{22} \end{bmatrix},\quad \boldsymbol{TB}=\begin{bmatrix} 0 \\ B_2 \end{bmatrix}$$

将式 $\dot{z}=\boldsymbol{T}\dot{\boldsymbol{x}}$ 展开，可得

$$\dot{z}_1=A_{11}z_1+A_{12}z_2$$

$$\dot{z}_2=A_{12}z_1+A_{22}z_2+B_2u$$

相应的切换曲面方程为

$$\overline{\boldsymbol{V}}(z)=\boldsymbol{CT}^{\mathrm{T}},C_1z_1+C_2z_2=0$$

式中，

$$\boldsymbol{CT}^{\mathrm{T}}=[C_1,\ C_2]$$

$$\overline{V}(z)=C_1\dot{z}+C_2\dot{z}=(C_1A_{11}+C_2A_{21})z_1+(C_1A_{12}+C_2A_{22})z_2+C_2B_2u_{\mathrm{eq}}$$

这样

$$u_{\mathrm{eq}}=-[C_2B_2]^{-1}[(C_1A_{11}+C_2A_{21})z_1+(C_1A_{12}+C_2A_{22})z_2]$$

可得到

$$z_2=-C_2^{-1}C_1z_1=-Fz_1$$

进一步可得

$$\dot{z}_1=[A_{11}-A_{12}F]z_1$$

适当选择下，使得 $[A_{11}-A_{12}F]$ 的 $(n-m)$ 个特征值都位于左半复平面，可保滑动模态的稳定性。F 的设计可采用最优二次型设计方法或特征向量配置设计方法。然后，根据所求得的 F 来选择切换面中的 $\boldsymbol{C}$。

分析表明，随着组合方式的不同，即系统反馈切换逻辑的不同，变结构系统将呈现出不同的形式和特征。滑动模态是变结构系统中的主要概念和特征之一，其一般定义为：对于一个 n 阶系统，$\boldsymbol{x}\in\mathbf{R}^n$ 是系统的状态向量；$\tilde{s}$ 是 n 维状态空间里状态域 $s(x)=0$ 上的一个子域。如果对于每一个 $\varepsilon>0$，总有一个 $\delta>0$ 存在，使得任何源于 $\tilde{s}$ 的 n 维 δ 域的系统运动若要离开 $\tilde{s}$ 的 n 维 ε 域，只能穿越 $\tilde{s}$ 边界的 n 维 ε 域，那么 $\tilde{s}$ 就是一个滑动模态域。系统在滑动模态域中运动被称为滑动运动，这种特殊运动形式叫作滑动模态。

6.4 鲁棒自适应控制

存在非线性和不确定性，几乎是所有控制对象的共同特点。其中克服不确定性的有效控制问题已成为当今控制领域研究的热点之一。目前有两条主要途径：一条是自适应控制，另一条是鲁棒控制，两者相互独立，但有密切关系，因此本章涉及鲁棒控制理论。按照前述鲁棒性理论，鲁棒性具体体现在鲁棒稳定性、鲁棒镇定和鲁棒性 3 个方面。鲁棒稳定性是指控制系统是内稳定的，而鲁棒镇定与鲁棒性均与系统中的控制器有关，被统称为鲁棒控制。因此，鲁棒自适应控制将主要研究自适应控制器的鲁棒性能和鲁棒镇定设计。粗略地讲，鲁棒控制是一种在解决确定性对象控制问题时，在控制性能和鲁棒性之间进行的谨慎而合理的折中控制方法。鲁棒控制思想是加拿大学者 Zames 和美国学者 Doyle 明确提出的。许多学者如 Rosenbrock、Macfarlane、Postethwaite、glover 和木村英纪等为之做了不懈努力。鲁棒控制虽截至目前还未完全解决分析和综合的主要工程及数学问题，但已取得了举世瞩目的成果，其

中最突出的就是著名的 H_∞ 优化思想及基于这种思想下的 H_∞ 控制理论。H_∞ 控制从本质上讲是在考虑模型不确定性下，求解干扰信号对于输出影响最小化时得到的控制器设计方案。H_∞ 具有坚实的理论基础，既可保留状态空间的计算方法，又利用了闭环控制系统频率响应特性，是一种对工程技术人员很有吸引力的鲁棒控制方法。本节首先将阐述 H_∞ 控制的概念、基本理论及设计方法，作为 H_∞ 自适应控制系统设计实现的重要基础。

6.4.1　H_∞ 控制概念

1. H_2 最优控制概念

一个控制系统最重要的目的是使其达到给定的性能指标而同时又能保证系统的内稳定。描述控制系统性能指标的方法之一是用某些感兴趣的信号的大小来表示。例如，跟踪系统的性能可以通过跟踪误差信号的大小来度量。鲁棒控制中经常涉及的定义是范数，利用范数来表示信号的大小。用哪一种范数最为适宜要根据具体情况而定。这里我们主要用的是 Hardy 空间的 H_2 和 H_∞。在专门的鲁棒控制书中，有相关证明，对于许多种类的输入信号而言，H_2 和 H_∞ 范数可以作为可能的最坏性能指标的度量而自然引申出来。关于求解 H_2 和 H_∞ 范数的赋范空间、Hilber 空间和 Hardy 空间的具体定义，可以参考专门的鲁棒控制书籍，这里不做详细介绍。H_2 涉及了最优控制相关概念，而最优控制是现代控制理论中的一种典型优化控制。最优控制解决的问题是设计一个最优控制律，使闭环系统是稳定的，同时使某个性能指标达到极值。性能指标由所追求的控制目标确定。如，为了综合评价系统稳态性能和瞬态性能提出误差平方积分准则函数

$$J=\int_0^\infty e^2(t)\,\mathrm{d}t \tag{6-31}$$

式中，$e(t)=y_0(t)-y(t)$ 为系统误差；$y_0(t)$ 为参考输入；$y(t)$ 为输出响应。

对于式（6-31）做适当推广就可得到最优控制理论中的线性二次型指标

$$J=\int_0^\infty[\boldsymbol{x}(t)^{\mathrm{T}}\boldsymbol{Q}\boldsymbol{x}(t)+\boldsymbol{u}(t)^{\mathrm{T}}\boldsymbol{R}\boldsymbol{u}(t)]\,\mathrm{d}t \tag{6-32}$$

式中，$\boldsymbol{x}(t)$ 为系统状态偏差；$\boldsymbol{u}(t)$ 为控制输入；$\boldsymbol{Q}$、$\boldsymbol{R}$ 为加权矩阵。

如果被控对象（过程）用随机过程模型描述，且考虑干扰为高斯白噪声，则相应的线性二次型指标变为 LQG（Linear Quadratic Gaussian）问题的性能指标，即

$$J=\lim_{T\to\infty}\frac{1}{T}E\left\{\int_0^T[\boldsymbol{x}(t)^{\mathrm{T}}\boldsymbol{Q}\boldsymbol{x}(t)+\boldsymbol{u}(t)^{\mathrm{T}}\boldsymbol{R}\boldsymbol{u}(t)]\,\mathrm{d}t\right\} \tag{6-33}$$

式中，E 表示取数学期望。

可以证明式（6-33）等价于从随机干扰信号到系统输出信号的传递函数（阵）的 H_2 范数。于是，LQG 控制问题可以等价地描述为：设计标准控制问题（见图 6-6）的反馈控制器，使得闭环系统稳定，同时使从 w 到 z 的闭环传递函数（阵）$G_{zw}(s)$ 的 H_2 范数达到极小，即

$$\min_K\|G_{zw}(s)\|_2=\gamma_0 \tag{6-34}$$

这种标准控制称为 H_2 最优控制。若给定 $\gamma>\gamma_0$，设计反馈控制器 K，使 $\|G_{zw}(s)\|<$

γ，则称之为次优控制。H_2 最优控制和 H_2 次优控制通称为 H_2 标准控制。如图 6－6 所示，ω 为外部干扰信号，z 为输出评价信号，y 为输出量测信号，u 为控制信号，G 为广义被控对象，K 为待设计的控制器。

2. H_∞控制概念

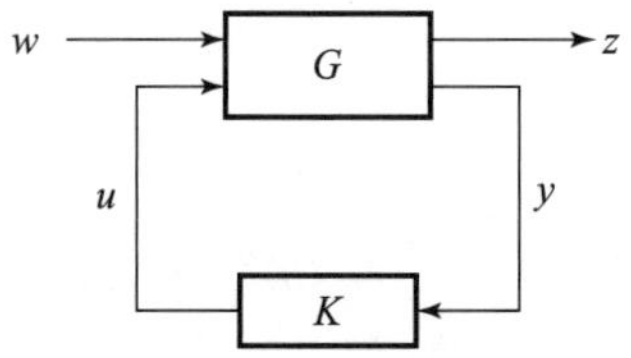

图 6－6　标准控制问题

在实际控制工程中，最优控制的鲁棒性一般较差，主要原因是被控对象（过程）的精确数学模型往往难以得到，而且，许多情况下并不确知其噪声（干扰）信号 ω 的统计特性。这样，H_2 最优控制方法的实际应用有一定困难。为此，20 世纪 80 年代初，Zames 提出了以控制系统内某些信号间的传递函数（阵）的范数为优化性能指标的控制系统设计思想。考虑一反馈系统如图 6－7 所示，图 6－7 中 $P(s)$ 是被控对象传递函数，$K(s)$ 是控制器传递函数，y 为系统输出信号，u 为控制信号，r 是参考输入，w 为干扰输入，e 为控制误差信号。

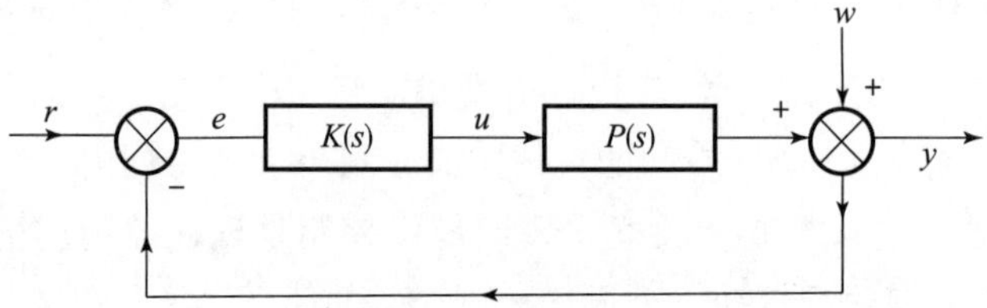

图 6－7　单位反馈系统

显然，误差传递函数为

$$G_{er} = \frac{E(s)}{R(s)} = \frac{1}{1 + P(s)K(s)} \tag{6-35}$$

当设计目标是设计控制器 $K(s)$ 时，使得

$$|G_{er}(j\omega)| < \gamma, \forall \omega, 0 < \gamma \leqslant 1$$

即当控制误差控制在工程允许的范围时，对上式两端取上确界有

$$Sup|G_{er}(j\omega)| < \gamma$$

将上式左端定义为 $G_{er}(j\omega)$ 的∞范数，即

$$\| G_{er}(s) \|_\infty = Sup_\omega |G_{er}(j\infty)|$$

于是，H_∞最优控制问题可归结为：设计控制器 $K(s)$，使闭环系统保持稳定，且使 $\| G_{er}(s) \|_\infty$ 达到极小，即

$$\underbrace{inf}_{K}\left\{\underbrace{Sup}_{K}|G_{er}(j\omega)|\right\} = \underbrace{inf}_{K}\| G_{er}(s) \|_\infty = \gamma_0$$

同样，次优控制问题为：给定 $\gamma > \gamma_0$，设计控制器 $K(s)$，使得闭环系统保持稳定，且使

$$\| G_{er}(s) \|_\infty < \gamma$$

也称之为 H_∞标准控制问题（见图 6－8）。

其中，$W(s)$ 是权函数，w 是干扰；$G(s)$ 是广义被控对象，表示从 w、u 到 z 的闭环传递函数阵；z 为评价信号，$z = -W(s)G_{er}(s)\omega$。

由图 6－8 可知，从 w 到 z 的闭环传递函数为 $-W(s)G_{er}(s)$。这样，H_∞标准控制问题又可等价为干扰抑制设计问题。

设计控制器 $K(s)$，使图 6-8 闭环稳定，且使

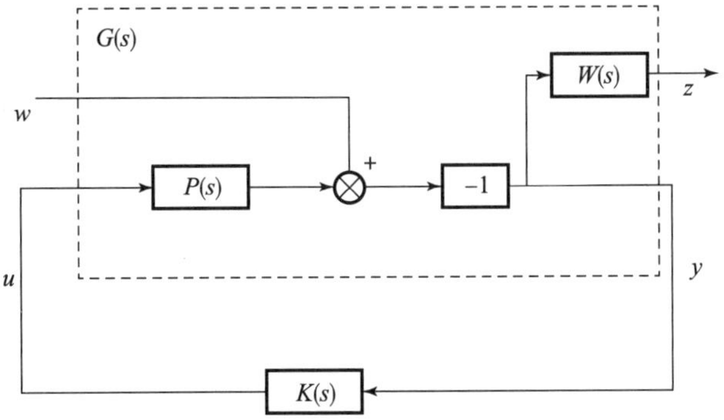

图 6-8　H_∞标准控制问题

$$\| G_{er}(s) \|_\infty < \gamma$$

应该指出，上述 H_∞性能指标定义和 H_∞标准控制问题概念仅是在标量情况下给出的。实际应用中，许多控制问题都可以归化为所谓 H_∞标准控制问题。若考虑图 6-8 所示标准控制问题各信号均为向量值信号，设广义被控对象 $G(s)$ 的状态空间实现为

$$\dot{\boldsymbol{x}} = \boldsymbol{A}\boldsymbol{x} + \boldsymbol{B}_1\boldsymbol{w} + \boldsymbol{B}_2\boldsymbol{u}$$

$$\boldsymbol{z} = \boldsymbol{C}_1\boldsymbol{x} + \boldsymbol{D}_{11}\boldsymbol{w} + \boldsymbol{D}_{12}\boldsymbol{u}$$

$$\boldsymbol{y} = \boldsymbol{C}_2\boldsymbol{x} + \boldsymbol{D}_{12}\boldsymbol{w} + \boldsymbol{D}_{22}\boldsymbol{u}$$

式中，$\boldsymbol{x} \in \mathbf{R}^n$，$\boldsymbol{z} \in \mathbf{R}^m$，$\boldsymbol{y} \in \mathbf{R}^q$，$\boldsymbol{w} \in \mathbf{R}^r$，$\boldsymbol{u} \in \mathbf{R}^p$。相应的传递函数（阵）为

$$\boldsymbol{G}(s) = \begin{bmatrix} \boldsymbol{G}_{11}(s) & \boldsymbol{G}_{12}(s) \\ \boldsymbol{G}_{21}(s) & \boldsymbol{G}_{22}(s) \end{bmatrix} = \left[\begin{array}{c|cc} \boldsymbol{A} & \boldsymbol{B}_1 & \boldsymbol{B}_2 \\ \hline \boldsymbol{C}_1 & \boldsymbol{D}_{11} & \boldsymbol{D}_{12} \\ \boldsymbol{C}_2 & \boldsymbol{D}_{21} & \boldsymbol{D}_{22} \end{array}\right]$$

即有

$$\begin{bmatrix} \boldsymbol{z} \\ \boldsymbol{y} \end{bmatrix} = \boldsymbol{G}(s)\begin{bmatrix} \boldsymbol{w} \\ \boldsymbol{u} \end{bmatrix} = \begin{bmatrix} \boldsymbol{G}_{11}(s) & \boldsymbol{G}_{12}(s) \\ \boldsymbol{G}_{21}(s) & \boldsymbol{G}_{22}(s) \end{bmatrix}\begin{bmatrix} \boldsymbol{w} \\ \boldsymbol{u} \end{bmatrix}$$

$$\boldsymbol{u} = \boldsymbol{K}(s)\boldsymbol{y}$$

则从图 6-8 中，从 w 到 z 闭环传递函数（阵）等于

$$\boldsymbol{G}_{zw}(s) = \mathrm{LFT}(\boldsymbol{G},\boldsymbol{K}) = \boldsymbol{G}_{11} + \boldsymbol{G}_{12}\boldsymbol{K}(\boldsymbol{I} - \boldsymbol{G}_{22}\boldsymbol{K}^{-1})\boldsymbol{G}_{21}$$

它是 $\boldsymbol{K}$ 的线性分式变换（Linear Fractional Transformation，LFT）。于是有以下定义：

定义 6-1　H_∞最优控制问题　求一正则实有理控制器 $\boldsymbol{K}$，使闭环系统内稳定且使传递函数（阵）$\boldsymbol{G}_{zw}(s)$ 的 H_∞范数极小，即

$$\min_{K} \| \boldsymbol{G}_{zw}(s) \|_\infty = \gamma_0$$

定义 6-2　H_∞次优控制问题　求一正则实有理控制器 $\boldsymbol{K}$，使闭环系统内稳定，且使

$$\| \boldsymbol{G}_{zw}(s) \|_\infty < \gamma, \gamma \geqslant \gamma_0 \tag{6-36}$$

显然，如果以上两种控制问题有解，我们可以通过逐渐减小 γ 去逼近 γ_0，即通过反复"递减—试探求次优解"的过程去逼近最优解（$\gamma \to \gamma_0$）。

另外，式（6-36）等价于

$$\left\| \frac{1}{\gamma} \boldsymbol{G}_{zw}(s) \right\|_\infty \leqslant 1$$

而实际上$\frac{1}{\gamma}\boldsymbol{G}_{zw}(s)$ 等于增广被控对象（过程）。

$$\boldsymbol{G}_r(s) = \begin{bmatrix} \boldsymbol{r}^{-1}\boldsymbol{G}_{11}(s) & \boldsymbol{r}^{-1}\boldsymbol{G}_{12}(s) \\ \boldsymbol{r}^{-1}\boldsymbol{G}_{21}(s) & \boldsymbol{r}^{-1}\boldsymbol{G}_{22}(s) \end{bmatrix}$$

这是与控制器 $\boldsymbol{K}(s)$ 所构成的图 6-8 所示系统的闭环传递函数。因此，在实际应用中，仅考虑 $\gamma = 1$ 的情况，并定义 6-3。

定义 6-3　H_∞标准控制问题　求一正则实有理控制器 $\boldsymbol{K}$，使闭环系统稳定且使得

$$\| \boldsymbol{G}_{zw}(s) \|_\infty < 1$$

定义 6-4　内稳定性　如果系统所有的闭环传递函数都存在且稳定，则基本反馈系统是内稳定的，即对所有有界的外部输入信号和内部信号都是有界的。

对闭环系统提出内稳定要求的原因是，如果仅要求从参考输入到系统输出的闭环传递函数是稳定的，即当输入有界，输出亦有界，这并不能保证某些内部信号是有界的，这种情况可能引起实际装置内部损坏或故障。

满足 H_∞范数性能的控制器的综合问题是一个适定的数学问题。大多数原有的求解技术是在输入/输出背景下，并引入了解析函数（Nevanlinna - Pick 插值法）或算子理论方法。这些正是算子理论家和控制工程师之间有效合作的结果。不少人认为 H_∞理论意味着过去 30 年来在控制领域中状态空间方法占主导地位的局面开始结束。不幸的是，若用标准的频域法去处理多输入多输出的 H_∞问题，则在数学和计算两方面都遇到了如 H_2（或 LQG）理论在 20 世纪 50 年代所遇到的严重障碍。于是在此背景下，由 Doyle 于 1984 年发表的第一个一般有理 MIMO H_∞最优控制问题的解在很大程度上依赖于状态空间方法，也就不足奇怪了。实际上，他的解法更像是一种计算工具而不是必由之路。在解的过程中采用了传递函数的状态空间内/外分解和互质分解。这样就将问题化为 Nehari/Hankel 的范数问题，这一问题可用 Glover 在 1984 年发表的状态空间方法求解，Francis 和 Doyle 于 1987 年解释了这一解法。然而，这一解法从数学意义上解决了一般有理 H_∞问题。而此解的严重缺陷是将该问题转化为高维 Riccati 方程的求解。详细的关于相关理论进展历史请参阅参考文献［14］。

6.4.2　鲁棒稳定性与 H_∞性能指标之间的关系

鲁棒稳定性与 H_∞性能指标有着极为密切的关系，可通过如下鲁棒控制系统的设计来说明。

考虑某被控对象（过程）的传递函数为

$$P(s) = \sum_{i=1}^{\infty} \frac{\varphi_i^2}{s^2 + 2\xi_i \omega_i s + \omega_i^2}$$

为方便设计，采用简化数学模型

$$P_0(s) = \sum_{i=1}^{2} \frac{\varphi_i^2}{s^2 + 2\xi_i \omega_i s + \omega_i^2}$$

这时，有模型误差

$$\Delta P(s) = \sum_{i=3}^{\infty} \frac{\varphi_i^2}{s^2 + 2\xi_i \omega_i s + \omega_i^2}$$

假设 $\Delta P(s)$ 的频率特性的上界已知，即

$$|\Delta P(\mathrm{j}\omega)| < |w(\mathrm{j}\omega)|, \forall \omega \in [0,\infty) \tag{6-37}$$

式中，$w(\mathrm{j}\omega)$ 为已知的有理函数。

问题归结为，给定 $P_0(s)$ 和 $w(s)$，设计如图 6-9 所示的反馈系统，使得闭环系统对于满足式（6-37）的模型误差 $\Delta P(s)$ 均稳定。

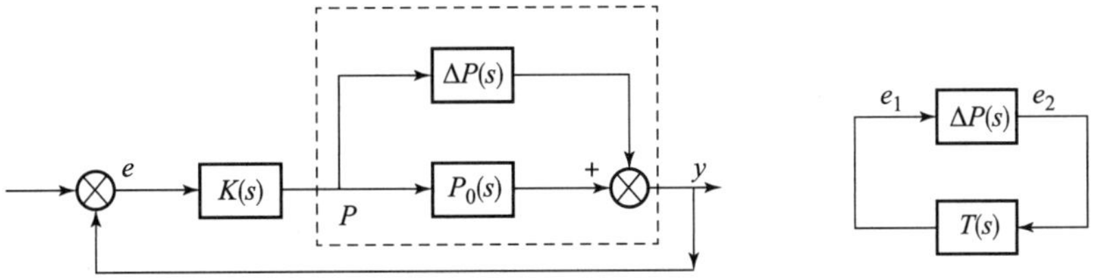

（a）　　　　（b）

图 6-9　鲁棒控制系统

（a）原反馈系统；（b）图（a）的等价系统

为此，可找出图 6-9（a）所示的等价系统如图 6-9（b）所示。图中

$$T(s) = \frac{K(s)}{1 + P_0(s)K(s)} \tag{6-38}$$

若是稳定的，则等价系统图 6-9（b）对任意 $\Delta P(s)$ 稳定的奈奎斯特充分条件是

$$|T(\mathrm{j}\omega)\Delta P(\mathrm{j}\omega)| < 1, \forall \omega \in [0,\infty) \tag{6-39}$$

如果设计的控制器稳定，那么由式（6-37）可知必然同时满足

$$|T(\mathrm{j}\omega)W(\mathrm{j}\omega)| < 1, \forall \omega \in [0,\infty) \tag{6-40}$$

或等价于

$$\| T(s)W(s) \|_{\infty} < 1 \tag{6-41}$$

又因为

$$\begin{aligned} |T(\mathrm{j}\omega)\Delta P(\mathrm{j}\omega)| &= |T(\mathrm{j}\omega)||\Delta P(\mathrm{j}\omega)| \leqslant |T(\mathrm{j}\omega)||W(\mathrm{j}\omega)|, \forall \Delta P(s)\cdot t|\Delta P| < |W| \\ &= |T(\mathrm{j}\omega)W(\mathrm{j}\omega)|, \forall \omega \in [0,\infty) \end{aligned}$$

所以对于所有满足式（6-37）的条件式（6-39）成立，即系统鲁棒稳定。可见，这种鲁棒稳定性问题完全能够通过设定性能指标式（6-41）来实现。同时表明，系统鲁棒性

与性能指标是密切相关的。

在上面内容的基础上，下面讨论 H_∞ 自校正控制和慢变控制过程的鲁棒控制策略设计。

6.4.3 H_∞ 自校正控制

自校正控制的设计主要是外环参数估计器和控制器的设计计算。或者说，主要是完成被控对象（过程）的在线参数估计和控制器的参数估计（见图 6－10）。

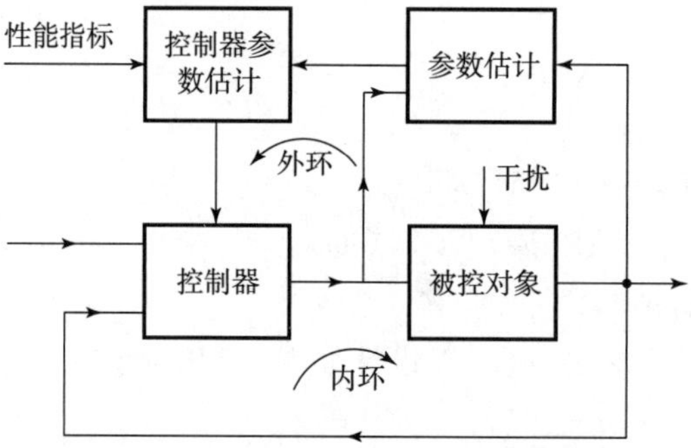

图 6－10　典型自校正控制系统框图

为了实现鲁棒控制，可采用 H_∞ 控制设计方法。为了方便起见，下面讨论 H_∞ 最优控制律在图 6－11 所示系统中的实现。

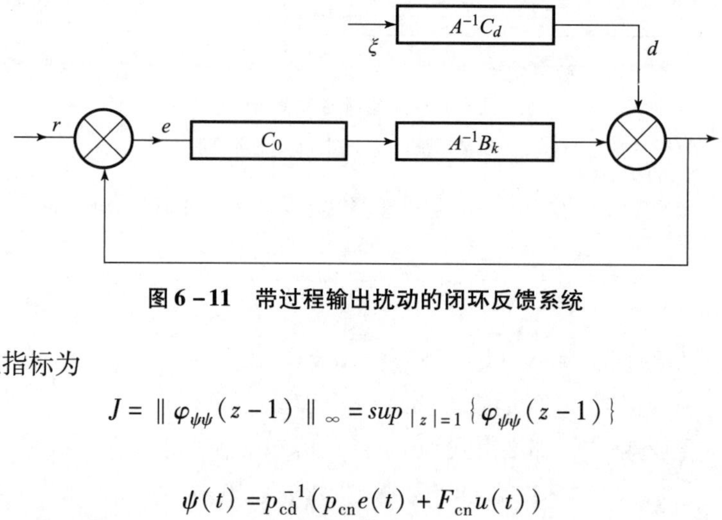

图 6－11　带过程输出扰动的闭环反馈系统

设计的 H_∞ 优化指标为

$$J = \| \varphi_{\psi\psi}(z-1) \|_\infty = sup_{|z|=1} \{ \varphi_{\psi\psi}(z-1) \}$$

其中，

$$\psi(t) = p_{\mathrm{cd}}^{-1}(p_{\mathrm{cn}}e(t) + F_{\mathrm{cn}}u(t))$$

假设系统纯滞后已经事先确定，则系统模型为

$$y(t) = \frac{B_k(z^{-1})}{A(z^{-1})}u(t-k) + \frac{C_d(z^{-1})}{A(z^{-1})}\xi(t)$$

式中，$\xi(t)$ 为白噪声；

$$A = 1 + a_1 z^{-1} + \cdots + a_{n_a} z^{-n_a}$$

$$B_k = b_0 + b_1 z^{-1} + \cdots + b_{n_b} z^{-n_b}$$

$$C_d = c_0 + c_1 z^{-1} + \cdots + c_{n_c} z^{-n_c}$$

若 $c_0 = 1$，则

$$\boldsymbol{y}(t) = \boldsymbol{\varphi}^{\mathrm{T}}(t)\boldsymbol{\theta} + \boldsymbol{\xi}(t)$$

其中，

$$\boldsymbol{\theta} = [a_1, \cdots, a_{n_a}, b_0, b_1, \cdots, b_{n_b}, c_1, \cdots, c_{n_c}]^{\mathrm{T}}$$

$$\boldsymbol{\varphi} = [-y(t-1), \cdots, -y(t-n_a), u(t-k), \cdots, u(t-k-n_b), \xi(t-1), \cdots, \xi(t-n_c)]^{\mathrm{T}}$$

利用递推最小二乘法对 A、B_k、C_d 进行参数估计，其算法如下。

（1）修正增益向量

$$\boldsymbol{L}(t) = \frac{\boldsymbol{P}(t-1)\boldsymbol{\varphi}(t)}{\lambda_f + \boldsymbol{\varphi}^{\mathrm{T}}(t)\boldsymbol{P}(t-1)\boldsymbol{\varphi}(t)}$$

（2）修正参数估计向量

$$\hat{\boldsymbol{\theta}}(t) = \hat{\boldsymbol{\theta}}(t-1) + \boldsymbol{L}(t)[\boldsymbol{y}(t) - \boldsymbol{\varphi}^{\mathrm{T}}(t)\hat{\boldsymbol{\theta}}(t-1)]$$

（3）修正协方差矩阵

$$\boldsymbol{P}(t) = \frac{1}{\lambda_f}[\boldsymbol{P}(t-1) - \frac{\boldsymbol{P}(t-1)\boldsymbol{\varphi}(t)\boldsymbol{\varphi}^{\mathrm{T}}(t)\boldsymbol{P}(t-1)}{\lambda_f + \boldsymbol{\varphi}^{\mathrm{T}}(t)\boldsymbol{P}(t-1)\boldsymbol{\varphi}(t)}$$

（4）计算残差

$$\boldsymbol{\xi}(t) = \boldsymbol{y}(t) - \boldsymbol{\varphi}^{\mathrm{T}}(t)\hat{\boldsymbol{\theta}}(t)$$

（5）以 $\hat{\xi}(t-1), \cdots, \hat{\xi}(t-n_c)$ 代替 $\xi(t-1), \cdots, \xi(t-n_c)$，修正信息向量 $\boldsymbol{\varphi}(t)$，然后返回步骤（1）。

在上述算法中，协方差矩阵 $\boldsymbol{P}(t)$ 初值可取 $\boldsymbol{I}$，而遗忘因子 λ_f 常取 $0.95 < \lambda_f < 1$。

当 A、B_k、C_d 的估计值稳定时，再利用下列步骤得到 H_∞ 最优自校正控制器。

（1）选择加权函数 P_{cd}、P_{cn}、P_{ck}。

（2）根据 $D_f D_f^* = C_d C_d^*$，得到严格 Hurwitz 多项式。

（3）计算 $L_k = P_{cn} B_k - F_{cd} A$，得到 L_{1k} 和 L_{2k}。

（4）解多项式方程 $F_0 A P_{cd} \lambda + L_{2k} z^{-k} C_0 = P_{cn} D_f F_{os}$ 得到 F_0、G_0、λ。

（5）检验 F_0 的解是否在单位圆内，若是，则继续。否则，回到步骤（4）。

（6）计算 $H_0 = (F_0 B_k P_{cd} \lambda - F_{ck} D_f F_{os}) z^k / L_{2k}$。

（7）得到控制器 $C_0 = H_0^{-1} G_0$，控制所用为 $\boldsymbol{u}(t) = C_0 \boldsymbol{e}(t)$，然后转回辨识算法。

上述模型辨识及 H_∞ 最优控制器设计流程分别如图 6－12（a）和图 6－12（b）所示。最终设计出的 H_∞ 自校正控制器为（对于）

$$K = 1$$

$$C_0 = H_0^{-1} G_0 = \frac{Z(P_{cn} D_f - A P_{cd} \lambda)}{B_k P_{cd} \lambda - F_{ck} D_f}$$

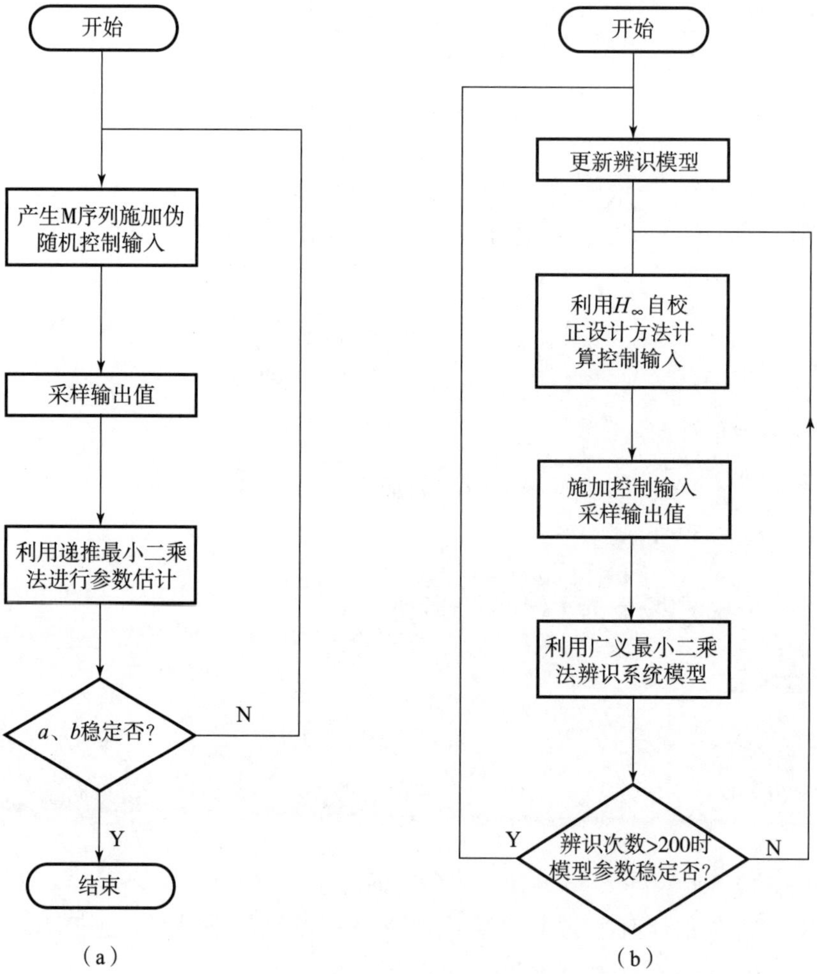

图 6-12 自校正控制系统设计流程

(a) 模型辨识；(b) H_∞最优控制器设计

式中，

$$\lambda = \left.\frac{P_{cn}D_f}{P_{cd}A}\right|_{z^{-1}=0}$$

习 题

1. 设增广对象的状态空间实现

$$\dot{\boldsymbol{x}} = \boldsymbol{A}\boldsymbol{x} + \boldsymbol{B}_1\boldsymbol{\omega} + \boldsymbol{B}_2\boldsymbol{u}$$
$$z = \boldsymbol{C}_1\boldsymbol{x} + \boldsymbol{D}_{12}\boldsymbol{u}$$
$$\boldsymbol{y} = \boldsymbol{x}$$

假设 ($\boldsymbol{A}$, $\boldsymbol{B}_2$) 可镇定，若设计状态反馈器为 $\boldsymbol{u} = \boldsymbol{K}\boldsymbol{x}$，$\boldsymbol{K} \in \mathbf{R}^{n\times n}$，证明以下定理：

给定 $\gamma>0$，存在状态反馈阵 $\boldsymbol{K}$ 使闭环系统和控制器稳定且 $|\boldsymbol{G}_{zw}(s)|<\gamma$ 成立的充要条件是存在正定阵 $\boldsymbol{X}>0$，满足 Riccati 不等式

$$A^{\mathrm{T}}\boldsymbol{X}+\boldsymbol{X}\boldsymbol{A}+\gamma^{-2}\boldsymbol{X}\boldsymbol{B}_1\boldsymbol{B}_1^{\mathrm{T}}\boldsymbol{X}+\boldsymbol{C}_1^{\mathrm{T}}\boldsymbol{C}_1-(\boldsymbol{X}\boldsymbol{B}_2+\boldsymbol{C}_1^{\mathrm{T}}\boldsymbol{D}_{12})(\boldsymbol{D}_{12}^{\mathrm{T}}\boldsymbol{D}_{12})^{-1}(\boldsymbol{B}_2^{\mathrm{T}}\boldsymbol{X}+\boldsymbol{D}_{12}^{\mathrm{T}}\boldsymbol{C}_1)<0$$

2. 简述自适应逆控制与传统反馈控制的联系与区别。

第7章

自适应观测器的设计

7.1 基本设计方法

由被控系统参数和状态变量构成的反馈控制装置，由于其结构简单，理论研究系统成熟，因而在线性系统的控制中已经得到了最为广泛的应用。但是这种控制方法是建立在已知系统的基础上的，它需要正确地掌握和了解被控系统的动态特性、系统参数、系统状态等必要的信息。当状态变量不可测、系统参数未知时，就不能简单应用这种控制方法。为了掌握被控系统，需要进行系统参数辨识和系统状态估计。这里将同时进行系统参数辨识和系统状态估计的观测器称为自适应观测器。

一个自适应观测器，是同时具备系统参数辨识功能和系统状态估计功能的。对于一个控制系统，如果系统仅是状态不可测，而系统参数为已知，这时自适应观测器的任务仅为状态估计，因此称这种自适应观测器为自适应状态观测器。如果系统状态是可测的，而仅是系统参数未知，自适应观测器的任务是系统参数辨识，称这种自适应观测器为自适应辨识器。自适应观测器是由参数辨识器和状态观测器组成的，其中参数辨识器可以直接应用参数调节规律进行辨识。

目前自适应观测器的设计，基本上可以分为两种方法，即基于被控系统的最小实现和基于被控系统的非最小实现两种。前期是初期提出的方案，这个方案为了保证系统的稳定性，需要附加结构复杂的辅助输入装置，并且它形成的系统参数辨识机构和系统状态估计机构是不能分开的，因而在应用上受到一定的限制。与此相反，由于后者引进了状态滤波器，提高了系统的阶数，它不需要为保证系统稳定而设置辅助输入，并且形成了状态估计和系统参数辨识分开的结构。这样，当无须进行系统状态估计时，可以单独使用系统参数辨识器。因而，根据这种方式设计出来的自适应观测器得到了广泛应用。

7.2 连续系统的自适应观测器

7.2.1 可观测标准型与非最小实现

设被控系统可以用下述线性定常微分方程描述

$$y^{(n)}(t)+\alpha_1 y^{(n-1)}(t)+\cdots+\alpha_n y(t)=\beta_1 u^{(n-1)}(t)+\beta_2 u^{(n-2)}(t)+\cdots+\beta_n u(t) \quad (7-1)$$

写成传递函数形式为

$$y(t)=\frac{B(p)}{A(p)}u(t) \quad 或 \quad y(s)=\frac{B(s)}{A(s)}u(s) \quad (7-2)$$

式中，

$$A(p)=p^n+\alpha_1 p^{n-1}+\cdots+\alpha_n$$
$$B(p)=\beta_1 p^{n-1}+\beta_2 p^{n-2}+\cdots+\beta_n$$

p 是微分算子，$u(t)$是被控系统的控制输入，$y(t)$是被控系统的输出，α_i、$\beta_i(i=1,2,3,\cdots)$是被控系统的未知常数。

假设：①被控系统仅为输入、输出可测；②被控系统渐近稳定；③系统为完全可控、可观测；④系统阶数 n 为已知。

根据假设③可以将系统写成如下可观测标准型状态微分方程

$$\left.\begin{aligned}\dot{\boldsymbol{X}}&=A\boldsymbol{X}(t)+\boldsymbol{bu}(t),\boldsymbol{X}(0)=\boldsymbol{X}_0\\ \boldsymbol{y}(t)&=\boldsymbol{C}^{\mathrm{T}}\boldsymbol{X}(t)\end{aligned}\right\} \quad (7-3)$$

式中，

$$\boldsymbol{A}=\begin{bmatrix} & \vdots & \boldsymbol{g}^{\mathrm{T}}\\ \boldsymbol{a} & \vdots & \cdots\\ & \vdots & \boldsymbol{K}\end{bmatrix},\boldsymbol{C}^{\mathrm{T}}=\begin{bmatrix}1 & 0 & \cdots & 0\end{bmatrix}$$

$\boldsymbol{X}(t)$为 n 阶状态向量；$\boldsymbol{y}(t)=\boldsymbol{x}_1(t)$为系统输出，即可以直接测定的状态向量仅仅为$\boldsymbol{x}_1(t)$，向量 $\boldsymbol{a}$、$\boldsymbol{b}$ 分别为 n 阶常数向量，$\boldsymbol{g}$ 为 $n-1$ 阶常数向量，$\boldsymbol{K}$ 为$(n-1)\times(n-2)$阶常数矩阵，$(\boldsymbol{g}^{\mathrm{T}},\boldsymbol{K})$为已知可观测矩阵对。

1. 可观测标准型

在自适应观测器设计中，可观测矩阵对通常具有如下两种形式，即

$$\boldsymbol{g}^{\mathrm{T}}=\begin{bmatrix}1 & 0 & \cdots & 0\end{bmatrix},\boldsymbol{K}=\begin{bmatrix}0 & \cdots & \boldsymbol{I}_{n-2}\\ \vdots & & \vdots\\ 0 & \cdots & \boldsymbol{0}\end{bmatrix} \quad (7-4)$$

和

$$\boldsymbol{g}^{\mathrm{T}}=\begin{bmatrix}1 & 1 & \cdots & 1\end{bmatrix},\boldsymbol{K}=\begin{bmatrix}-\lambda_2 & 0 & \cdots & 0\\ 0 & -\lambda_3 & \cdots & 0\\ \vdots & \vdots & & \vdots\\ 0 & \cdots & 0 & -\lambda_n\end{bmatrix} \quad (7-5)$$

式中，$\lambda_i>0,\lambda_i\neq\lambda_j(i,j=2,3,\cdots,n)$。

由于式（7-2）中参数α_i、β_i与式（7-3）中参数a_i、b_i之间满足如下关系

$$\boldsymbol{C}^{\mathrm{T}}(s\boldsymbol{I}-\boldsymbol{A})^{-1}\boldsymbol{b}=\frac{\boldsymbol{\beta}_1 s^{n-1}+\boldsymbol{\beta}_2 s^{n-2}+\cdots+\boldsymbol{\beta}_n}{s^n+\boldsymbol{\alpha}_1 s^{n-1}+\cdots+\boldsymbol{\alpha}_n} \quad (7-6)$$

因此在下面的讨论中，只讨论未知参数a_i、b_i的辨识问题。

引进 $n \times n$ 阶稳定矩阵 $\boldsymbol{F}$，则式（7－3）可以写成如下形式

$$\dot{\boldsymbol{X}}(t)=\boldsymbol{F}\boldsymbol{X}(t)+(\boldsymbol{a}-\boldsymbol{f})\boldsymbol{y}(t)+\boldsymbol{b}\boldsymbol{u}(t),\boldsymbol{X}(0)=\boldsymbol{X}_0 \tag{7-7}$$

式中，

$$\boldsymbol{F}=\begin{bmatrix} & \vdots & \boldsymbol{g}^{\mathrm{T}} \\ \boldsymbol{f} & \vdots & \vdots \\ & \vdots & \boldsymbol{K} \end{bmatrix},\ \boldsymbol{f}^{\mathrm{T}}=[f_1\quad f_2\quad \cdots\quad f_n]$$

其中，$\boldsymbol{f}$ 为 $n\times 1$ 矩阵，$\boldsymbol{g}^{\mathrm{T}}$ 为 $(n-1)\times 1$ 矩阵，$\boldsymbol{K}$ 为 $(n-1)\times(n-2)$ 矩阵。

根据上述两种形式将系统写成可观测标准状态微分方程。

（1）可观测对为式（7－4）的可观测标准状态微分方程的描述用s^{n-1}除被控对象式（7－2）传递函数的分子与分母得

$$sy(s)=-\alpha_1 y(s)-\frac{\alpha_2}{s}y(s)-\cdots-\frac{\alpha_n}{s^{n-1}}y(s)+\beta_1 u(s)+\frac{\beta_2}{s}u(s)+\cdots+\frac{\beta_n}{s^{n-1}}u(s) \tag{7-8}$$

选择系统状态变量

$$\begin{aligned}
x_1&=y(s)\\
x_2&=-\frac{\alpha_2}{s}y(s)-\cdots-\frac{\alpha_n}{s^{n-1}}y(s)+\frac{\beta_2}{s}u(s)+\cdots+\frac{\beta_n}{s^{n-1}}u(s)\\
x_3&=-\frac{\alpha_3}{s}y(s)-\cdots-\frac{\alpha_n}{s^{n-2}}y(s)+\frac{\beta_3}{s}u(s)+\cdots+\frac{\beta_n}{s^{n-2}}u(s)\\
&\cdots\\
x_n&=-\frac{\alpha_n}{s}y(s)+\frac{\beta_n}{s}u(s)
\end{aligned}$$

根据式（7－8）及上述状态变量的选择可得系统状态微分方程为

$$\begin{cases}
\dot{x}_1=-\alpha_1 x_1+x_2+\beta_1 u\\
\dot{x}_2=-\alpha_2 x_1+x_3+\beta_2 u\\
\qquad\cdots\\
\dot{x}_{n-1}=-\alpha_{n-1}x_1+x_n+\beta_{n-1}u\\
\dot{x}_n=-\alpha_n x_1+\beta_n u
\end{cases} \tag{7-9}$$

写成矩阵微分方程形式为

$$\dot{\boldsymbol{X}}=\begin{bmatrix} -\alpha_1 & 1 & 0 & \cdots & 0\\ -\alpha_2 & 0 & 1 & \cdots & 0\\ \vdots & \vdots & \vdots & & \vdots\\ -\alpha_{n-1} & 0 & 0 & \cdots & 1\\ -\alpha_n & 0 & 0 & \cdots & 0 \end{bmatrix}\boldsymbol{X}(t)+\begin{bmatrix}\beta_1\\ \beta_2\\ \vdots\\ \beta_{n-1}\\ \beta_n\end{bmatrix}\boldsymbol{u}(t),\boldsymbol{X}(0)=\boldsymbol{X}_0 \tag{7-10}$$

$$y(t)=[1\quad 0\quad \cdots\quad 0]\boldsymbol{X}(t) \tag{7-11}$$

方程式（7－10）即为可观测对式（7－4）的可观测标准状态微分方程。

例 7－1　设有线性定常系统可用下述传递函数描述

$$\frac{y(s)}{u(s)}=\frac{5s+1}{s^5+6s^4+3s^2+4s+7}$$

试根据可观测对$\boldsymbol{g}^{\mathrm{T}}=\begin{bmatrix}1 & 0 & \cdots & 0\end{bmatrix}=\begin{bmatrix}1 & 0 & 0 & 0\end{bmatrix}$，$\boldsymbol{K}=\begin{bmatrix}0 & \cdots & \boldsymbol{I}_{n-2}\\ \vdots & & \vdots\\ 0 & \cdots & 0\end{bmatrix}=\begin{bmatrix}0 & 1 & 0 & 0\\ 0 & 0 & 1 & 0\\ 0 & 0 & 0 & 1\\ 0 & 0 & 0 & 0\end{bmatrix}$

写出可观测标准状态微分方程。

解： 根据给定系统传递函数可知

$$\alpha_1=6,\alpha_2=0,\alpha_3=3,\alpha_4=4,\alpha_5=7$$

$$\beta_1=0,\beta_2=0,\beta_3=0,\beta_4=5,\beta_5=1$$

根据式（7－10），其可观测标准状态微分方程为

$$\dot{\boldsymbol{X}}=\begin{bmatrix}-6 & 1 & 0 & 0 & 0\\ 0 & 0 & 1 & 0 & 0\\ -3 & 0 & 0 & 1 & 0\\ -4 & 0 & 0 & 0 & 1\\ -7 & 0 & 0 & 0 & 0\end{bmatrix}\boldsymbol{X}(t)+\begin{bmatrix}0\\0\\0\\5\\1\end{bmatrix}\boldsymbol{u}(t),$$

输出方程为

$$y(t)=\begin{bmatrix}1 & 0 & 0 & 0 & 0\end{bmatrix}\boldsymbol{X}$$

（2）可观测对为式（7－5）的可观测标准状态微分方程的描述用$(s+\lambda_2)(s+\lambda_3)\cdots(s+\lambda_n)$分别除式（7－2）传递函数的分子分母，并展开成最简部分分式的形式得

$$\frac{y(s)}{u(s)}=\frac{b_1+\dfrac{b_2}{s+\lambda_2}+\cdots+\dfrac{b_n}{s+\lambda_n}}{s-a_1-\dfrac{a_2}{s+\lambda_2}-\cdots-\dfrac{a_n}{s+\lambda_n}}$$

整理上述得

$$sy(s)=a_1y(s)+\frac{a_2}{s+\lambda_2}y(s)+\cdots+\frac{a_n}{s+\lambda_n}y(s)+b_1u(s)+\frac{b_2}{s+\lambda_2}u(s)+\cdots+\frac{b_n}{s+\lambda_n}u(s) \tag{7-12}$$

选择状态变量$x_i(i=2,\cdots,n)$为

$$x_i(s)=\frac{1}{s+\lambda_i}[a_iy(s)+b_iu(s)] \tag{7-13}$$

由此可得

$$sy(s)=a_1y(s)+b_1u(s)+x_2(s)+x_3(s)+\cdots+x_n(s) \tag{7-14}$$

经拉普拉斯反变换得

$$\begin{aligned}\dot{y}(t) &= a_1 y(t) + b_1 u(t) + \sum_{i=2}^{n} x_i(t), y(0) = y_0 \\ \dot{x}_i(t) &= -\lambda_i x_i(t) + a_i y(t) + b_i u(t), X(0) = X_0\end{aligned} \tag{7-15}$$

写成矩阵微分方程形式得

$$\dot{\boldsymbol{X}}(t) = \begin{bmatrix} a_1 & 1 & 1 & \cdots & 1 \\ a_2 & -\lambda_2 & 0 & \cdots & 0 \\ a_3 & 0 & \lambda_3 & \cdots & 0 \\ \vdots & \vdots & \vdots & & \vdots \\ a_n & 0 & 0 & \cdots & -\lambda_n \end{bmatrix} \boldsymbol{X}(t) + \begin{bmatrix} b_1 \\ \vdots \\ b_n \end{bmatrix} \boldsymbol{u}(t), \boldsymbol{X}(0) = \boldsymbol{X}_0$$

式中，

$$\begin{aligned} y(t) &= [1 \quad 0 \quad \cdots \quad 0] \boldsymbol{X}(t) \\ \boldsymbol{X}^{\mathrm{T}} &= [y(t) \quad x_2(t) \quad \cdots \quad x_n(t)] \end{aligned} \tag{7-16}$$

式（7-16）即为可观测对式（7-5）的可观测标准状态微分方程及其输出方程。

例 7-2 设线性定常系统的传递函数为

$$\frac{y(s)}{u(s)} = \frac{2s^2 + 3s + 2}{s^4 + 5s^3 + 4s^2 + 3s + 6}$$

试根据可观测对

$$\boldsymbol{g}^{\mathrm{T}} = [1 \quad 1 \quad \cdots \quad 1] = [1 \quad 1 \quad 1], \boldsymbol{K} = \begin{bmatrix} -\lambda_2 & 0 & \cdots & 0 \\ 0 & -\lambda_3 & \cdots & 0 \\ \vdots & \vdots & & \vdots \\ 0 & 0 & \cdots & -\lambda_n \end{bmatrix} = \begin{bmatrix} -1 & 0 & 0 \\ 0 & -2 & 0 \\ 0 & 0 & -3 \end{bmatrix}$$

写出可观测标准状态微分方程。

解：用多项式$(s+1)(s+2)(s+3)$分别除给定系统传递函数的分子分母，得

$$\frac{y(s)}{u(s)} = \frac{\dfrac{2s^2 + 3s + 2}{(s+1)(s+2)(s+3)}}{\dfrac{s^4 + 5s^3 + 4s^2 + 3s + 6}{(s+1)(s+2)(s+3)}} = \frac{\dfrac{1}{s+1} + \dfrac{-5}{s+2} + \dfrac{6}{s+3}}{s - 1 - \left(\dfrac{-1.5}{s+1} + \dfrac{-8}{s+2} + \dfrac{10.5}{s+3}\right)}$$

则其可观测标准状态微分方程为

$$\dot{\boldsymbol{X}} = \begin{bmatrix} 1 & 1 & 1 & 1 \\ -1.5 & -1 & 0 & 0 \\ -8 & 0 & -2 & 0 \\ 10.5 & 0 & 0 & -3 \end{bmatrix} \boldsymbol{X}(t) + \begin{bmatrix} 0 \\ 1 \\ -5 \\ 6 \end{bmatrix} \boldsymbol{u}(t),$$

其输出方程为

$$y(t) = [1 \quad 0 \quad 0 \quad 0] \boldsymbol{X}(t)$$

式中，

$$\boldsymbol{X}^{\mathrm{T}}(t) = [y(t) \quad x_2(t) \quad x_3(t) \quad x_4(t)]$$

2. 系统的非最小实现

一般来说，要实现 n 阶系统需要 n 个积分器，但可以使用 n 个以上的积分器来实现。用一种形式描述一个系统，如果它需要的积分器个数与系统传递函数的阶次相等，则称该系统为最小实现，如果所需要的积分器大于系统传递函数的阶数时，称该系统为非最小实现，为了方便自适应观测器和自适应控制系统的设计，通常需要将系统写成非最小实现的形式。为此，下面简单讨论这个系统的非最小实现的描述问题。

引进已知常数$k_i(i=1,2,\cdots,n)$，则系统的传递函数式（7－2）可以写成如下形式

$$G(s)=\frac{\beta_1 s^{n-1}+\beta_2 s^{n-2}+\cdots+\beta_n}{s^n+(k_1-l_1)s^{n-1}+(k_2-l_2)s^{n-2}+\cdots+(k_n-l_n)} \tag{7-17}$$

这里选择$k_i(i=1,2,\cdots,n)$使多项式$s^n+k_1s^{n-1}+\cdots+k_n$为稳定多项式，则$l_i$满足下列关系

$$l_i=k_i-\alpha_i(i=1,2,\cdots,n)$$

用稳定多项式$s^n+k_1s^{n-1}+\cdots+k_n$分别除式（7－17）的分子与分母，并整理得

$$y(s)=\frac{1}{s^n+k_1s^{n-1}+\cdots+k_n}[(l_1s^{n-1}+l_2s^{n-2}+\cdots+l_n)y(s)+(\beta_1s^{n-1}+\beta_2s^{n-2}+\cdots+\beta_n)u(s)] \tag{7-18}$$

设

$$\begin{cases} f_{yi}(s)=\dfrac{s^{n-i}y(s)}{s^n+k_1s^{n-1}+\cdots+k_n} \\ f_{ui}(s)=\dfrac{s^{n-i}u(s)}{s^n+k_1s^{n-1}+\cdots+k_n} \end{cases} \tag{7-19}$$

则式（7－18）可以写成

$$y(s)=\sum_{i=1}^{n}[l_if_{yi}(s)+\beta_if_{ui}(s)] \tag{7-20}$$

将式（7－19）写成向量形式得

$$\left.\begin{aligned} \boldsymbol{f}_y(s)&=(s\boldsymbol{I}-\boldsymbol{k}^{\mathrm{T}})^{-1}\boldsymbol{C}\boldsymbol{y}(s) \\ \boldsymbol{f}_u(s)&=(s\boldsymbol{I}-\boldsymbol{k}^{\mathrm{T}})^{-1}\boldsymbol{C}\boldsymbol{u}(s) \end{aligned}\right\} \tag{7-21}$$

式中，

$$\boldsymbol{f}_y^{\mathrm{T}}(s)=[f_{y1}(s)\quad f_{y2}(s)\quad \cdots\quad f_{yn}(s)]$$

$$\boldsymbol{f}_u^{\mathrm{T}}(s)=[f_{u1}(s)\quad f_{u2}(s)\quad \cdots\quad f_{un}(s)]$$

$$\boldsymbol{k}=\begin{bmatrix} -k_1 & 1 & 0 & 0 & 0 \\ -k_2 & 0 & 1 & 0 & 0 \\ \vdots & \vdots & & \vdots & \vdots \\ -k_{n-1} & 0 & \cdots & 0 & 1 \\ -k_n & 0 & \cdots & 0 & 0 \end{bmatrix},\quad \boldsymbol{C}^{\mathrm{T}}=[1\quad 0\quad \cdots\quad 0]$$

则式（7－20）可写成

$$y(s) = l^{\mathrm{T}} f_y(s) + \beta^{\mathrm{T}} f_u(s) \tag{7-22}$$

在时域中，式（7－21）、式（7－22）分别为

$$\begin{cases} \dot{f}_y(t) = k^{\mathrm{T}} f_y(t) + Cy(t), f_y(0) = 0 \\ \dot{f}_u(t) = k^{\mathrm{T}} f_y(t) + Cu(t), f_u(0) = 0 \end{cases} \tag{7-23}$$

$$y(t) = l^{\mathrm{T}} f_y(t) + \beta^{\mathrm{T}} f_u(t) = \Phi^{\mathrm{T}} \xi(t) \tag{7-24}$$

式中，

$$\Phi^{\mathrm{T}} = (l^{\mathrm{T}} \quad \beta^{\mathrm{T}}), \xi^{\mathrm{T}} = (f_y^{\mathrm{T}} \quad f_u^{\mathrm{T}})$$

式（7－23）称为系统状态变量过滤器，它是由可以测定的输入 $u(t)$、输出 $y(t)$ 构成。由式（7－24）可知，系统输出 $y(t)$ 由系统状态滤波器的输出 $f_u(t)$、$f_y(t)$ 和未知参数 (α, β) 线性组合而成，如图 7－1 所示。因此，要实现式（7－23）、式（7－24）需要 $2n$ 个积分器，这些积分器远大于式（7－2）分母的阶数，因此称为非最小实现。

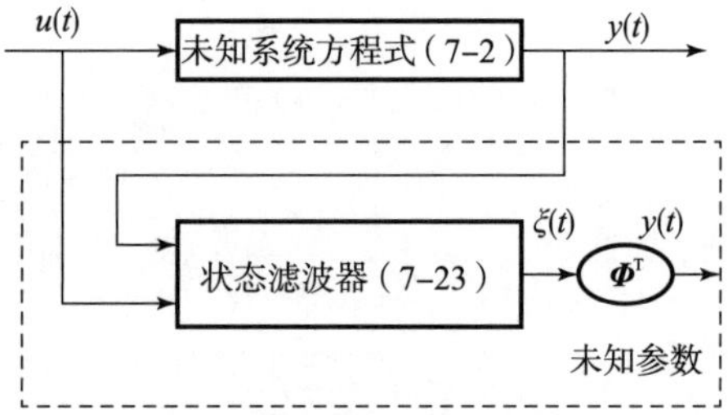

图 7－1　未知系统的非最小实现

例 7－3　设有线性定常系统，其传递函数为

$$\frac{y(s)}{u(s)} = \frac{s^2+3s+5}{s^3+3s^2+4s+2}$$

试按上述方法写成非最小实现形式。

解：选取稳定多项式 $(s+1)(s+2)(s+3) = s^3+6s^2+11s+6$，则根据式（7－19）可得到

$$f_{y1}(s) = \frac{s^2 y(s)}{s^3+6s^2+11s+6}, f_{y2}(s) = \frac{sy(s)}{s^3+6s^2+11s+6}, f_{y3}(s) = \frac{y(s)}{s^3+6s^2+11s+6},$$

$$f_{u1}(s) = \frac{s^2 u(s)}{s^3+6s^2+11s+6}, f_{u2}(s) = \frac{su(s)}{s^3+6s^2+11s+6}, f_{u3}(s) = \frac{u(s)}{s^3+6s^2+11s+6}$$

则系统状态变量滤波器为

$$\begin{aligned} \dot{f}_{y1} &= y - 6f_{y1} - 11f_{y2} - 6f_{y3} \\ \dot{f}_{y2} &= f_{y1} \\ \dot{f}_{y3} &= f_{y2} \\ \dot{f}_{u1} &= y - 6f_{u1} - 11f_{u2} - 6f_{u3} \\ \dot{f}_{u2} &= f_{u1} \\ \dot{f}_{u3} &= f_{u2} \end{aligned}$$

写成矩阵微分方程的形式为

$$\dot{f}_y = \begin{bmatrix} -6 & -11 & -6 \\ 1 & 0 & 0 \\ 0 & 1 & 0 \end{bmatrix} f_y + \begin{bmatrix} 1 \\ 0 \\ 0 \end{bmatrix} y = k^{\mathrm{T}} f_y + Cy$$

$$\dot{\boldsymbol{f}}_u=\begin{bmatrix}-6&-11&-6\\1&0&0\\0&1&0\end{bmatrix}\boldsymbol{f}_u+\begin{bmatrix}1\\0\\0\end{bmatrix}\boldsymbol{u}=\boldsymbol{k}^{\mathrm{T}}\boldsymbol{f}_u+\boldsymbol{C}\boldsymbol{u}$$

式中，

$$\boldsymbol{f}_y=[f_{y1}\quad f_{y2}\quad f_{y3}],\boldsymbol{f}_u=[f_{u1}\quad f_{u2}\quad f_{u3}]$$

$$\boldsymbol{k}=\begin{bmatrix}-6&1&0\\-11&0&1\\-6&0&0\end{bmatrix},\boldsymbol{C}^{\mathrm{T}}=[1\quad 0\quad 0]$$

根据系统传递函数得

$$\boldsymbol{\beta}^{\mathrm{T}}=[1\quad 3\quad 5]$$

$$\boldsymbol{l}^{\mathrm{T}}=[k_1-\alpha_1\quad k_2-\alpha_2\quad k_3-\alpha_3]=[3\quad 7\quad 4]$$

则系统的非最小实现为

$$\boldsymbol{y}(t)=\boldsymbol{l}^{\mathrm{T}}\boldsymbol{f}_y+\boldsymbol{\beta}^{\mathrm{T}}\boldsymbol{f}_u=[3\quad 7\quad 4]\begin{bmatrix}f_{y1}\\f_{y2}\\f_{y3}\end{bmatrix}+[1\quad 3\quad 5]\begin{bmatrix}f_{u1}\\f_{u2}\\f_{u3}\end{bmatrix}=\boldsymbol{\Phi}^{\mathrm{T}}\boldsymbol{\xi}(t)$$

式中，

$$\boldsymbol{\Phi}^{\mathrm{T}}=[3\quad 7\quad 4\quad 1\quad 3\quad 5],\boldsymbol{\xi}^{\mathrm{T}}=[f_{y1}\quad f_{y2}\quad f_{y3}\quad f_{u1}\quad f_{u2}\quad f_{u3}]$$

7.2.2　典型自适应观测器

可观测对为式（7－5）的典型自适应观测器

设计可观测对为式（7－5）的自适应观测器，其系统表现是采用式（7－5）、式（7－7）描述的，在式（7－7）中，选择$\boldsymbol{f}^{\mathrm{T}}=[-\lambda_1\quad 0\quad \cdots\quad 0]$，此时，式（7－7）或式（7－15）可以写成

$$\begin{cases}\dot{y}(t)=-\lambda_1 y(t)+\sum\limits_{i=2}^{n}x_i(t)+(a_1+\lambda_1)y(t)+b_1u(t),y(0)=y_0\\ \dot{x}_i=-\lambda_i x_i(t)+a_iy(t)+b_iu(t),x_i(0)=x_{0i}(i=2,3,\cdots,n)\end{cases}\tag{7-25}$$

与式（7－23）等价的状态滤波器定义为

$$\begin{cases}\dot{f}_{yi}(t)=-\lambda_i f_{yi}(t)+y(t),f_{yi}(0)=0\\ \dot{f}_{ui}(t)=-\lambda_i f_{ui}(t)+u(t),f_{ui}(0)=0\end{cases}(i=2,3,\cdots,n)\tag{7-26}$$

求解$x_i(t)$得

$$x_i(t)=a_if_{yi}+b_if_{ui}+\exp(-\lambda_i t)x_{0i}\quad(i=1,3,\cdots,n)\tag{7-27}$$

由式（7－25）～式（7－27）可知，当引进状态滤波器后，则可以用 $2n-1$ 个积分器来实现式（7－2）的 n 阶系统。式（7－27）中的 $n-1$ 个状态变量是由未知参数和可测定信号线性组合而得。

根据式（7－25）和式（7－27）可设定自适应观测器为

$$\dot{\hat{y}} = -\lambda_1 \hat{y}(t) + \sum_{i=2}^{n} \hat{a}_i(t) f_{yi}(t) + \sum_{i=2}^{n} \hat{b}_i(t) f_{ui}(t) + [\hat{a}_1(t) + \lambda_1] y(t) +$$

$$\hat{b}_1(t) u(t) + \sum_{i=2}^{n} \exp(-\lambda_i t) \hat{x}_0(t), \hat{y}(0) = \hat{y}_0 \tag{7-28}$$

$$\hat{x}_i(t) = \hat{a}_i(t) f_{yi}(t) + \hat{b}_i(t) f_{ui}(t) + \exp(-\lambda_i t) \hat{x}_{0i} \tag{7-29}$$

式中，$\hat{a}_i$、$\hat{b}_i(t)$分别为未知参数a_i、b_i的可调参数。

这里称式（7－28）为估计输出发生器，称式（7－29）为状态变量自适应观测器。

设辨识误差为

$$\varepsilon_1(t) = \hat{y}(t) - y(t) \tag{7-30}$$

由式（7－25）及式（7－28）可求得误差方程为

$$\dot{\varepsilon}_i(t) = -\lambda_1 \varepsilon_1(t) + \sum_{i=2}^{n} [\hat{a}_i(t) - a_i] f_{yi}(t) +$$

$$\sum_{i=2}^{n} [\hat{b}_i(t) - b_i] f_{ui}(t) + \sum_{i=2}^{n} \exp(-\lambda_i t)(\hat{x}_{0i} - x_{0i}) \tag{7-31}$$

式中，

$$f_{y1}(t) = y(t), f_{u1}(t) = u(t)$$

写成向量形式为

$$\dot{\boldsymbol{\varepsilon}}_1(t) = -\lambda_1 \boldsymbol{\varepsilon}_1(t) + [\hat{\boldsymbol{a}}(t) - \boldsymbol{a}]^{\mathrm{T}} \boldsymbol{f}_y(t) + [\hat{\boldsymbol{b}}(t) - \boldsymbol{b}]^{\mathrm{T}} \boldsymbol{f}_u + \boldsymbol{f}_e(t) \tag{7-32}$$

式中，

$$\hat{\boldsymbol{a}}^{\mathrm{T}} = [\hat{a}_1 \quad \hat{a}_2 \quad \cdots \quad \hat{a}_n], \hat{\boldsymbol{b}}^{\mathrm{T}} = [\hat{b}_1 \quad \hat{b}_2 \quad \cdots \quad \hat{b}_n]$$

$$\boldsymbol{f}_y^{\mathrm{T}} = [y \quad f_{y2} \quad \cdots \quad f_{yn}], \boldsymbol{f}_u^{\mathrm{T}} = [u \quad f_{u2} \quad \cdots \quad f_{un}]$$

定义参数误差向量为

$$\boldsymbol{\Phi}^{\mathrm{T}}(t) = [(\hat{\boldsymbol{a}}(t) - \boldsymbol{a}(t))^{\mathrm{T}} \quad (\hat{\boldsymbol{b}}(t) - \boldsymbol{b}(t))^{\mathrm{T}}] \tag{7-33}$$

状态滤波器的输出向量为

$$\boldsymbol{\xi}^{\mathrm{T}}(t) = [\boldsymbol{f}_y^{\mathrm{T}}(t) \quad \boldsymbol{f}_u^{\mathrm{T}}(t)] \tag{7-34}$$

则式（7－32）可写成如下形式

$$\dot{\boldsymbol{\varepsilon}}_1(t) = -\lambda_1 \boldsymbol{\varepsilon}_1(t) + \boldsymbol{\Phi}^{\mathrm{T}}(t) \boldsymbol{\xi}(t) + \boldsymbol{f}_e(t) \tag{7-35}$$

在式（7－35）中，初始项$\boldsymbol{f}_e(t)$包含有未知初始状态x_{0i}，但考虑到取$\lambda_i > 0$时有$\boldsymbol{f}_e(t) \to 0$，因而可以将它忽略，利用微分算子 p 表示误差方程可得

$$\boldsymbol{\varepsilon}_1(t) = \omega(p)[\boldsymbol{\Phi}^{\mathrm{T}} \boldsymbol{\xi}(t)] \tag{7-36}$$

式中，

$$\omega(p) = 1/(p + \lambda_1)$$

因为，式（7－36）为严格正实函数，因此可以确定参数调节规律为

$$\dot{\boldsymbol{\Phi}}(t) = -\boldsymbol{\Gamma}\boldsymbol{\xi}(t)\boldsymbol{\varepsilon}_1(t) \tag{7-37}$$

或

$$\begin{cases} \dot{\hat{a}}_1(t) = -\gamma_1 y(t)\varepsilon_1(t) \\ \dot{\hat{a}}_i(t) = -\gamma_1 f_{yi}(t)\varepsilon_1(t) \\ \dot{\hat{b}}_1(t) = -\delta_1 u(t)\varepsilon_1(t) \\ \dot{\hat{b}}_i(t) = -\delta_i f_{ui}(t)\varepsilon_1(t) \end{cases} \tag{7-38}$$

式中，γ_i、δ_i为矩阵 $\boldsymbol{\Gamma}$ 的对角元素。

这里称式（7－37）或式（7－38）为系统参数自适应辨识器（也称为参数调节规律）。

应用上述式（7－37）或式（7－38）的参数自适应辨识器，当 $t\to\infty$时，$\boldsymbol{\varepsilon}_1(t)\to\boldsymbol{0}$，$\hat{\boldsymbol{a}}\to\boldsymbol{a}$，$\hat{\boldsymbol{b}}\to\boldsymbol{b}$，实现了系统参数辨识的目的。上述可观测对为式（7－5）的自适应观测器结构如图 7－2 所示。

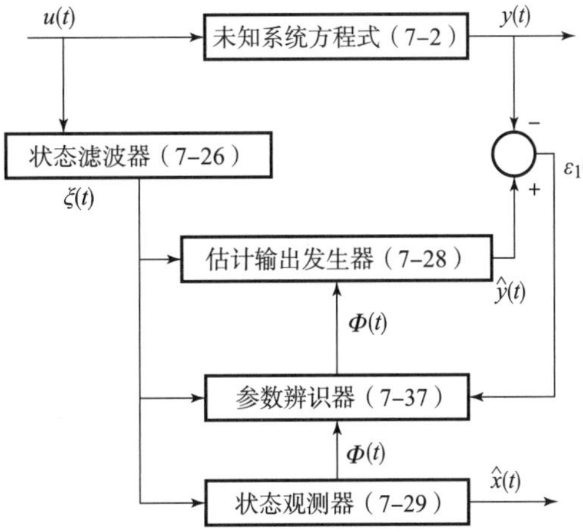

图 7－2　典型自适应观测器

例 7－4　设有线性定常系统，其传递函数为

$$\frac{y(s)}{u(s)} = \frac{2s^2+3s+2}{s^4+5s^3+4s^2+3s+6}$$

试根据可观测对 $\boldsymbol{g}^{\mathrm{T}} = [1 \quad 1 \quad \cdots \quad 1]$，$\boldsymbol{K} = \begin{bmatrix} -\lambda_2 & 0 & 0 \\ 0 & -\lambda_3 & 0 \\ 0 & 0 & \lambda_4 \end{bmatrix} = \begin{bmatrix} -1 & 0 & 0 \\ 0 & -2 & 0 \\ 0 & 0 & -3 \end{bmatrix}$，设计其自适应观测器。

解：由例 7－2 可知，该系统可观测标准状态微分方程为

$$\dot{\boldsymbol{X}}(t) = \begin{bmatrix} & \vdots & \boldsymbol{g}^{\mathrm{T}} \\ \boldsymbol{a} & \vdots & \cdots \\ & \vdots & \boldsymbol{K} \end{bmatrix}\boldsymbol{X}(t) + \boldsymbol{b}u(t)$$

式中，

$$\boldsymbol{X}^{\mathrm{T}} = [y(t) \quad x_2(t) \quad x_3(t) \quad x_4(t)]$$

$$\boldsymbol{a}^{\mathrm{T}} = [a_1 \quad a_2 \quad a_3 \quad a_4] = [1 \quad -1.5 \quad -8 \quad 10.5]$$

$$\boldsymbol{b}^{\mathrm{T}} = [b_1 \quad b_2 \quad b_3 \quad b_4] = [0 \quad 1 \quad -5 \quad -6]$$

根据方程式（7－7），选择

$$\boldsymbol{f}^{\mathrm{T}} = [-\lambda_1 \quad 0 \quad 0 \quad 0] = [-1 \quad 0 \quad 0 \quad 0]$$

则有

$$\dot{\boldsymbol{X}}(t)=\begin{bmatrix} \boldsymbol{f} & \vdots & \boldsymbol{g}^{\mathrm{T}} \\ & \vdots & \cdots \\ & \vdots & \boldsymbol{K} \end{bmatrix}\boldsymbol{X}(t)+(\boldsymbol{a}-\boldsymbol{f})\boldsymbol{y}(t)+\boldsymbol{bu}(t)$$

$$=\begin{bmatrix} -1 & 1 & 1 & 1 \\ 0 & -1 & 0 & 0 \\ 0 & 0 & -2 & 0 \\ 0 & 0 & 0 & -3 \end{bmatrix}\boldsymbol{X}(t)+(\boldsymbol{a}-\boldsymbol{f})\boldsymbol{y}(t)+\boldsymbol{bu}(t)$$

根据式（7－28），则系统的输出估计为

$$\dot{\hat{y}}(t)=-\hat{y}(t)+\sum_{i=2}^{4}\hat{a}_i(t)f_{yi}(t)+\sum_{i=2}^{4}\hat{b}_i(t)f_{ui}(t)+$$

$$[\hat{a}_1(t)+1]y(t)+\hat{b}_1(t)u(t)+\sum_{i=2}^{4}\exp(-\boldsymbol{\lambda}_i t)\hat{x}_0$$

$$\hat{x}_i(t)=\hat{a}_i(t)f_{yi}(t)+\hat{b}_i(t)f_{ui}(t)+\exp(-\boldsymbol{\lambda}_i t)\hat{x}_{0i}(t)$$

其中状态滤波器的输出$f_{yi}(t)$、$f_{ui}(t)$由式（7－26）求出，辨识误差为

$$\varepsilon_1(t)=\hat{y}(t)-y(t)$$

其参数调节规律（参数自适应辨识器）为

$$\dot{\hat{a}}_1(t)=-\gamma_1 y(t)\varepsilon_1(t),\ \dot{\hat{a}}_i(t)=-\gamma_i f_{yi}(t)\varepsilon_1(t)\quad(i=2,3,4)$$

$$\dot{\hat{b}}_1(t)=-\delta_1 u(t)\varepsilon_1(t),\ \dot{\hat{b}}_i(t)=-\delta_i f_{ui}(t)\varepsilon_1(t)\quad(i=2,3,4)$$

其中，$\hat{\boldsymbol{a}}^{\mathrm{T}}(t)=[\hat{a}_1(t)\quad \hat{a}_2(t)\quad \hat{a}_3(t)\quad \hat{a}_4(t)]$为$\boldsymbol{a}^{\mathrm{T}}=[a_1\quad a_2\quad a_3\quad a_4]=[1\quad -1.5\quad -8\quad 10.5]$的辨识参数；$\hat{\boldsymbol{b}}^{\mathrm{T}}(t)=[\hat{b}_1(t)\quad \hat{b}_2(t)\quad \hat{b}_3(t)\quad \hat{b}_4(t)]$为$\boldsymbol{b}^{\mathrm{T}}=[b_1\quad b_2\quad b_3\quad b_4]=[0\quad 1\quad -5\quad 6]$的辨识参数。

7.3 离散系统的自适应观测器

7.3.1 系统表现与问题的设定

设被控系统可以用下述线性定常差分方程描述：

$$y(k)+\alpha_1 y(k-1)+\cdots+\alpha_n y(k-n)=\beta_1 u(k-1)+\beta_2 u(k-2)+\cdots+\beta_n u(k-n)\tag{7-39}$$

写成脉冲传递函数形式为

$$y(k)=\frac{B(q)}{A(q)}u(k)\quad 或\quad y(z)=\frac{B(z)}{A(z)}u(z)\tag{7-40}$$

式中，

$$A(q)=q^{n}+\alpha_1 q^{n-1}+\cdots+\alpha_n$$
$$B(q)=\beta_1 q^{n-1}+\beta_2 q^{n-2}+\cdots+\beta_n$$

其中，q 为差分算子；$u(t)$是被控系统控制输入；$y(t)$是被控系统的输出；α_i、$\beta_i(i=1,2,3,\cdots)$是被控系统的未知参数。

与连续系统类似，这里假定：

（1）被控系统仅为输入/输出可测。

（2）被控系统渐近稳定。

（3）系统为完全可控可观测。

（4）系统阶数已知。

根据假定（3）可以将系统状态方程写成可观测标准型状态误差方程

$$\begin{cases}\boldsymbol{X}(k+1)=\boldsymbol{A}\boldsymbol{X}(k)+\boldsymbol{b}u(k),\boldsymbol{X}(0)=\boldsymbol{X}_0\\ \boldsymbol{y}(k)=\boldsymbol{C}^{\mathrm{T}}\boldsymbol{X}(k)\end{cases}\tag{7-41}$$

式中，

$$\boldsymbol{A}=\begin{bmatrix} & \vdots & \boldsymbol{g}^{\mathrm{T}}\\ \boldsymbol{a} & \vdots & \cdots\\ & \vdots & \boldsymbol{K}\end{bmatrix},\boldsymbol{C}^{\mathrm{T}}=[1\quad 0\quad \cdots\quad 0]$$

其中，$\boldsymbol{X}(k)$为 n 阶状态向量；$\boldsymbol{y}(k)=\boldsymbol{x}_1(k)$为系统输出，且为仅可以直接测定的状态向量；$\boldsymbol{a}$、$\boldsymbol{b}$ 为 n 阶常系数向量；$\boldsymbol{g}$ 是 $n-1$ 阶常数向量；$\boldsymbol{K}$ 为$(n-1)\times(n-1)$常数矩阵；$\boldsymbol{g}^{\mathrm{T}}\boldsymbol{K}$ 为已知可观测矩阵对，与连续系统一样，它也有两种典型形式，即

$$\boldsymbol{g}^{\mathrm{T}}=[1\quad 0\quad \cdots\quad 0],\boldsymbol{K}=\begin{bmatrix}0 & \boldsymbol{I}_{n-2}\\ \vdots & \vdots\\ 0 & \boldsymbol{0}\end{bmatrix}\tag{7-42}$$

$$\boldsymbol{g}^{\mathrm{T}}=[1\quad 1\quad \cdots\quad 1],\boldsymbol{K}=\begin{bmatrix}-\lambda_2 & 0 & \cdots & 0\\ 0 & -\lambda_3 & \cdots & 0\\ \vdots & \vdots & & \vdots\\ 0 & \cdots & 0 & -\lambda_n\end{bmatrix}\tag{7-43}$$

自适应观测器设计的目的是利用可测定的输入/输出信号，进行未知系统参数辨识和未知系统状态估计。由于连续系统与离散系统之间可以作如下置换关系

$$\boldsymbol{x}(t)\Leftrightarrow\boldsymbol{x}(k),\dot{\boldsymbol{x}}(t)\Leftrightarrow\boldsymbol{x}(k+1),\boldsymbol{u}(t)\Leftrightarrow\boldsymbol{u}(k),\boldsymbol{y}(t)\Leftrightarrow\boldsymbol{y}(k),t\Leftrightarrow k$$

因而离散系统的自适应观测器的设计完全可以仿照连续系统的设计方法进行。在形式上，离散系统自适应观测器与连续系统自适应观测器是完全相同的。

7.3.2　典型离散自适应观测器

下面介绍可观测对为式（7－42）的自适应观测器的设计方法。

引进 $n\times n$ 阶渐近稳定矩阵 $\boldsymbol{F}$，则式（7－41）可写成如下形式

$$X(k+1)=FX(k)+(a-f)y(k)+bu(k),X(0)=X_0 \tag{7-44}$$

式中，

$$F=\begin{bmatrix} & \vdots & I_{n-1} \\ f & \vdots & \cdots \\ & \vdots & 0 \end{bmatrix},f^{T}=[f_1 \quad f_2 \quad \cdots \quad f_n]$$

定义 $n\times n$ 阶矩阵

$$\begin{cases} R_y(k+1)=FR_y(k)+I_ny(k),R_y(0)=0 \\ R_u(k+1)=FR_u(k)+I_nu(k),R_u(0)=0 \end{cases} \tag{7-45}$$

假定 $n\times n$ 阶矩阵$R_i(t)(i=y,u)$与 $n\times n$ 阶矩阵存在如下可交换关系

$$R_i(t)F=FR_i(t)$$

求解式（7-44）得

$$X(k)=R_y(k)(a-f)+R_u(k)b \tag{7-46}$$

系统的输出为

$$y(k)=f_y^{T}(a-f)+f_u^{T}(k)b \tag{7-47}$$

式中，

$$f_y(k)=R_y^{T}(k)C$$

$$f_u(k)=R_u^{T}(k)C$$

状态滤波器的输出为

$$\begin{cases} f_y(k+1)=F^{T}f_y(k)+Cy(k),f_y(0)=0 \\ f_u(k+1)=F^{T}f_u(k)+Cu(k),f_u(0)=0 \end{cases} \tag{7-48}$$

同样，式（7-46）中$R_i(k)$可以通过简单的代数运算求得

$$R_i(k)=\begin{bmatrix} C^{T} \\ C^{T}F \\ \vdots \\ C^{T}F^{n-1} \end{bmatrix}^{-1}\begin{bmatrix} f_i^{T}(k) \\ f_i^{T}(k)F \\ \vdots \\ f_i^{T}(k)F^{n-1} \end{bmatrix} \tag{7-49}$$

设$\theta^{T}=[(a-f)^{T} \quad b^{T}],\xi^{T}(k)=[f_y^{T}(k) \quad f_u^{T}(k)]$，则系统输出可以改写成如下形式

$$y(k)=\theta^{T}(k)\xi(k) \tag{7-50}$$

自适应状态观测器为

$$\hat{X}(k)=R_y(k)[\hat{a}(k)-f]+R_u(k)\hat{b}(k) \tag{7-51}$$

式中，$\hat{a}(k)$、$\hat{b}(k)$分别为未知参数 a、b 的可调参数或称为辨识参数，此时系统的估计输出为

$$\hat{y}(t)=\hat{\theta}^{T}(k)\xi(k) \tag{7-52}$$

辨识误差为

$$\varepsilon_1(k)=\hat{y}(k)-y(k)=\phi^{T}(k)\xi(k) \tag{7-53}$$

式中，

$$\boldsymbol{\phi}^{\mathrm{T}}(k)=[(\hat{\boldsymbol{a}}(k)-\boldsymbol{a})^{\mathrm{T}}\quad(\hat{\boldsymbol{b}}(k)-\boldsymbol{b})^{\mathrm{T}}]$$

可推得其参数调节规律为

$$\hat{\boldsymbol{\theta}}(k)=\hat{\boldsymbol{\theta}}(k-1)-\frac{\gamma\,\boldsymbol{\varepsilon}_1(k)\boldsymbol{\xi}(k-1)}{\boldsymbol{\xi}^{\mathrm{T}}(k-1)\boldsymbol{\varepsilon}(k-1)}\tag{7-54}$$

应用此算法可得当 $k\to\infty$ 时，$\boldsymbol{\varepsilon}_1(k)\to\boldsymbol{0},\hat{\boldsymbol{a}}(k)\to\boldsymbol{a},\hat{\boldsymbol{b}}(k)\to\boldsymbol{b},\hat{\boldsymbol{X}}(k)\to\boldsymbol{X}(k)$，实现了自适应观测的目的。

例 7－5　设某离散控制系统，其脉冲传递函数为

$$\frac{y(z)}{u(z)}=\frac{z+1}{z^2+3z+2}$$

试根据可观测对 $\boldsymbol{g}^{\mathrm{T}}=[1\quad 0\quad\cdots\quad 0],\boldsymbol{K}=\begin{bmatrix}0 & \boldsymbol{I}_{n-2}\\ \vdots & \vdots\\ 0 & \boldsymbol{0}\end{bmatrix}$ 设计其自适应观测器。

解： 根据给定系统可知 $n=2$，所以可观测对

$$\boldsymbol{g}^{\mathrm{T}}=(1),\boldsymbol{K}=(0)$$

引进 $n\times n$ 阶矩阵 $\boldsymbol{F}=\begin{bmatrix}f_1 & 1\\ f_2 & 0\end{bmatrix},\boldsymbol{f}^{\mathrm{T}}=[f_1\quad f_2]=[1\quad 0]$，根据式（7－44）将系统表示成如下形式

$$\boldsymbol{X}(k+1)=\boldsymbol{F}\boldsymbol{X}(k)+(\boldsymbol{a}-\boldsymbol{f})\boldsymbol{y}(k)+\boldsymbol{b}\boldsymbol{u}(k),\boldsymbol{X}(0)=\boldsymbol{X}_0$$

其解为

$$\boldsymbol{X}(k)=\boldsymbol{R}_y(k)(\boldsymbol{a}-\boldsymbol{f})+\boldsymbol{R}_u(k)\boldsymbol{b}$$
$$\boldsymbol{y}(k)=\boldsymbol{f}_y^{\mathrm{T}}(k)(\boldsymbol{a}-\boldsymbol{f})+\boldsymbol{f}_u^{\mathrm{T}}(k)\boldsymbol{b}$$

其中，

$$\boldsymbol{R}_y(k+1)=\begin{bmatrix}1 & 1\\ 0 & 0\end{bmatrix}\boldsymbol{R}_y(k)+\begin{bmatrix}1 & 0\\ 0 & 1\end{bmatrix}\boldsymbol{y}(k),\boldsymbol{R}_y(0)=0$$

$$\boldsymbol{R}_u(k+1)=\begin{bmatrix}1 & 1\\ 0 & 0\end{bmatrix}\boldsymbol{R}_u(k)+\begin{bmatrix}1 & 0\\ 0 & 1\end{bmatrix}\boldsymbol{u}(k),\boldsymbol{R}_u(0)=0$$

系统状态滤波器为

$$\begin{cases}\boldsymbol{f}_y(k+1)=\boldsymbol{F}^{\mathrm{T}}\boldsymbol{f}_y(k)+\boldsymbol{C}\boldsymbol{y}(k),\boldsymbol{f}_y(0)=0\\ \boldsymbol{f}_u(k+1)=\boldsymbol{F}^{\mathrm{T}}\boldsymbol{f}_u(k)+\boldsymbol{C}\boldsymbol{y}(k),\boldsymbol{f}_u(0)=0\end{cases}$$

式中，

$$\boldsymbol{F}^{\mathrm{T}}=\begin{bmatrix}1 & 0\\ 1 & 0\end{bmatrix},\boldsymbol{C}=\begin{bmatrix}1\\ 0\end{bmatrix}$$

设

$$\boldsymbol{\theta}^{\mathrm{T}}=[(\boldsymbol{a}-\boldsymbol{f})^{\mathrm{T}}\quad\boldsymbol{b}^{\mathrm{T}}]=[a_1-1\quad a_2\quad b_1\quad b_2]=(2\quad 2\quad 1\quad 1)$$
$$\boldsymbol{\xi}^{\mathrm{T}}=[\boldsymbol{f}_y^{\mathrm{T}}\quad\boldsymbol{f}_u^{\mathrm{T}}]=[f_{y1}\quad f_{y2}\quad f_{u1}\quad f_{u2}]=[\xi_1\quad\xi_2\quad\xi_3\quad\xi_4]$$

则

$$y(k) = \theta^{T}\xi(k)$$

此时自适应观测器为

$$\hat{X}(k) = R_{y}(k)[\hat{a}(k) - f] + R_{u}(k)\hat{b}(k)$$

系统输出估计发生器为

$$\hat{y}(t) = \hat{\theta}^{T}(k)\xi(k)$$

式中，$\hat{\theta}^{T}(k) = [(\hat{a}(t) - f)^{T} \quad \hat{b}^{T}(t)] = [\hat{a}_1(k) - 1 \quad \hat{a}_2(k) \quad \hat{b}_1(k) \quad \hat{b}_2(k)]$ 为 $\theta^{T} = [a_1 - 1 \quad a_2 \quad b_1 \quad b_2] = [2 \quad 2 \quad 1 \quad 1]$ 的辨识参数。

$$\xi^{T} = [f_{y1} \quad f_{y2} \quad f_{u1} \quad f_{u2}] = [\xi_1 \quad \xi_2 \quad \xi_3 \quad \xi_4]$$

取辨识误差为

$$\varepsilon_1(k) = \hat{y}(k) - y(k) = \Phi^{T}(k)\xi(k)$$

此时系统参数调节规律（自适应辨识器）为

$$\hat{\theta}(k) = \hat{\theta}(k-1) - \frac{\gamma\,\varepsilon_1(k)\xi(k-1)}{\xi^{T}(k-1)\xi(k-1)}$$

7.4 自适应观测器在自适应控制系统中的应用

由于自适应观测器可以同时进行系统参数辨识和系统状态估计，因此，在模型参考自适应控制、极点配置自适应控制等系统中得到广泛应用。图 7－3 所示的系统是一个包含自适应观测器在内的自适应控制系统。图中，$u_{m}(t)$ 为系统规范输入，$u(t)$ 为被控对象控制输入，$y(t)$ 为被控对象输出，$\hat{X}(t)$ 为估计系统状态，$\hat{A}(t)$ 为辨识参数矩阵，$\hat{B}(t)$ 为辨识参数向量。

由图 7－3 可知，包含有自适应观测器的自适应控制系统，是根据自适应观测器同时进行系统状态估计和系统参数辨识，调节控制器结构参数，构成系统控制器。

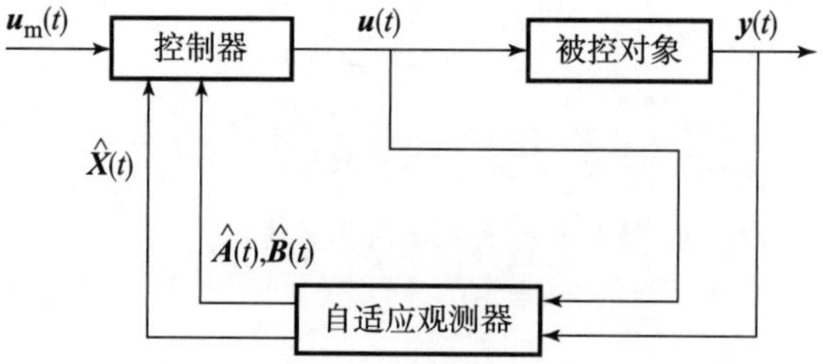

图 7－3　包含自适应观测器的自适应控制系统

为了进一步说明包含自适应观测器的自适应控制系统的构成，先讨论系统状态反馈的自适应配置问题。

设被控系统的动态特性可以用下述状态微分方程描述：

$$\begin{cases}\dot{\boldsymbol{X}}(t)=\boldsymbol{AX}(t)+\boldsymbol{Bu}(t),\boldsymbol{X}(0)=\boldsymbol{X}_0\\ \boldsymbol{y}(t)=\boldsymbol{C}^{\mathrm{T}}\boldsymbol{X}(t)\end{cases} \tag{7-55}$$

其系统状态反馈控制输入为

$$\boldsymbol{u}(t)=\boldsymbol{K}^{\mathrm{T}}\boldsymbol{X}(t)+\boldsymbol{u}_{\mathrm{m}}(t) \tag{7-56}$$

根据现代控制理论可知，对一个完全可控、完全可观测线性定常系统，通过系统状态反馈，可以实现系统闭环极点任意配置的目的。

设有希望极点的系统特征方程为

$$P(s)=s^n+p_1s^{n-1}+\cdots+p_n=0 \tag{7-57}$$

则通过状态反馈后的系统特征方程为

$$|s\boldsymbol{I}-\boldsymbol{A}-\boldsymbol{BK}^{\mathrm{T}}|=0 \tag{7-58}$$

通过系数比较法，可以求得状态反馈矩阵

$$\boldsymbol{K}=f(\boldsymbol{A},\boldsymbol{B},\boldsymbol{P}) \tag{7-59}$$

对于式（7-56）的系统控制输入，当系数矩阵 $\boldsymbol{A}$、$\boldsymbol{B}$ 为已知，且系统状态为可测时，这种控制输入是完全可以实现的。但是，自适应控制系统的控制对象是一个未知系统，这里包括系统参数未知、系统状态不可测。因而，状态反馈矩阵 $\boldsymbol{K}$ 不能根据上述简单方法求得。为此，需要通过自适应观测器，进行系统参数辨识和系统状态估计，用辨识参数$\hat{\boldsymbol{A}}(t)$和$\hat{\boldsymbol{B}}(t)$估计状态 $\hat{\boldsymbol{X}}(t)$代替系统未知参数 $\boldsymbol{A}(t)$、$\boldsymbol{B}(t)$和未知状态 $\boldsymbol{X}(t)$，构成被控系统的控制输入 $\boldsymbol{u}(t)$，即

$$\boldsymbol{u}(t)=\hat{\boldsymbol{K}}^{\mathrm{T}}\hat{\boldsymbol{X}}(t)+\boldsymbol{u}_{\mathrm{m}}(t) \tag{7-60}$$

式中，

$$\hat{\boldsymbol{K}}=f(\hat{\boldsymbol{A}},\hat{\boldsymbol{B}},\boldsymbol{P})$$

根据上述方法构成的自适应控制系统如图 7-3 所示，实现了自适应观测器的目的和最优控制输入的构成。

习　题

1. 设某离散控制系统，其脉冲传递函数为

$$\frac{y(z)}{u(z)}=\frac{z+1}{z^2+3z+2}$$

试根据可观测对$\boldsymbol{g}^{\mathrm{T}}=[1\quad 0\quad\cdots\quad 0]$,$\boldsymbol{K}=\begin{bmatrix}0 & \boldsymbol{I}_{n-1}\\ \vdots & \vdots\\ 0 & \boldsymbol{0}\end{bmatrix}$设计其自适应观测器。

2. 某控制系统，其传递函数为

$$\frac{y(s)}{u(s)}=\frac{5s^2+s+1}{s^3+s^2+3s+2}$$

试按可观测对$\boldsymbol{g}^{\mathrm{T}}=[1\quad 0]$,$\boldsymbol{K}=\begin{bmatrix}0 & 1\\ 0 & 0\end{bmatrix}$设计其自适应观测器。

3．试设计一阶系统

$$y(t)=G(p)u(t)$$

$$G(p)=\frac{b}{p+a}$$

的自适应观测器，式中 a、b 为未知参数，且 $a>0$。

第8章
自适应控制的应用

8.1 发展历史

自适应控制就是通过自身的改变来适应被控对象或者环境的变化，主要为处理飞行器控制领域相关问题而引入。所以自适应控制在航空宇航领域得到了广泛应用。随着其理论的不断完善，目前已经推广至其他工业部门；到20世纪70年代随着控制理论和计算机技术的发展，自适应控制取得重大进展，在光学跟踪望远镜、化工、冶金、机加工和核电中的成功应用也充分证明了其有效性。此后，自适应控制技术的应用更得到大幅度扩展。

在这40多年中，自适应控制的发展，可以分为以下3个阶段。

第一阶段：应用探索阶段。

从20世纪50年代开始到70年代初，这是自适应控制的理论、方法产生兴起、应用探索的阶段。在这个阶段，理论和方法尚不成熟，在应用上经历了失败，即1957年利用MIT调节规律的美国某试验型飞机失事，对自适应控制产生了怀疑、动摇。相当一部分研究人员退出这个领域，然而也有一批有识志士不畏困难，在理论和应用方面坚持探索研究，满怀希望。

第二个阶段：应用开始阶段。

随着控制理论和计算机技术的发展，从20世纪70年代开始到80年代初，自适应控制有了突破性进展，1973年Åström的自校正调节在造纸厂被成功应用。1973年吉尔巴特和温斯顿（Gilbart and Winston）在24英寸（1英寸=2.54厘米）的光学跟踪望远镜中利用模型参考自适应控制把跟踪精度提高了5倍以上。尽管当时应用项目不多，但确实证明自适应控制是有效的。人们对自适应控制的兴趣又增加了，到80年代开始自适应控制的应用，根据帕克斯等人的文章统计至少有58项，具有代表性意义的有6项。

第三阶段：应用扩展阶段。

从20世纪70年代末80年代初到现在，自适应控制技术进一步推广应用。在这个阶段有以下几个特点：

（1）1981年，美国Leeds和Northrup公司提出了一种带有自校正方案的PID控制器。瑞典的Asea Brown Boveri在1982年推出了一种通用的自适应调节器。1984年瑞典的SattControl公司宣告在小型DDC（直接数字控制）系统中已包含有PID调节器的自动整定功能，1986 年又宣布了一种具有自动整定技术的单回路控制器。美国的 Foxboro 公司在 1984 年推出一种自校正调节器，英国的 Turnbull Control 在同年宣布了一种自适应 PID 控制器。1986 年瑞典的 First Control Systems 公司推出了一种自适应调节器。在 1987 年，日本的横河公司宣布了一种自适应 PID 调节器，它的特征与 Foxboro 公司生产的相似。美国的 Fisher Control 公司在 1987 年提出了它的 DPR－900 自动整定 PID 控制器。其中 1981 年 Leeds 和 Northrup 公司生产的 Electromax－V 自适应调节器是一个基于 PID 结构的单回路自适应控制器，该控制器具有自校正调节器的功能。它对一个 2 阶离散时间模型进行参数估计，然后根据这个估计模型用极点配置设计方法算出 PID 调节器的参数。参数估计和控制算法采用了不同的采样频率。它有 3 种不同的运行方式，即固定参数方式、自整定方式和自适应方式。从 20 世纪 80 年代初到 1988 年在世界范围已安装约七万个自适应控制回路。

（2）更实用性的新自适应方法和算法大量出现，如广义预测自适应控制、中国的全系数自适应控制方法、组合自校正器、自适应 PID 等。

（3）促进了理论与实际相结合的研究，特别是 Rohrs 等提出的具有未建模动态时自适应控制不稳定的问题，引起了人们的极大关注，从而促进了鲁棒自适应控制理论和应用的研究，并取得了很大进展。研究自适应控制理论、方法和应用性的文章越来越多，在国内、国际自动控制大会上，这几年一直是在整个论文总数中占最大比例。

（4）应用范围由少数几个国家扩展到更多的国家，由个别项目扩展到多个项目，由少数领域扩展到多个领域。

下面简单概述几个具体应用方向：

（1）智能化高精密机电或电液系统控制。

自适应控制在智能化高精密机电或电液系统中应用较多的有以下几个领域：机器人、不间断电源、电机或液压伺服系统等的控制。加拿大宇航局的朱文红等提出通过直接测量负载单元的输出力实现液压缸输出力自适应控制的策略。输出力误差不仅用于反馈控制，而且用于动态更新摩擦模型的参数，这样可保证缸内压力误差和输出力误差的 L_2 稳定和 L_∞ 稳定。试验结果表明缸内压力的良好控制并不能保证输出力的良好控制，并且自适应摩擦补偿比固定参数摩擦补偿效果更好。液压缸输出力控制的优异性能使其动态性能在预定的带宽内与电动机相当，从而可以用一个液压机器人仿效电驱动机器人。圣玛利亚联合大学的 Grundling、Hilton Abilio 等提出了一种修正的全局稳定的鲁棒模型参考自适应迭代控制方法，并用于一种单相不间断电源（UPS）的电压源 PWM 反相器及其相应的 *RLC* 负载滤波器的控制，获得了近似正弦的输出电压。同时，他们还提出了一种自适应方法用于对三相 UPS 的控制。对于同时具有可重复和不可重复不确定性的非线性系统，美国普渡大学机械工程学院的 Xu L. 等将自适应鲁棒控制和迭代控制结合起来构造了一种面向性能的控制律。在确定的已知边界条件函数下，利用迭代控制算法来学习和逐步接近未知的可重复非线性，鲁棒性的构造则用于削弱各种不确定性的影响，尤其是不可重复不确定性的影响，从而保证了直线电动机驱动系统的瞬态特性和最终的跟踪精度。江苏大学的孙宇新等基于单神经元设计出用于感应电动机矢量控制的自适应磁链和转速控制器，利用神经元的自学习功能在线调节连接权重。该控制系统的动态性能良好。

（2）工业过程控制。

工业过程自20世纪30年代后期以来已越来越依赖自动化装置，反馈控制是通用的控制方法，经历了从比例控制到智能控制的发展历程。在最近几十年，自适应策略在工业过程控制中获得了广泛的应用，主要包括化工过程、造纸过程、食品加工过程、冶金过程、钢铁制造过程和机械加工过程等应用领域。大连理工大学的张志军将两个多层模糊神经网络分别用于化工过程系统辨识和控制，通过不断更新模糊成员函数来实现自适应控制。结合运用BFGS和最小二乘算法在线训练神经网络，使模型的精度提高，从而使控制性能大大提高，克服了模型不匹配和时变的影响。卷烟工艺烘丝过程中烟丝含水率的变化具有较强的非线性、不确定性和大滞后特性，同时存在干扰和噪声，运用常规PID算法难以达到期望的控制效果。采用无模型自适应控制器结合渐近辨识方法对烘丝过程的烟丝含水率控制系统进行改造，降低了干头干尾的数量，提高了卷烟生产质量。宝钢股份公司将高速稳态自适应控制技术拓展到带钢生产的头尾控制上，进一步减少了带钢头尾厚度超差的长度，提高了产品的质量和产量。自动调节切削用量以适应切削过程中不断变化的加工条件，保证切削效果最优，这是自适应切削原理。美国密西根大学的研究人员通过调整进给率来控制金属切削过程中的切削力，给出了分别用于切削和磨削的两种自适应控制系统，他还将自适应控制应用于加工过程的误差补偿和由切削力引起的刀具磨损在线监测。

（3）航天航空、航海和特种汽车无人驾驶。

飞行器控制表面的偏转所产生的力矩是速度、高度和攻角的函数，因此，飞行过程中其传递函数始终在发生很大的变化，线性控制系统无法获得满意的结果。随着飞机性能的不断提升，尤其是宇宙飞船的出现，航天航空领域对自适应控制的兴趣日益增加。美国宇航局（NASA）的研究认为必须对基于神经网络的自适应控制器性能进行适当的监测和评估以后，才能将其安全可靠地用于现代巡航导弹控制，并给出了利用贝叶斯方法的查证和确认方法及其在NASA的智能飞行控制系统中的模拟结果。辛辛那提大学的Slater G. L. 利用自适应方法大大改善了飞机在起飞阶段的爬升性能，即根据测试和计算的能量比率自适应调整飞行器推力依赖度，这样有利于飞机在爬升过程中与空中的其他飞行器合流。由于海况变化较大，在大型船舶自动驾驶仪中采用自适应控制取代传统的PID控制，可提高经济性、精确度和自动化程度。到20世纪80年代，除了航向，船舶的侧摆也可通过对方向舵液压伺服系统的自适应调节加以控制。在装备RTK GPS传感器的农用车的精确导航中，传统的控制律在不打滑的情况下能获得满意的控制精度。但是在有斜坡的湿地，打滑不可避免。有研究人员设计了一种非线性自适应控制律，根据对打滑的实时评估来修正车辆的运动，使控制精度在存在打滑时仍得以保持。

（4）柔性结构与振动和噪声的控制。

迈切斯特大学的顾志强等结合RBF神经网络辨识器和PID神经网络控制器构成建筑结构自适应控制系统。对于受外部扰动（不同的地震载荷）的线性单自由度建筑结构，该控制方法能有效地抑制其振动。密西根科技大学的Schuhze John F. 等对一种类似机翼的悬臂梁柔性结构采用自适应模态空间控制。对于时变系统，该控制器的频带较宽，且具有很好的解耦性能。

（5）电力系统的控制。

自适应策略在电力系统控制中的应用主要包括：锅炉蒸汽温度和压力控制、锅炉燃烧效率的优化控制、互连电力系统发电量控制等方面。针对电厂主蒸汽温度调节的大时滞和不确定性，我国东北电力大学的顾俊杰等采用了自适应 PID 控制方法，并结合运用内模控制器。与传统的 PID 控制系统相比，自适应 PID 控制算法简单、计算量小，并且能减少超调量、加快相应速度、缩短稳定时间。东南大学的胡一倩等对 PID 模糊控制器的参数进行自适应调整，并将其用于锅炉过热蒸汽温度的控制，取得了满意的效果。哈尔滨工业大学的徐立新等结合专家经验得出燃气轮机模糊 PI 控制规律，并据此设计了透平转速和排气温度的模糊自适应 PI 控制器，提高了燃气轮机的性能且实现非常方便。

另外，自适应控制在非工业领域中也有不少应用，简单列举如下。

（1）在社会、经济和管理领域中的应用。

新西兰纳皮尔大学管理学院数学和统计中心的皮尔森研究了当需求不确定时，报刊批发商如何自适应地确定最佳的报刊供应量，以使成本最低、利润最大。美国的明尼苏达大学武克强等通过灵敏度分析研究了将自适应控制理论应用于服务质量设计和保证中所存在的问题，并提出了一种自适应双重控制结构来减轻这种局限性。

（2）在环境和生物医学领域中的应用。

在水处理过程中，投药耗费与原水的浊度和温度密切相关，而原水水质随季节改变，且每年相同季节的原水水质也会有所不同。深圳市清泉水系统工程设备有限公司叶昌明等研制了一种自适应控制投药设备。该设备可自动学习最佳投药控制规律，并根据水质及环境状态选择最佳投药量。

自适应控制在临床医学中的应用发展非常迅速。南加利福尼亚大学的 Jelliffe、Roger W. 利用自适应方法来控制后续的庆大霉素血清药物浓度。采用基于贝叶斯方法的开环反馈自适应药物代谢控制系统，并仔细对照病人的临床表现与适用模型的输出（生理表现），医生就可以确定最适合该病人的治疗目标。清华大学的郝智秀和申永胜发明了一种假手握物自适应控制装置，以实现假手握物感觉的反馈。该控制装置使截肢者使用肌电假手时有真肢感。

自适应控制虽然具有很大优越性，可是经过了几十年的发展，到目前为止其应用仍不够广，究其原因，主要是因为存在以下几方面的问题：

①自适应控制理论上很难得到一般解，给推广应用带来了困难。

②目前的参数估计方法都是在理想情况下随时间趋于无穷而渐近收敛，而实际工程应用需要在有限时间内快速收敛的参数估计方法。

③有些自适应控制器的启动过程或过渡过程的动态性能不满足实际要求。

④控制精度与参数估计的矛盾。

⑤低阶控制器中存在高频未建模。

⑥测量精度直接影响控制器参数，进而影响系统性能。

对应上述存在的问题，自适应控制研究在今后一段时期内的发展方向将包括以下几个方面：

①在保证自适应控制精度的前提下，研究快速收敛的参数估计算法。

②研究鲁棒自适应控制方法，解决高频未建模问题。

③解决自适应控制系统启动阶段和过渡过程的参数收敛和动态性能问题。

④自适应控制方案的规范化，即提高其通用性和开放性。

⑤研究组合自适应控制策略，主要有自适应 PID 控制和智能自适应控制。

接下来用几个例子来说明自适应控制理论的具体应用，了解如何应用基本的自适应控制理论来解决工程问题。

8.2　导弹自适应滑模制导律

8.2.1　问题模型

本章节对导弹拦截进行自适应滑模制导律设计，采用了自适应滑模的控制方法设计控制器，通过调整参数估计的可调增益，估计系统所受不确定性的大小。最后通过 MATLAB 对设计的制导律进行仿真，说明该方法的具体效果。

为了研究导引规律，选取某一时间区间 Δt 起始时刻的视线坐标系 $Ox_4y_4z_4$ 作为末制导过程中目标－导弹相对运动的参考系，在 Δt 内此参考系仅随导弹平动。这样，末制导过程中的相对运动可以解耦成纵向平面 Ox_4y_4 内的运动和侧向平面 Ox_4z_4 内的运动。

以纵向平面内的运动为例，设在 Δt 内，视线倾角的增量为 q_ε，则

$$\sin q_\varepsilon(t) = \frac{y_4(t)}{R(t)} \tag{8-1}$$

式中，$R(t)$代表导弹与目标之间的相对距离；$y_4(t)$代表 Δt 时间内 Oy_4 方向上的相对位移。若时间区间 Δt 足够小，则 $q_\varepsilon(t)$是一个很小的量。因此

$$q_\varepsilon(t) = \frac{y_4(t)}{R(t)} \tag{8-2}$$

将式（8－2）进行微分得到

$$\dot{q}_\varepsilon(t) = \frac{\dot{y}_4(t)}{R(t)} - y_4(t)\frac{\dot{R}(t)}{R^2(t)} \tag{8-3}$$

将 $y_4(t) = R(t)q_\varepsilon(t)$代入式（8－3）得到

$$\dot{q}_\varepsilon(t) = -\frac{\dot{R}(t)}{R(t)}q_\varepsilon(t) + \frac{\dot{y}_4(t)}{R(t)} \tag{8-4}$$

对式（8－4）进行微分得到

$$\ddot{q}_\varepsilon(t) = -\frac{\dot{R}(t)}{R(t)}\dot{q}_\varepsilon(t) - \frac{\ddot{R}(t)R(t) - \dot{R}^2(t)}{R^2(t)}q_\varepsilon(t) + \frac{\ddot{y}_4(t)}{R(t)} - \frac{\dot{y}_4(t)\dot{R}(t)}{R^2(t)} \tag{8-5}$$

把 $\dot{y}(t)=\dot{R}(t)q_{\varepsilon}(t)+R(t)\dot{q}_{\varepsilon}(t)$代入式（8-5），得到

$$\ddot{q}_{\varepsilon}(t)=-\frac{\dot{R}(t)}{R(t)}\dot{q}_{\varepsilon}(t)-\frac{2\dot{R}^{2}(t)}{R^{2}(t)}\dot{q}_{\varepsilon}(t)-\frac{\ddot{R}(t)}{R(t)}q_{\varepsilon}(t)+\frac{\ddot{y}_{4}(t)}{R(t)} \tag{8-6}$$

式中，

$$\ddot{y}_{4}(t)=-a_{\mathrm{m}}(t)+a_{\mathrm{t}}(t) \tag{8-7}$$

代表导弹和目标机动加速度在 Oy_4 方向上的分量。

取状态变量 $x_1=q_{\varepsilon}(t),x_2=\dot{q}_{\varepsilon}(t)$，那么可得状态方程

$$\begin{bmatrix}\dot{x}_1\\ \dot{x}_2\end{bmatrix}=\begin{bmatrix}0 & 1\\ -a_1(t) & -a_2(t)\end{bmatrix}\begin{bmatrix}x_1\\ x_2\end{bmatrix}+\begin{bmatrix}0\\ b(t)\end{bmatrix}u+\begin{bmatrix}0\\ d(t)\end{bmatrix}f \tag{8-8}$$

式中，$a_1(t)=\dfrac{\ddot{R}(t)}{R(t)}$；$a_2(t)=\dfrac{2\dot{R}(t)}{R(t)}$；$b(t)=-\dfrac{1}{R(t)}$；$d(t)=\dfrac{1}{R(t)}$；$u=a_{\mathrm{m}}(t)$为控制量；$f=a_{\mathrm{t}}(t)$为干扰量。

8.2.2 自适应滑模制导律设计

为了使系统状态方程为参数摄动和干扰具有鲁棒性，考虑用变结构控制理论设计制导律。希望在制导过程中 $\dot{q}_{\varepsilon}(t)$趋于零。因此，选取滑模为

$$s=R(t)\dot{q}_{\varepsilon}(t) \tag{8-9}$$

为了保证系统状态能够达到滑模，而且在到达滑模的过程中有优良的动态特性，可以应用趋近律来推导出控制律。一般的指数趋近律、等速趋近律等只适用于线性时不变系统，而系统状态方程是一个线性时变系统，因此需要构造对时变参数具有自适应性的滑模趋近律来保证滑模达到条件和良好的动态特性。

自适应趋近律的一般形式可以表达为：

$$\dot{s}=-f(s,p)-\varepsilon(p)\mathrm{sgn}(s),\varepsilon(p)>0 \tag{8-10}$$

若 $s\neq 0$，则

$$f(0,p)=0,sf(s,p)>0$$

式中，p 代表系统参数。

这里，令系统状态方程的自适应滑模趋近律为

$$\dot{s}=-k\frac{|\dot{R}(t)|}{R(t)}s-\varepsilon\mathrm{sgn}(s),k=\mathrm{const}>0 \tag{8-11}$$

$$\varepsilon=\mathrm{const}>0$$

当 $R(t)$较大时，适当放慢趋近滑模的速率；当 $R(t)\to 0$ 时，则使趋近速率迅速增加，确保 $\dot{q}_{\varepsilon}(t)$不发散，从而令导弹有较高的命中精度。

将式（8-9）代入式（8-11）得到

$$R(t)\dot{x}_2=[-k|\dot{R}(t)|-\dot{R}(t)]x_2-\varepsilon\mathrm{sgn}x_2 \tag{8-12}$$

再将式（8-8）代入式（8-12），并得到

$$u=(k+1)\,|\dot{R}(t)|\,x_2-\ddot{R}(t)x_1+\varepsilon\operatorname{sgn}x_2+f \tag{8-13}$$

在实际应用中，干扰 f 无法得到，因此易实现的自适应滑模制导律为

$$u=(k+1)\,|\dot{R}(t)|\,x_2-\ddot{R}(t)x_1+\varepsilon\operatorname{sgn}x_2 \tag{8-14}$$

下面对此制导律的稳定性进行分析。

根据 Lyapunov 第二法，取一个 Lyapunov 函数 $V=\frac{x_2^2}{2}$。将此函数相对时间进行微分，并代入系统状态方程，得到

$$\dot{V}=x_2\left(-\frac{\ddot{R}}{R}x_1-\frac{2\dot{R}}{R}x_2-\frac{u}{R}+\frac{f}{R}\right) \tag{8-15}$$

将式（8－14）代入式（8－15）得到

$$\dot{V}=\frac{(k-1)\dot{R}}{R}x_2^2-\frac{(\varepsilon\operatorname{sgn}x_2-f)}{R}x_2 \tag{8-16}$$

当 $K>1$ 时，若 $\varepsilon>|f|$，那么 $\dot{V}<0$。

假设 $K>1$，$\varepsilon>|f|$，$\dot{R}\leqslant-\beta<0$，$0<R\leqslant\lambda$，β 和 λ 是常数，则

$$\dot{V}=\frac{(k-1)\dot{R}}{R}x_2^2-\frac{(\varepsilon\operatorname{sgn}x_2-f)}{R}x_2\leqslant-\frac{2(k-1)\beta}{\lambda}V \tag{8-17}$$

于是可推出

$$V(t)\leqslant V_0\mathrm{e}^{-\frac{2(k-1)\beta}{\lambda}t}$$

$$V(t)\to0,t\to\infty$$

亦即 $x_2=\dot{q}_\varepsilon\to0,t\to\infty$。

因此，只要选取 $K>1$，$\varepsilon>|f|$，就可以保证视线角速度为 0，从而进一步得到较小的脱靶量。

于是纵向平面的自适应滑模制导律为

$$a=(k+1)\,|\dot{R}(t)|\,\dot{q}_\varepsilon(t)-\ddot{R}(t)q_\varepsilon(t)+\varepsilon\operatorname{sgn}\dot{q}_\varepsilon(t) \tag{8-18}$$

同理，可得到侧向平面的自适应滑模制导律为

$$a=(k+1)\,|\dot{R}(t)|\,\dot{q}_\beta(t)-\ddot{R}(t)q_\beta(t)+\varepsilon\operatorname{sgn}\dot{q}_\beta(t) \tag{8-19}$$

8.2.3　应用效果

设置仿真初始条件如下，导弹初始位置为 $x=601\ 344.347\ 652\ 777$ m，$y=678\ 167.854\ 878\ 935$ m，$z=-363\ 579.797\ 069\ 676$ m，初始速度为 $v_x=6\times10^3$ m/s，$v_y=500$ m/s，$v_z=-800$ m/s；目标初始位置为 $x_t=774\ 512.579\ 687\ 037$ m，$y_t=867\ 422.380\ 650\ 525$ m，$z_t=-398\ 143.972\ 942\ 624$ m，初始速度为 $v_{xt}=0$ m/s，$v_{yt}=-6\ 200$ m/s，$v_{zt}=300$ m/s；应用 MATLAB 仿真计算分析，仿真结果如图 8－1～图 8－4 所示。

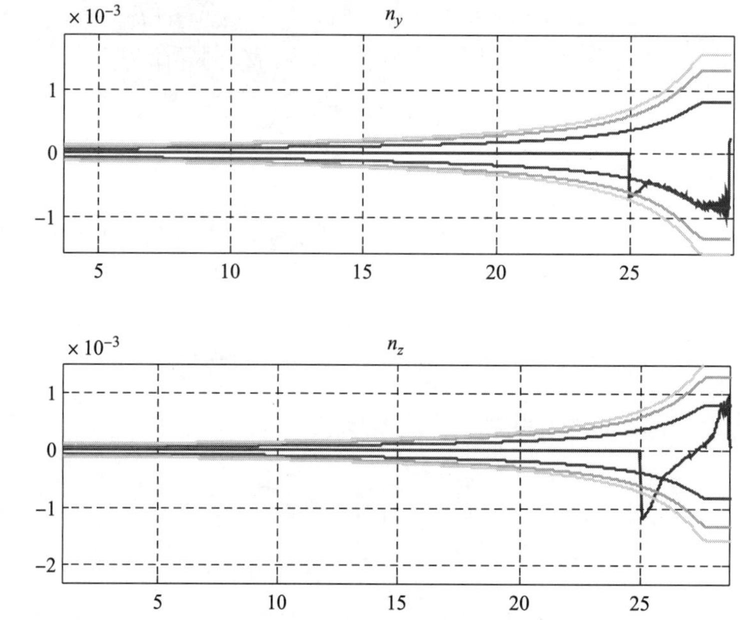

图 8-1　过载指令曲线

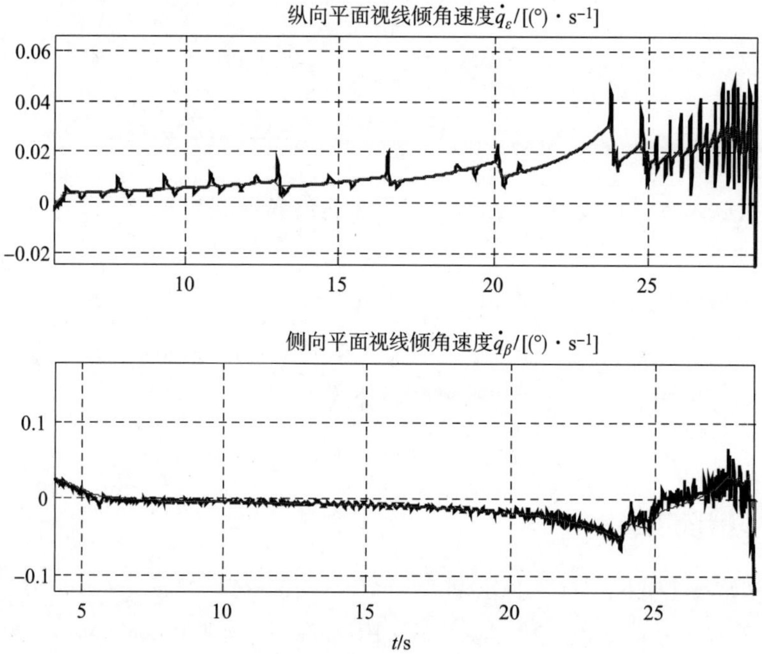

图 8-2　视线角速度曲线

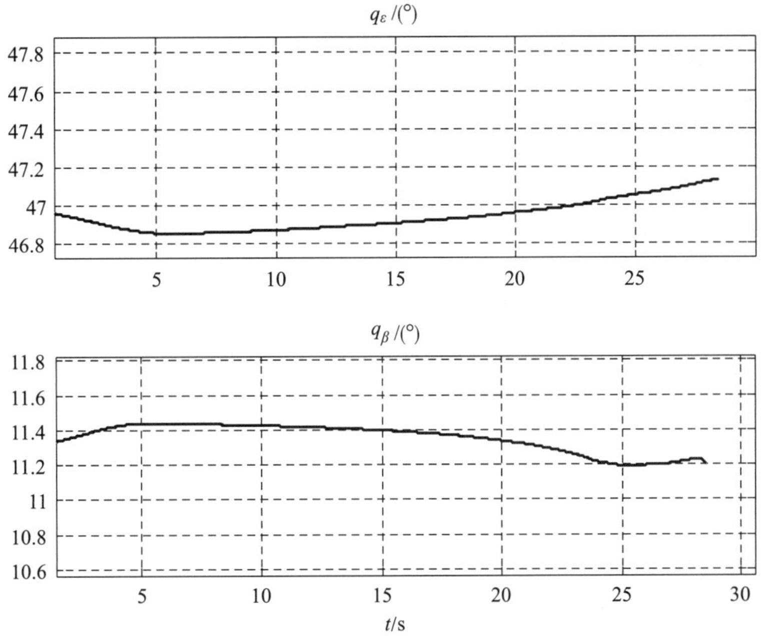

图 8－3　视线角曲线

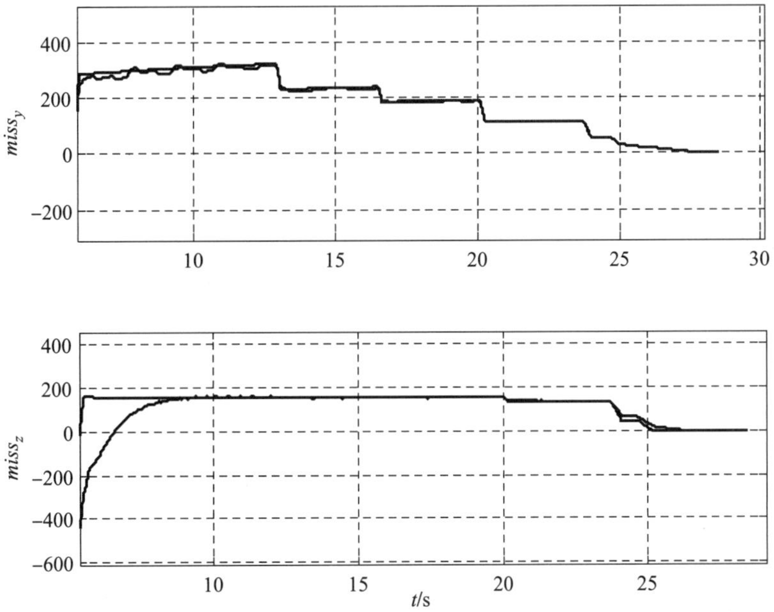

图 8－4　脱靶量曲线

在与目标接近过程中，视线角速度是不断增大的，从图 8－1 可以看出指令门限也是随相对距离的减少逐渐增大的；图 8－2 给出了视线角速度曲线，视线角速度是趋近于零的，但由于控制门限的不断变化，在接近过程中，控制量是逐步变化的，以保证不超调带来燃料的多余消耗。图 8－3 给出了视线角变化情况。图 8－4 是 y、z 方向的脱靶量变化情况，通过控制视线角速度从而使脱靶量逐渐趋近于零，以实现最终的直接碰撞。

8.3 针对火星探测器的自适应模型逆控制器设计

8.3.1 问题背景

把人类送上月球及火星是未来的深空探测最新目标。与以往的机器人火星探测任务不同，载人火星任务对着陆器设计提出新的挑战。比如精确着陆要求（在欲着陆点 100 m 以内），这样可以确保一系列着陆器能送到指定探测点，为航天员提供生活所需要的补给。为了实现高精度着陆要求，火星大气进入段着陆器必须实现可控飞行。其次，针对载人探测任务来说，不仅需要大量试验及保障设施，还需要为航天员在未来几个月的太空飞行中提供适当的生活空间。因此，传统的机器人探测圆锥形气动外形已不能满足任务需求，本文采用胶囊状着陆器（见图 8－5），作为潜在的未来载人火星探测器。

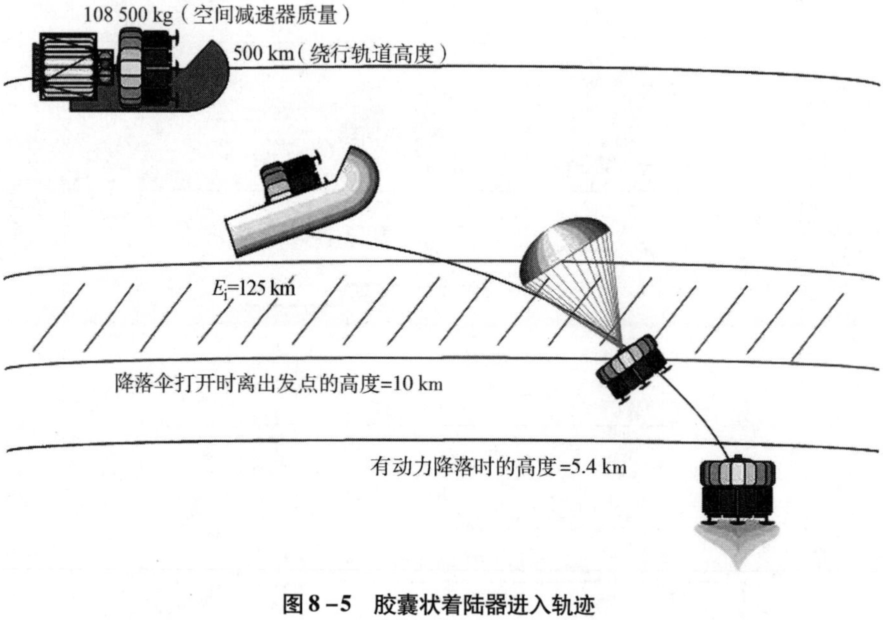

图 8－5　胶囊状着陆器进入轨迹

对于载人火星探测制导律及控制器设计来说，最大的挑战来自火星大气的不确定性。火星大气密度以及阵风、火星沙暴会随着季节以及经纬度变化存在剧烈变化，除了火星环境的不确定性因素外，着陆器自身的参数在几个月的太空航行中也可能会产生变化，因此，控制器必须能够补偿任何质量及惯性及重心波动带来的影响。

学者已经对于火星大气进入段制导及控制做了大量研究，如在制导律中用神经网络算法来补偿火星大气的不确定性。

自适应控制在着陆器轨迹跟踪中可以自动计算、调节控制增益参数以适应外界环境的变化，因此具有较好的鲁棒性。本节研究了自适应控制方法在火星大气进入段的应用，以处理环境及着陆器自身不确定性带来的影响。本文的主要贡献在于针对火星大气进入段存在大气密度不确定性、着陆器气动参数不确定性以及着陆器惯性矩不确定性条件下，设计了一种自适应控制律，控制对象如图 8 -5 所示的胶囊状平台。自适应控制算法是 Texas A&M 大学开发的结构自适应模型逆（SAMI）控制算法，并通过数值仿真确定了各种不确定性对控制性能的影响以及 SAMI 控制算法能承受的最大倾侧角机动。

8.3.2　自适应模型逆控制器设计

SAMI 是基于结构模型自适应控制以及线性反馈和动态逆的概念。动态逆要求平台有精确的数学模型，然而，由于各种固有不确定性的存在，不可能获得物理系统的精确数学模型。可以采用自适应控制器内置补偿动态逆控制器来补偿不确定性产生的偏差。结构模型参考自适应控制的概念利用了系统的运动方程可以分解成独立的动力学方程和运动学方程这个知识点。其中运动学方程精确已知，这样可以把所有的不确定性建立在动力学模型中。因此，系统的自适应机制仅严格限制于包含不确定参数的动量矩方程。

SAMI 控制算法已经应用于具有平滑机动的轨迹跟踪中，并且可以处理较大的模型偏差及有界扰动；而且该方法已经应用在战斗机机动控制中，然而，由于 SAMI 算法必须要求非奇异轨迹，因此所有动力学必须有详细的数学模型。由于本文的控制对象是火星胶囊状着陆器，目前最大的挑战是采用 SAMI 控制器跟踪一系列阶跃输入非平滑离散指令，每次当新指令产生的时候会存在奇异，因此针对参考轨迹拟合一条平滑的多项式曲线从而保证控制器可以准确跟踪参考轨迹。即使是一条平滑轨迹，也必须考虑指令的幅值，避免导致输入过大超过发动机的最大功率。

这里采用的系统动力学及运动学方程可以写成式（8 -20）、式（8 -21）的形式：

$$\dot{\boldsymbol{q}} = \boldsymbol{f}(\boldsymbol{q},\boldsymbol{\omega}) \tag{8-20}$$

$$\dot{\boldsymbol{\omega}} = \boldsymbol{g}(\boldsymbol{q},\boldsymbol{\omega},\boldsymbol{p}) + \boldsymbol{H}(\boldsymbol{q},\boldsymbol{\omega}) + \boldsymbol{h}(\boldsymbol{q},\boldsymbol{\omega},\boldsymbol{p})\boldsymbol{u} \tag{8-21}$$

式中，$\boldsymbol{q}$ 是以经典的罗德里格斯表示的参数姿态向量；$\boldsymbol{\omega}$ 表示角速度向量。它们都是连续函数，其中 $\boldsymbol{p}$ 是包含不确定性参数的向量。对于火星大气进入段着陆器来说，式（8 -20）表示刚体运动学方程，式（8 -21）可以表示欧拉动力学方程，如下所示：

$$\dot{\boldsymbol{q}} = \frac{1}{2}\boldsymbol{A}(\boldsymbol{q})\boldsymbol{\omega} \tag{8-22}$$

$$\boldsymbol{I}^*\dot{\boldsymbol{\omega}} = \boldsymbol{\omega} \times \boldsymbol{I}^*\boldsymbol{\omega} + \boldsymbol{u} + \boldsymbol{T}_{\text{aero}} \tag{8-23}$$

式中，$\boldsymbol{A}(\boldsymbol{q})$ 表示经典罗德里格斯参数运动学矩阵；$\boldsymbol{I}^*$ 为飞行器真实惯性矩；$\boldsymbol{u}$ 为控制输入；$\boldsymbol{T}_{\text{aero}}$ 表示火星大气产生的气动力矩。因为控制器的目的是使控制偏差趋于零，所以误差动力学方程可表示成式（8 -24）的形式：

$$\ddot{\boldsymbol{e}} + \boldsymbol{C}\dot{\boldsymbol{e}} + \boldsymbol{K}\boldsymbol{e} = 0 \tag{8-24}$$

式中，$\boldsymbol{C}$、$\boldsymbol{K}$ 是设计的正定系数矩阵；误差定义为 $\boldsymbol{e} = \boldsymbol{q} - \boldsymbol{q}_r$。为了得到偏差动力学的一阶以及二阶微分，对运动学方程求关于时间的导数，再代入姿态动力学方程可得

$$\ddot{\boldsymbol{q}} = \frac{\partial \boldsymbol{f}}{\partial \boldsymbol{q}}\dot{\boldsymbol{q}} + \frac{\partial \boldsymbol{f}}{\partial \boldsymbol{\omega}}\dot{\boldsymbol{\omega}} = \frac{\partial \boldsymbol{f}}{\partial \boldsymbol{q}}\dot{\boldsymbol{q}} + \frac{\partial \boldsymbol{f}}{\partial \boldsymbol{\omega}}[\boldsymbol{g}(\boldsymbol{q},\boldsymbol{\omega},\boldsymbol{p}) + \boldsymbol{H}(\boldsymbol{q},\boldsymbol{\omega}) + \boldsymbol{h}(\boldsymbol{q},\boldsymbol{\omega},\boldsymbol{p})\boldsymbol{u}] \tag{8-25}$$

现在已知 $\dot{\boldsymbol{q}}$、$\ddot{\boldsymbol{q}}$、$\boldsymbol{q}$，以及 $\dot{\boldsymbol{q}}_r$、$\ddot{\boldsymbol{q}}_r$、$\boldsymbol{q}_r$ 事先设定，代入误差动力学方程可得

$$\frac{\partial \boldsymbol{f}}{\partial \boldsymbol{q}}\dot{\boldsymbol{q}}+\frac{\partial \boldsymbol{f}}{\partial \boldsymbol{\omega}}[\boldsymbol{g}(\boldsymbol{q},\boldsymbol{\omega},\boldsymbol{p})+\boldsymbol{H}(\boldsymbol{q},\boldsymbol{\omega})+\boldsymbol{h}(\boldsymbol{q},\boldsymbol{\omega},\boldsymbol{p})\boldsymbol{u}]-\ddot{\boldsymbol{q}}_r+\boldsymbol{C}(\dot{\boldsymbol{q}}-\dot{\boldsymbol{q}}_r)+\boldsymbol{K}(\boldsymbol{q}-\boldsymbol{q}_r)=\boldsymbol{0} \tag{8-26}$$

对于火星载人着陆探测器来说，上式相关方程可定义成如下形式：

$$\frac{\partial \boldsymbol{f}}{\partial \boldsymbol{\omega}}=\boldsymbol{A}(\boldsymbol{q}) \tag{8-27}$$

$$\frac{\partial \boldsymbol{f}}{\partial \boldsymbol{q}}=\frac{1}{2}\begin{bmatrix}2\boldsymbol{\omega}_1\boldsymbol{q}_1 & \boldsymbol{\omega}_2\boldsymbol{q}_1 & \boldsymbol{\omega}_3\boldsymbol{q}_1\\ \boldsymbol{\omega}_1\boldsymbol{q}_2 & 2\boldsymbol{\omega}_2\boldsymbol{q}_2 & \boldsymbol{\omega}_3\boldsymbol{q}_2\\ \boldsymbol{\omega}_1\boldsymbol{q}_3 & \boldsymbol{\omega}_2\boldsymbol{q}_3 & 2\boldsymbol{\omega}_3\boldsymbol{q}_3\end{bmatrix} \tag{8-28}$$

$$\boldsymbol{h}=[\boldsymbol{I}^*]^{-1} \tag{8-29}$$

$$\boldsymbol{H}=[\boldsymbol{I}^*]^{-1}(\boldsymbol{\omega}\times\boldsymbol{I}^*\boldsymbol{\omega}) \tag{8-30}$$

$$\boldsymbol{g}=\frac{1}{2}\rho v^2 S_{\mathrm{ref}} l_{\mathrm{ref}}\begin{bmatrix}\dfrac{c_{l_\beta}\beta}{I_x^*}\\ \dfrac{c_{m_\alpha}\alpha}{I_y^*}\\ \dfrac{c_{n_\beta}\beta}{I_z^*}\end{bmatrix} \tag{8-31}$$

式中，S_{ref}为着陆器的参考面积；l_{ref}为着陆器的参考长度；c_{l_β}、c_{m_α}、c_{n_β}表示着陆器阻尼力矩系数。式（8－31）中既包含已知参数，也包含未知参数，需要把它们分离出来。火星进入问题中最关键的未知参数是火星大气密度ρ，其次为着陆器气动力距系数，因此需要把不确定性参数从$\boldsymbol{g}$中分离出来。控制器增益需要设计能够自动补偿上述不确定性，因此$\boldsymbol{g}$可以表述成如下形式：

$$\boldsymbol{g}=\frac{1}{2}V^2 S_{\mathrm{ref}} l_{\mathrm{ref}}[\boldsymbol{I}^*]^{-1}\begin{bmatrix}\beta & 0 & 0\\ 0 & \alpha & 0\\ 0 & 0 & \beta\end{bmatrix}\rho\begin{bmatrix}c_{l_\beta}\\ c_{m_\alpha}\\ c_{n_\beta}\end{bmatrix} \tag{8-32}$$

上述表述形式可以简写成$\boldsymbol{g}=\boldsymbol{GL}$，其中$\boldsymbol{G}$包含已知参数，$\boldsymbol{L}$包括所有未知参数。$\boldsymbol{G}$中的参数对于控制器来说都是精确已知的；参数$\boldsymbol{L}$主要包括气动力矩系数以及火星大气密度，控制器不能精确知道。$\boldsymbol{L}$中不确定性参数的影响可以通过设计控制律完全忽略真实值而仅利用通过自适应控制律计算得到的估计值创建，表示成式（8－33）、式（8－34）所示：

$$\boldsymbol{G}=\frac{1}{2}V^2 S_{\mathrm{ref}} l_{\mathrm{ref}}[\boldsymbol{I}^*]^{-1}\begin{bmatrix}\beta & 0 & 0\\ 0 & \alpha & 0\\ 0 & 0 & \beta\end{bmatrix} \tag{8-33}$$

$$\boldsymbol{L}=\rho\begin{bmatrix}c_{l_\beta}\\ c_{m_\alpha}\\ c_{n_\beta}\end{bmatrix} \tag{8-34}$$

通过上述误差动力学方程的推导，可以得到控制律 $\boldsymbol{u}$ 的表达式。因为控制律无法获得着陆器精确的惯量矩信息，控制律中着陆器惯性矩为估计值$[\boldsymbol{I}]$而不是真实值$[\boldsymbol{I}^*]$，因此，控制律可写成式（8－35）的形式：

$$\begin{aligned}\boldsymbol{u} &= -\left[\frac{\partial \boldsymbol{f}}{\partial \boldsymbol{\omega}}[\boldsymbol{I}]^{-1}\right]^{-1}\left[\frac{\partial \boldsymbol{f}}{\partial \boldsymbol{\omega}}(\boldsymbol{GL}+\boldsymbol{H})+\frac{\partial \boldsymbol{f}}{\partial \boldsymbol{q}}\dot{\boldsymbol{q}}-\ddot{\boldsymbol{q}}_r+\boldsymbol{C}(\dot{\boldsymbol{q}}-\dot{\boldsymbol{q}}_r)+\boldsymbol{K}(\boldsymbol{q}-\boldsymbol{q}_r)\right] \\ &= [\boldsymbol{I}]\left[\boldsymbol{GL}+\frac{\partial \boldsymbol{f}^{-1}}{\partial \boldsymbol{\omega}}\left(\frac{\partial \boldsymbol{f}}{\partial \boldsymbol{\omega}}\boldsymbol{H}+\frac{\partial \boldsymbol{f}}{\partial \boldsymbol{q}}\dot{\boldsymbol{q}}-\ddot{\boldsymbol{q}}_r+\boldsymbol{C}(\dot{\boldsymbol{q}}-\dot{\boldsymbol{q}}_r)+\boldsymbol{K}(\boldsymbol{q}-\boldsymbol{q}_r)\right)\right]\end{aligned} \tag{8-35}$$

为了简化起见，控制律写成：

$$\boldsymbol{u} = -[\boldsymbol{I}](\boldsymbol{GL}+\boldsymbol{\varPsi}) \tag{8-36}$$

其中，

$$\boldsymbol{\varPsi}=\frac{\partial \boldsymbol{f}^{-1}}{\partial \boldsymbol{\omega}}\left(\frac{\partial \boldsymbol{f}}{\partial \boldsymbol{\omega}}\boldsymbol{H}+\frac{\partial \boldsymbol{f}}{\partial \boldsymbol{q}}\dot{\boldsymbol{q}}-\ddot{\boldsymbol{q}}_r+\boldsymbol{C}(\dot{\boldsymbol{q}}-\dot{\boldsymbol{q}}_r)+\boldsymbol{K}(\boldsymbol{q}-\boldsymbol{q}_r)\right) \tag{8-37}$$

式（8－36）中，控制律需要知道 $\boldsymbol{L}$ 及 $\boldsymbol{I}$ 的值，因此自适应律针对两参数单独设计。$\boldsymbol{L}$ 和 $\boldsymbol{I}$ 的真实值用 $\boldsymbol{L}^*$ 和 $\boldsymbol{I}^*$ 表示，估计值表示成 $\boldsymbol{L}(t)$ 及 $\boldsymbol{I}(t)$，自适应控制律针对真实值与估计值之间的偏差设计，其参数偏差定义成下式：

$$\begin{aligned}\tilde{\boldsymbol{L}} &= \boldsymbol{L}(t)-\boldsymbol{L}^* \\ \tilde{\boldsymbol{I}} &= \boldsymbol{I}(t)-\boldsymbol{I}^*\end{aligned} \tag{8-38}$$

控制方程定义为 $\boldsymbol{GL}+\boldsymbol{\varPsi}+\boldsymbol{I}^{-1}\boldsymbol{u}=\boldsymbol{0}$，在误差动力学方程右端加减真实状态的控制方程及含有未知参数的控制方程可得

$$\ddot{\boldsymbol{e}}+\boldsymbol{Ce}+\boldsymbol{Ke}=\boldsymbol{GL}+\boldsymbol{\varPsi}+\boldsymbol{I}^{-1}\boldsymbol{u}-\boldsymbol{GL}^*+\boldsymbol{\varPsi}+\boldsymbol{I}^{*-1}\boldsymbol{u} \tag{8-39}$$

由上式可得误差微分方程为

$$\ddot{\boldsymbol{e}} = -\boldsymbol{Ce}-\boldsymbol{Ke}+\boldsymbol{G}\tilde{\boldsymbol{L}}+\tilde{\boldsymbol{I}}^{-1}\boldsymbol{u} \tag{8-40}$$

其中，$\boldsymbol{C}=(k_1+k_2),\boldsymbol{K}=(k_1k_2)$为正定矩阵，选定如式（8－41）所示的正定 Lyapunov 函数：第一项包含倾侧角偏差及其导数，第二项、第三项包含 $\boldsymbol{L}$ 及 $\tilde{\boldsymbol{I}}^{-1}$的自适应律，即

$$V=\frac{1}{2}(\dot{\boldsymbol{e}}+k_1\boldsymbol{e})^{\mathrm{T}}(\dot{\boldsymbol{e}}+k_2\boldsymbol{e})+\frac{1}{2}\tilde{\boldsymbol{L}}^{\mathrm{T}}\boldsymbol{\varGamma}_1^{-1}\tilde{\boldsymbol{L}}+\frac{1}{2}(\tilde{\boldsymbol{I}}^{-1})^{\mathrm{T}}\boldsymbol{\varGamma}_1^{-1}(\tilde{\boldsymbol{I}}^{-1}) \tag{8-41}$$

根据上式可以求得 Lyapunov 函数关于时间的一阶导数：

$$\begin{aligned}\dot{V} &= (\dot{\boldsymbol{e}}+k_1\boldsymbol{e})^{\mathrm{T}}(\ddot{\boldsymbol{e}}+k_1\dot{\boldsymbol{e}})+\tilde{\boldsymbol{L}}^{\mathrm{T}}\boldsymbol{\varGamma}_1^{-1}\dot{\tilde{\boldsymbol{L}}}+(\tilde{\boldsymbol{I}}^{-1})^{\mathrm{T}}\boldsymbol{\varGamma}_2^{-1}\dot{\tilde{\boldsymbol{I}}}^{-1} \\ &= (\dot{\boldsymbol{e}}+k_1\boldsymbol{e})^{\mathrm{T}}[-(k_1+k_2)\dot{\boldsymbol{e}}-k_1k_2\boldsymbol{e}+\boldsymbol{G}\tilde{\boldsymbol{L}}+\tilde{\boldsymbol{I}}^{-1}\boldsymbol{u}+k_1\dot{\boldsymbol{e}}]+\tilde{\boldsymbol{L}}^{\mathrm{T}}\boldsymbol{\varGamma}_1^{-1}\dot{\tilde{\boldsymbol{L}}}+(\tilde{\boldsymbol{I}}^{-1})^{\mathrm{T}}\boldsymbol{\varGamma}_2^{-1}\dot{\tilde{\boldsymbol{I}}}^{-1} \\ &= -k_2(\dot{\boldsymbol{e}}+k_1\boldsymbol{e})^{\mathrm{T}}(\dot{\boldsymbol{e}}+k_1\boldsymbol{e})+[(\dot{\boldsymbol{e}}+k_1\boldsymbol{e})^{\mathrm{T}}\boldsymbol{G}\tilde{\boldsymbol{L}}+\tilde{\boldsymbol{L}}^{\mathrm{T}}\boldsymbol{\varGamma}_1^{-1}\dot{\tilde{\boldsymbol{L}}}]+ \\ &\quad [(\dot{\boldsymbol{e}}+k_1\boldsymbol{e})^{\mathrm{T}}\tilde{\boldsymbol{I}}^{-1}\boldsymbol{u}+(\tilde{\boldsymbol{I}}^{-1})^{\mathrm{T}}\boldsymbol{\varGamma}_2^{-1}\dot{\tilde{\boldsymbol{I}}}^{-1}]\end{aligned} \tag{8-42}$$

为了满足控制系统的稳定性条件，Lyapunov 函数的导数必须是半负定的，故可设上式第二项和第三项的值为零可满足半正定条件，所以可以求得 $\boldsymbol{L}$ 及 $\tilde{\boldsymbol{I}}^{-1}$的自适应律：

$$\dot{\tilde{\boldsymbol{L}}} = -\boldsymbol{\Gamma}_1\boldsymbol{G}^{\mathrm{T}}(\dot{\boldsymbol{e}} + k_1\boldsymbol{e})$$
$$\dot{\tilde{\boldsymbol{I}}}^{-1} = -\boldsymbol{\Gamma}_2\boldsymbol{u}(\dot{\boldsymbol{e}} + k_1\boldsymbol{e})^{\mathrm{T}} \tag{8-43}$$

式（8－43）给出了控制方程式（8－36）的自适应控制律，可以满足跟踪性能及稳定性需求。为了证明跟踪偏差动力学方程的渐近稳定性，本文采用 Barbalat's 引理，由式（8－40）右端时变部分可知系统是非自动的。因为 $\dot{V}\leqslant 0, V\geqslant 0$，可知 V 中所有项 $V\in L_\infty$，如 $(\{\boldsymbol{e},\dot{\boldsymbol{e}},\tilde{\boldsymbol{L}},\tilde{\boldsymbol{I}}^{-1}\})\in L_\infty$，这是因为项 $\dot{\boldsymbol{e}}+k_1\boldsymbol{e}\in L_\infty$ 表面都是 $\dot{\boldsymbol{e}}$、$\boldsymbol{e}$ 一致有界的，对 Lyapunov 的导数 $\dot{V}$ 在区间 $[0,\infty]$ 中积分，可知 $\dot{\boldsymbol{e}}+k_1\boldsymbol{e}\in L_2\cap L_\infty$。现在分析式（8－40）中误差二阶导数 $\ddot{\boldsymbol{e}}$，因为参考轨迹的状态变量都是有界的，通过式（8－36）中 $\boldsymbol{u}$ 的表达式知 $\boldsymbol{u}\in L_\infty$。因此式（8－40）右端所有项都是有界的，所以有 $\ddot{\boldsymbol{e}}\in L_\infty$，由 Barbalat's 引理知，当 $t\to\infty$ 时，$\dot{\boldsymbol{e}}+k\boldsymbol{e}\to\boldsymbol{0}$。利用终值定理可知当 $t\to\infty$ 时，$\boldsymbol{e}\to\boldsymbol{0}$，所以姿态偏差最终渐近收敛到零。

由式（8－43）知，自适应律与学习速率 $\boldsymbol{\Gamma}_1$、$\boldsymbol{\Gamma}_2$ 有关，同时，该自适应控制律并不能保证参数估计的收敛，而只能保证姿态偏差的收敛。

8.3.3 数值仿真及结果分析

本部分主要通过数值仿真分析了 SAMI 控制律在存在大气密度不确定性、气动参数不确定性以及着陆器惯性矩不确定性条件下对飞行轨迹的跟踪性能。与给定大气不确定性百分比不同的是，该仿真中设定控制器对大气密度完全未知，表明控制器可以适应最恶劣的大气环境。着陆器进入点的初始速度为 7.3 km/s，初始高度为 125 km，初始倾侧角为 89°，初始角偏差为 3°。

该控制器的调整参数通过系统跟踪平滑轨迹的阶跃响应确定，这些参数包括增益 $\boldsymbol{C}$、$\boldsymbol{K}$，学习速率 $\boldsymbol{\Gamma}_1$、$\boldsymbol{\Gamma}_2$，以及 $\boldsymbol{L}$、$\boldsymbol{I}^{-1}$ 的初始值。仿真中误差动力学增益 $\boldsymbol{C}=0.1\mathrm{diag}(1\quad 1\quad 1)$，$\boldsymbol{K}=10\mathrm{diag}(1\quad 1\quad 1)$，惯性矩的估计初始值设为真实值的 80%；$\boldsymbol{L}$ 的初始值设为零向量，因为该向量主要由大气密度及气动力系数构成，在大气进入初始点都为小量。自适应控制律的学习速率 $\boldsymbol{\Gamma}_1=10^2\mathrm{diag}(1\quad 1\quad 1)$，$\boldsymbol{\Gamma}_2=10^{-5}\mathrm{diag}(1\quad 1\quad 1)$。学习速率的选取并不是最关键的，因为存在不同可能的学习速率组合针对不同的阶跃响应幅值。因此寻找合适的学习速率组合使其适应未知参数向量 $\boldsymbol{I}^{-1}$ 以及 $\boldsymbol{L}$ 需要多步迭代。关于惯量矩倒数的自适应律必须足够小，因为惯量矩倒数为小量；而对于未知参数向量 $\boldsymbol{L}$ 需要较大的学习速率，因为火星大气密度随高度变化剧烈。

着陆器自身参数及 RCS 控制系统参数分别如表 8－1 及表 8－2 所示。

表 8－1　着陆器惯性矩及几何特征参数

参数	真实初始状态
质量/kg	3 000
I_{xx}，I_{yy}，I_{zz}/（kg·m^2）	2 983，4 909，5 683

续表

参数	真实初始状态
参考面积 S_{ref}/m^2	11.045
参考长度 l_{ref}/m	6.323
重心位置 x_{cg}，y_{cg}，z_{cg}/m	0.182，0，－0.175

表 8－2　RCS 控制系统特性

	单推力/N	力臂/m	最小力矩/(N·m)	最大力矩/(N·m)
滚转	28	1.88	2 台喷嘴 105	6 台喷嘴 316
俯仰	28	2.98	2 台喷嘴 83	喷嘴 501
偏航	95	2.98	单喷嘴 283	3 台喷嘴 849

仿真模型主要包括纵向运动学模型和姿态动力学模型，控制系统主要针对姿态动力学系统。

图 8－6 展示了控制器的阶跃响应倾侧角跟踪曲线及其偏差，由图示可知，跟踪偏差很快趋于零，在 10 s 内即可满足跟踪性能。图 8－7 显示的是控制器的输入，可知，控制力矩都在 RCS 控制范围之内。SAMI 控制器可在 12 s 之内跟踪倾侧角变化达 170°，且不会超过控制输入极值。

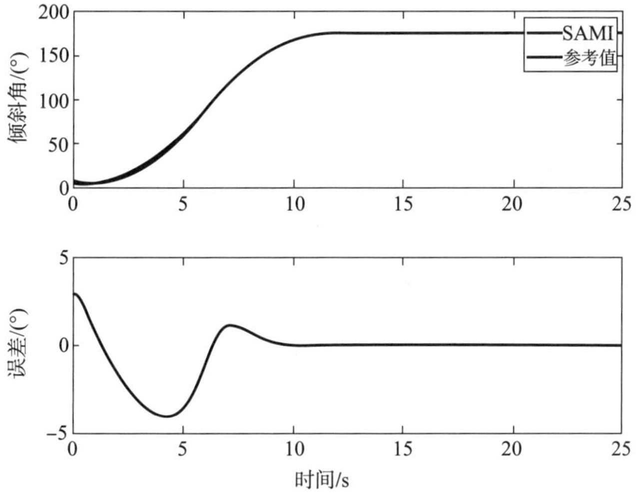

图 8－6　SAMI 倾侧角控制阶跃响应曲线

图 8－8、图 8－9 展示了两种情况下控制器的跟踪性能：第一种情况是假设火星大气密度真实已知时 SAMI 控制器的响应曲线；第二种情况是着陆器采用估计大气密度时 SAMI 的响应曲线。由图 8－8 可知，两种情况下控制器的跟踪偏差基本重合。图 8－9 显示了着陆器机动需要的控制输入，滚转及偏航力矩输入相似，而俯仰控制输入由于引入大气密度及气动力系数未知而变化较大，这是因为防御力矩系数比偏航及滚转系数对姿态偏差更敏感。

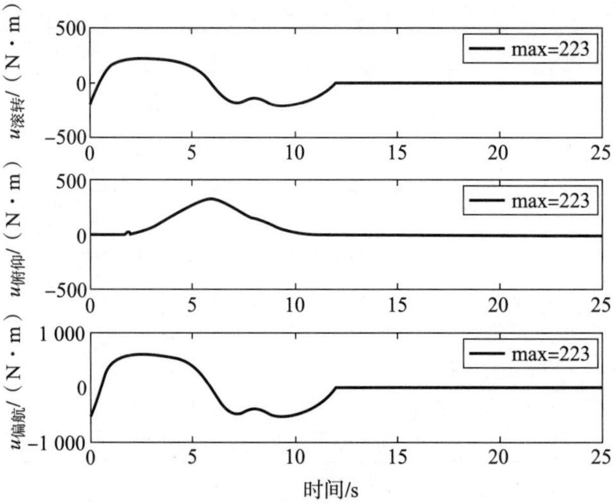

图 8－7　阶跃响应控制输入

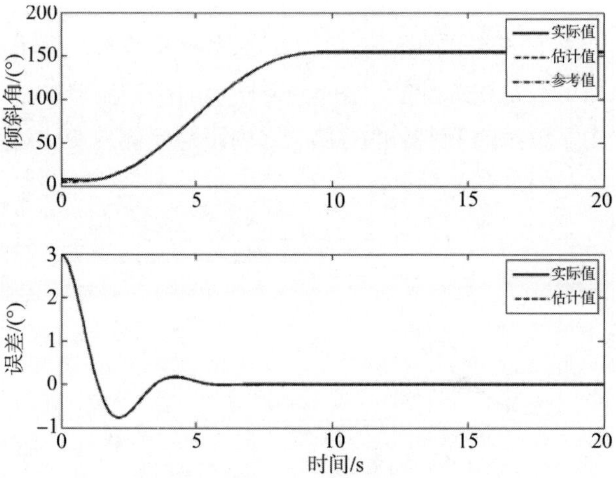

图 8－8　SAMI 阶跃响应曲线

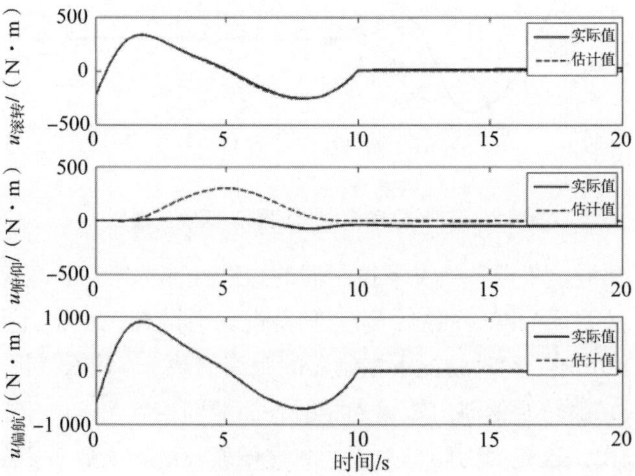

图 8－9　控制输入

由前面控制律设计可知，SAMI 控制器可以估计惯性矩的逆$[\boldsymbol{I}^{-1}]$，本部分对比分析了当惯性矩完全已知及存在偏差时控制器的跟踪性能。图 8－10、图 8－11 显示控制器在两种不同情况下都可以很好地跟踪参考轨迹。它们的倾侧角偏差以及控制输入幅值基本相似，主要不同点在初始时刻控制输入的振荡。由图 8－12 可知，当估计惯性矩趋于稳定的时候，控制输入信号幅值与真实情况一样平滑。

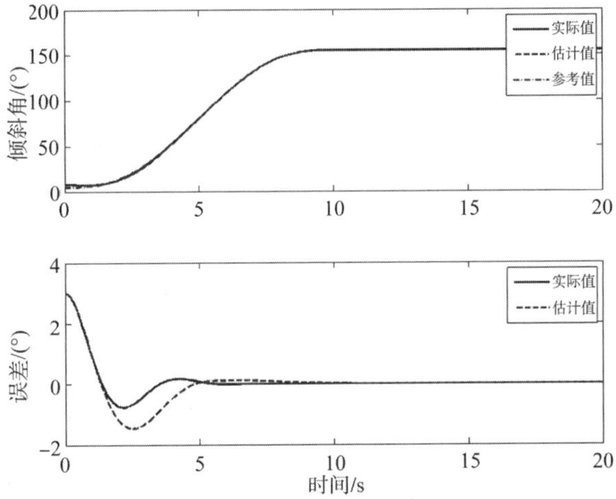

图 8－10 阶跃响应曲线

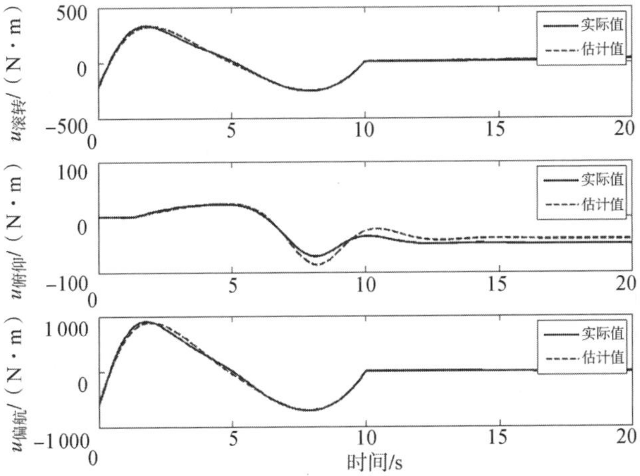

图 8－11 控制输入曲线

本部分仿真分析了 3 种不确定性共同作用对控制性能的影响，可以帮助分析控制性能的极值。图 8－13、图 8－14 对比分析了已知所有参数真实值以及采用估计值时控制器的性能，由图可知，当已知参数真实值时，控制器可以更快地收敛到零，俯仰及滚转方向联合输入超过了发动机能够提供的最大输出力矩。但当俯仰方向喷嘴工作时，滚转方向发动机喷嘴力矩趋于零，反过来亦然。因此输入要求并没有超过 6 台喷嘴同时工作提供的最大力矩。图 8－15 显示了着陆器的估计惯性矩以及真实惯性矩曲线，显然，估计惯性矩并没有收敛于真实值，但估计惯性矩趋于一个常值（当倾侧角偏差收敛的时候）。这说明 SAMI 控制器可以很好地跟踪参考轨迹。

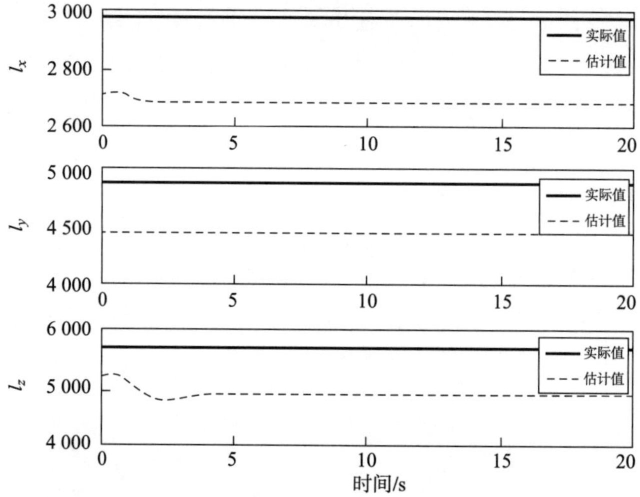

图 8－12　阶跃响应中 SAMI 估计及真实惯性矩曲线

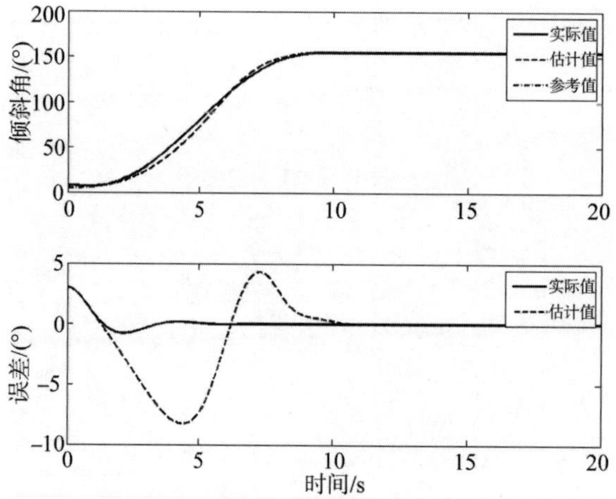

图 8－13　SAMI 阶跃响应曲线

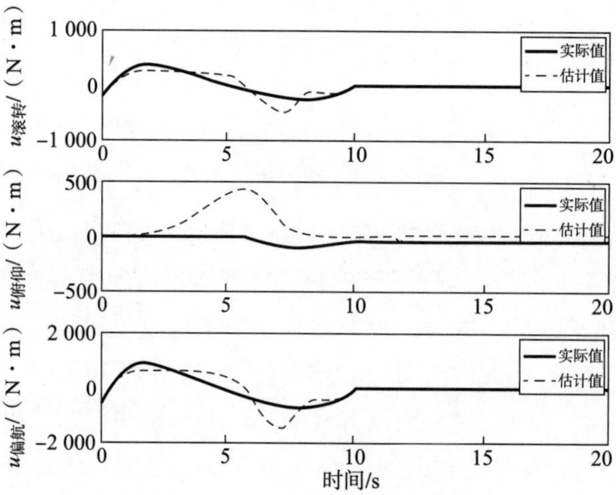

图 8－14　SAMI 控制输入力矩

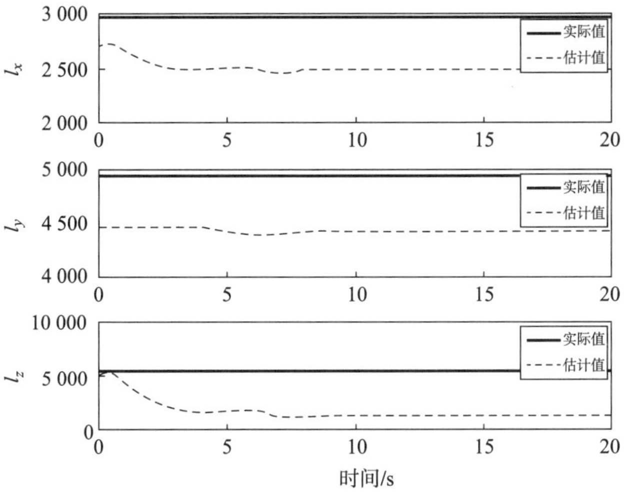

图 8-15　SAMI 估计惯性矩及真实惯性矩曲线图

对于载人火星探测大气进入段控制问题，SAMI 控制器在存在大气密度不确定性、着陆器气动力矩系数及惯性矩不确定性的条件下，可以自适应控制着陆器的跟踪轨迹。但是，SAMI 控制器的设计由于动力学结构及模型不同需要一定的经验，同时 SAMI 的参数调节必须根据自适应律对不同大气密度对着陆器惯性矩的敏感性不同做出适当的调整。因为大气密度随高度变化剧烈且控制律是着陆器惯性矩的显函数，控制器必须对参数估计速度敏感。由仿真结构可知，SAMI 在着陆器大气进入段基本满足跟踪性能需求。

8.4　基于模型参考自适应的四旋翼控制器设计

8.4.1　问题定义

四旋翼飞行器是当今无人机领域研究和使用非常广泛的一种机型。四旋翼由于其结构简单，可靠性好，易于组装，被广泛应用于消费级无人机和植保无人机、航拍器等领域。

四旋翼的姿态控制方案已有很多，最常见和用途最广的是 PID 控制器。PID 控制器的思想是将四旋翼的三轴姿态小角度近似，忽略非线性耦合项，使三轴通道解耦，对每个通道单独设计 PID 控制器，可以实现对四旋翼的一个较为理想的控制效果。

为了寻求更好的控制效果，人们提出了诸多的高级控制器，自适应控制器就是一种被广泛关注的控制器。它的优点是能够适应四旋翼模型的各种参数的变化。针对四旋翼动力学线性化的模型有研究者设计了模型参考自适应控制器，使系统抗干扰能力增强。也有研究者设计了四旋翼的模型参考自适应 LQR 控制器，使系统能够抗转动惯量的变化所带来的影响。针对四旋翼的线性化模型，考虑诸多系统的不确定性设计模型参考自适应律，使得系统在不确定增益和有偏扰动中具有很好的鲁棒性。有研究者人为设计了基于神经网络的自适应逆模型控制方法，试验中表现出了很好的优越性和鲁棒性。

为了解决姿态动力学非线性项给系统带来的干扰，反馈线性化的方法受到了广泛的关注。柯艺杰等人基于欧拉角的方法针对四旋翼的非线性动力学设计了反馈线性化控制器，使系统具有更好的响应特性和抗干扰性能。

本节针对四旋翼矩阵形式的姿态动力学模型，保留非线性耦合项，设计了反馈线性化控制器进行非线性补偿。针对四旋翼转动惯量矩阵的不确定性，对该反馈线性化控制器设计了模型参考自适应律。为了验证其正确性，利用 Simulink 进行了仿真。仿真结果表明，本文设计的自适应控制器能够使可调参数收敛于期望值，并且使可调系统的输出渐近收敛于参考模型的输出。

8.4.2 四旋翼控制模型

假设四旋翼的 4 个螺旋桨能够输出任意方向的控制力矩，且控制器输出的力矩指令不超过四旋翼动力系统的执行能力，忽略螺旋桨的滞后效应和陀螺效应，即四旋翼的动力系统为理想的力矩输出器。

四旋翼的姿态动力学方程为

$$\boldsymbol{I}\dot{\boldsymbol{\omega}} = \boldsymbol{T} - [\boldsymbol{\omega}\times]\boldsymbol{I}\boldsymbol{\omega} \tag{8-44}$$

式中，$\boldsymbol{I}$ 为四旋翼的转动惯量矩阵；$\boldsymbol{T}$ 为本体系下四旋翼的输出力矩；$\boldsymbol{\omega}$ 为本体系下四旋翼的角速度向量，$[\boldsymbol{\omega}\times]$ 为 $\boldsymbol{\omega}$ 的反对称矩阵。

四旋翼的姿态运动学方程为

$$\dot{\boldsymbol{q}} = \frac{1}{2}\boldsymbol{q}\boldsymbol{\omega} \tag{8-45}$$

式中，$\boldsymbol{q}$ 为四旋翼的姿态四元数。

由于姿态运动学中不存在不确定参数，姿态动力学中存在不确定转动惯量矩阵 $\boldsymbol{I}$，所以本文只针对四旋翼的角速度控制器设计自适应调节器，姿态运动学控制不参与自适应控制过程，故本文中自适应控制器的功能如图 8－16 所示。

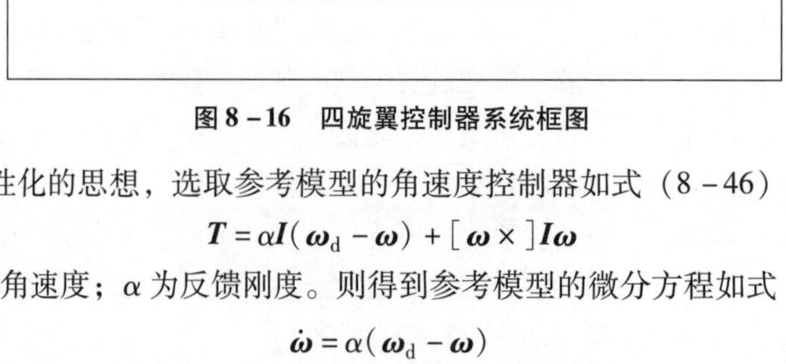

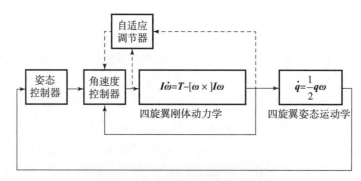

图 8－16 四旋翼控制器系统框图

基于反馈线性化的思想，选取参考模型的角速度控制器如式（8－46）所示：

$$\boldsymbol{T} = \alpha\boldsymbol{I}(\boldsymbol{\omega}_{\mathrm{d}} - \boldsymbol{\omega}) + [\boldsymbol{\omega}\times]\boldsymbol{I}\boldsymbol{\omega} \tag{8-46}$$

式中，$\boldsymbol{\omega}_{\mathrm{d}}$ 是指令角速度；α 为反馈刚度。则得到参考模型的微分方程如式（8－47）所示：

$$\dot{\boldsymbol{\omega}} = \alpha(\boldsymbol{\omega}_{\mathrm{d}} - \boldsymbol{\omega}) \tag{8-47}$$

由于转动惯量矩阵 $\boldsymbol{I}$ 为不确定参数，在可调系统的控制器中不能被直接使用。所以选取可调系统控制器，如式（8－48）所示：

$$\boldsymbol{T}=\alpha\boldsymbol{K}(\boldsymbol{\omega}_d-\boldsymbol{\omega})+[\boldsymbol{\omega}\times]\boldsymbol{K}\boldsymbol{\omega} \tag{8-48}$$

式中，矩阵 $\boldsymbol{K}$ 为可调参数。得到可调系统动态特性如式（8－49）所示：

$$\dot{\boldsymbol{\omega}}=\alpha\boldsymbol{I}^{-1}\boldsymbol{K}(\boldsymbol{\omega}_d-\boldsymbol{\omega})-\boldsymbol{I}^{-1}[\boldsymbol{\omega}\times](\boldsymbol{K}-\boldsymbol{I})\boldsymbol{\omega} \tag{8-49}$$

需选取矩阵 $\boldsymbol{K}$ 的调节律 $\dot{\boldsymbol{K}}$，使矩阵 $\boldsymbol{K}$ 的取值趋向于转动惯量矩阵 $\boldsymbol{I}$。

8.4.3　基于李雅普诺夫函数的模型参考自适应控制律设计

设 $\boldsymbol{\omega}_m$ 为参考模型的角速度输出，$\boldsymbol{\omega}_p$ 为可调系统的角速度输出，得到 $\boldsymbol{\omega}_m$ 和 $\boldsymbol{\omega}_p$ 满足的微分方程分别如式（8－50）和式（8－51）所示：

$$\dot{\boldsymbol{\omega}}_m=\alpha(\boldsymbol{\omega}_d-\boldsymbol{\omega}_m) \tag{8-50}$$

$$\dot{\boldsymbol{\omega}}_p=\alpha\boldsymbol{I}^{-1}\boldsymbol{K}(\boldsymbol{\omega}_d-\boldsymbol{\omega}_p)-\boldsymbol{I}^{-1}[\boldsymbol{\omega}_p\times](\boldsymbol{K}-\boldsymbol{I})\boldsymbol{\omega}_p \tag{8-51}$$

定义误差角速度 $\boldsymbol{\omega}_e$ 满足式（8－52）：

$$\boldsymbol{\omega}_e=\boldsymbol{\omega}_m-\boldsymbol{\omega}_p \tag{8-52}$$

对式（8－52）求导并代入式（8－50）和式（8－51），得到 $\boldsymbol{\omega}_e$ 满足的微分方程如式（8－53）所示：

$$\dot{\boldsymbol{\omega}}_e=-\alpha\boldsymbol{\omega}_e+\alpha\boldsymbol{I}^{-1}(\boldsymbol{I}-\boldsymbol{K})(\boldsymbol{\omega}_d-\boldsymbol{\omega}_p)+\boldsymbol{I}^{-1}[\boldsymbol{\omega}_p\times](\boldsymbol{I}-\boldsymbol{K})\boldsymbol{\omega}_p \tag{8-53}$$

定义矩阵 $\boldsymbol{\Phi}$ 满足式（8－54），且

$$\boldsymbol{\Phi}=\boldsymbol{I}-\boldsymbol{K} \tag{8-54}$$

将式（8－54）代入式（8－53）得到式（8－55）：

$$\dot{\boldsymbol{\omega}}_e=-\alpha\boldsymbol{\omega}_e+\alpha\boldsymbol{I}^{-1}\boldsymbol{\Phi}(\boldsymbol{\omega}_d-\boldsymbol{\omega}_p)+\boldsymbol{I}^{-1}[\boldsymbol{\omega}_p\times]\boldsymbol{\Phi}\boldsymbol{\omega}_p \tag{8-55}$$

选取李雅普诺夫函数如式（8－56）所示：

$$V=\frac{1}{2}\boldsymbol{\omega}_e^{\mathrm{T}}\boldsymbol{I}\boldsymbol{\omega}_e+\frac{1}{2}\mathrm{tr}(\boldsymbol{\Phi}^{\mathrm{T}}\boldsymbol{P}\boldsymbol{\Phi}) \tag{8-56}$$

对式（8－56）求导，得到式（8－57）：

$$\dot{V}=-\alpha\boldsymbol{\omega}_e^{\mathrm{T}}\boldsymbol{I}\boldsymbol{\omega}_e+\alpha\boldsymbol{\omega}_e^{\mathrm{T}}\boldsymbol{\Phi}(\boldsymbol{\omega}_d-\boldsymbol{\omega}_p)+\boldsymbol{\omega}_e^{\mathrm{T}}[\boldsymbol{\omega}_p\times]\boldsymbol{\Phi}\omega_p+\mathrm{tr}(\dot{\boldsymbol{\Phi}}^{\mathrm{T}}\boldsymbol{P}\boldsymbol{\Phi}) \tag{8-57}$$

根据矩阵迹的性质，有式（8－58）、式（8－59）成立：

$$\alpha\boldsymbol{\omega}_e^{\mathrm{T}}\boldsymbol{\Phi}(\boldsymbol{\omega}_d-\boldsymbol{\omega}_p)=\mathrm{tr}(\alpha(\boldsymbol{\omega}_d-\boldsymbol{\omega}_p)\boldsymbol{\omega}_e^{\mathrm{T}}\boldsymbol{\Phi}) \tag{8-58}$$

$$\boldsymbol{\omega}_e^{\mathrm{T}}[\boldsymbol{\omega}_p\times]\boldsymbol{\Phi}\boldsymbol{\omega}_p=\mathrm{tr}(\boldsymbol{\omega}_p\boldsymbol{\omega}_e^{\mathrm{T}}[\boldsymbol{\omega}_p\times]\boldsymbol{\Phi}) \tag{8-59}$$

将式（8－58）、式（8－59）代入式（8－57）得到式（8－60）：

$$\dot{V}=-\alpha\boldsymbol{\omega}_e^{\mathrm{T}}\boldsymbol{I}\boldsymbol{\omega}_e+\mathrm{tr}(\alpha(\boldsymbol{\omega}_d-\boldsymbol{\omega}_p)\boldsymbol{\omega}_e^{\mathrm{T}}\boldsymbol{\Phi}+\boldsymbol{\omega}_p\boldsymbol{\omega}_e^{\mathrm{T}}[\boldsymbol{\omega}_p\times]\boldsymbol{\Phi}+\dot{\boldsymbol{\Phi}}^{\mathrm{T}}\boldsymbol{P}\boldsymbol{\Phi}) \tag{8-60}$$

由式（8－60）的形式能够看出，只要保证式（8－61）成立，就可以保证李雅普诺夫函数小于等于零，即式（8－62）成立：

$$\alpha(\boldsymbol{\omega}_d-\boldsymbol{\omega}_p)\boldsymbol{\omega}_e^{\mathrm{T}}\boldsymbol{\Phi}+\boldsymbol{\omega}_p\boldsymbol{\omega}_e^{\mathrm{T}}[\boldsymbol{\omega}_p\times]\boldsymbol{\Phi}+\dot{\boldsymbol{\Phi}}^{\mathrm{T}}\boldsymbol{P}\boldsymbol{\Phi}=0 \tag{8-61}$$

$$\dot{V}=-\alpha\boldsymbol{\omega}_e^{\mathrm{T}}\boldsymbol{I}\boldsymbol{\omega}_e\leqslant 0 \tag{8-62}$$

化简式（8－61），得到最终的自适应律满足式（8－63）：

$$\dot{\boldsymbol{K}} = \left(\alpha(\boldsymbol{\omega}_{\mathrm{d}} - \boldsymbol{\omega}_{\mathrm{p}})\boldsymbol{\omega}_{\mathrm{e}}^{\mathrm{T}} + \boldsymbol{\omega}_{\mathrm{p}}\boldsymbol{\omega}_{\mathrm{e}}^{\mathrm{T}}[\boldsymbol{\omega}_{\mathrm{p}} \times]\right)^{\mathrm{T}}\boldsymbol{P}^{-1} \tag{8-63}$$

8.4.4 仿真验证

本文利用 Simulink 对该自适应控制律进行了 60 s 仿真，选取仿真参数如下所示：

$$\boldsymbol{I}_{0\sim30\mathrm{s}} = \begin{bmatrix} 2 & 0.6 & -0.2 \\ 0.6 & 2 & 0.3 \\ -0.2 & 0.3 & 3 \end{bmatrix} \mathrm{kg \cdot m^2}$$

$$\boldsymbol{I}_{30\sim60\mathrm{s}} = \begin{bmatrix} 3 & 0 & -0.2 \\ 0 & 3 & 1 \\ -0.2 & 1 & 4 \end{bmatrix} \mathrm{kg \cdot m^2}$$

$$\boldsymbol{K}_{0\mathrm{s}} = \begin{bmatrix} 0 & 0 & 0 \\ 0 & 0 & 0 \\ 0 & 0 & 0 \end{bmatrix} \mathrm{kg \cdot m^2}$$

$$\boldsymbol{P} = \begin{bmatrix} 1 & 0 & 0 \\ 0 & 1 & 0 \\ 0 & 0 & 1 \end{bmatrix}$$

$$\alpha = 10$$

在控制输入中，对 $\boldsymbol{\omega}_{\mathrm{d}}$ 的 x、y、z 分量分别加以不同频率的正弦信号。图 8－17 为 $\boldsymbol{\Phi}$ 矩阵各个元素随时间的变化曲线。图 8－18 为 $\boldsymbol{\omega}_{\mathrm{p}}$ 收敛于 $\boldsymbol{\omega}_{\mathrm{m}}$ 的变化曲线。

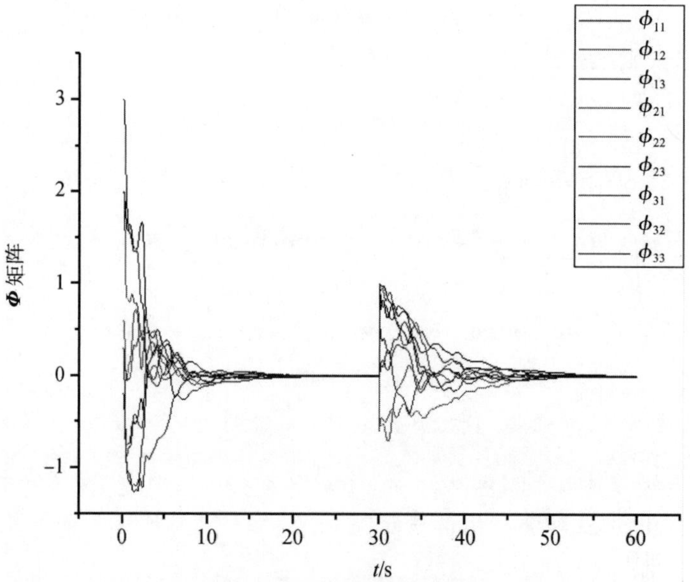

图 8－17 $\boldsymbol{\Phi}$ 矩阵变化曲线

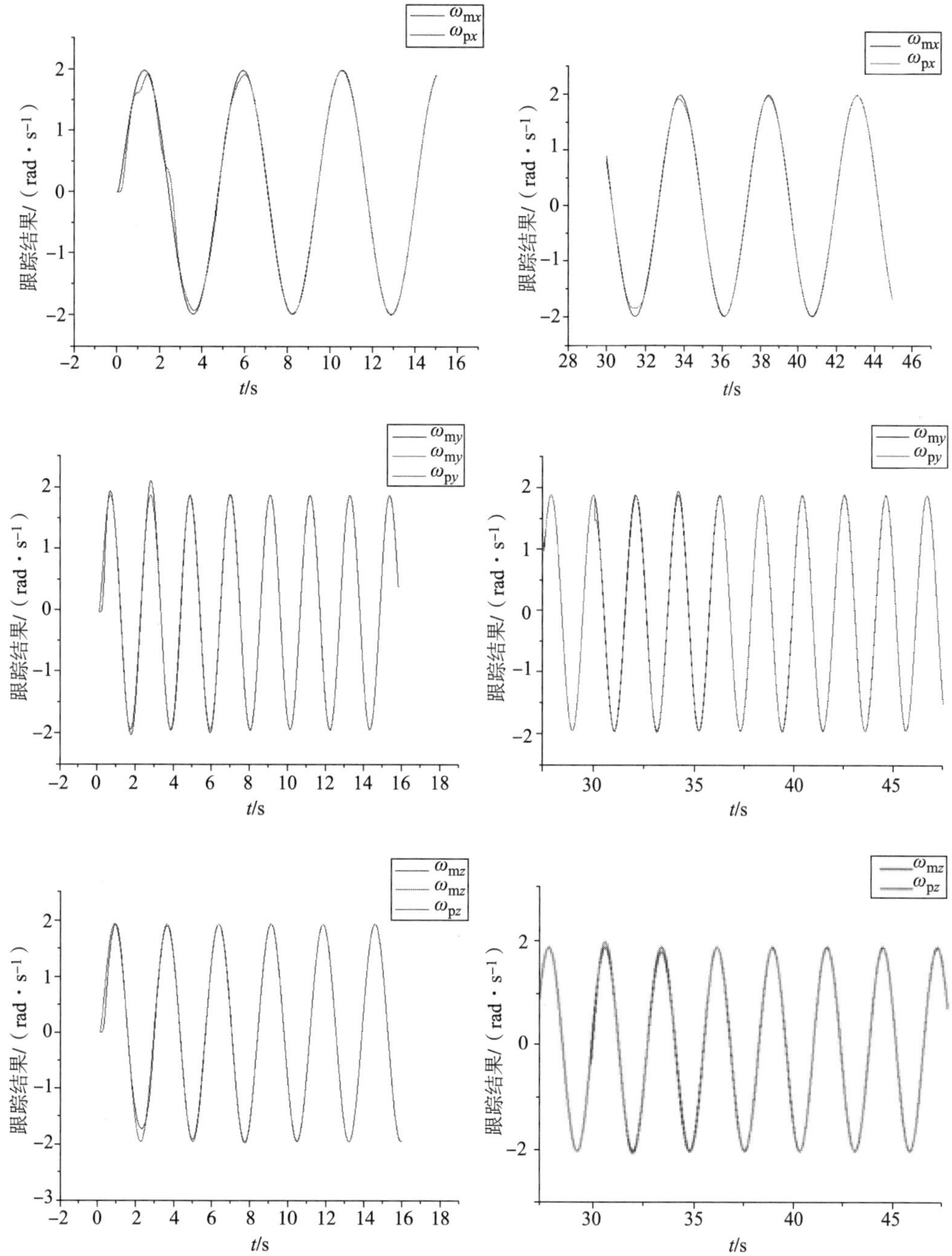

图 8－18　ω_p 收敛于 ω_m 的变化曲线

从仿真结果可以看出，这里设计的自适应控制律能使可调系统的输出收敛于参考模型的输出。本节针对四旋翼角速度控制系统设计了反馈线性化控制器以抵消姿态动力学非线性项的影响。进而根据反馈线性化控制器的结构特点，基于李雅普诺夫稳定性理论设计了模型参考自适应控制器。仿真结果表明本文的模型参考自适应控制器能够使系统的自适应参数收敛到期望值，使可调系统的输出趋向于参考模型的输出。

参考文献

[1] 陈复扬，姜斌．自适应控制与应用［M］．北京：国防工业出版社，2009.

[2] B·威德，E·瓦莱斯．自适应逆控制［M］．刘树棠，韩崇昭，译．西安：西安交通大学出版社，2000.

[3] 吴宏鑫．全系数自适应控制理论及其应用［M］．北京：国防工业出版社，1990.

[4] 刘小河，管萍，刘丽华．自适应控制理论及应用［M］．北京：科学出版社，2011.

[5] 韩正之，陈彭年，陈树中．自适应控制［M］．北京：清华大学出版社，2011.

[6] 陈新海，李言俊，周军．自适应控制及应用［M］．西安：西北工业大学出版社，1998.

[7] 韩曾晋．自适应控制［M］．北京：清华大学出版社，1995.

[8] 谢新民，丁锋．自适应控制系统［M］．北京：清华大学出版社，2002.

[9] 徐湘元．自适应控制理论与应用［M］．北京：电子工业出版社，2007.

[10] 吴振顺．自适应控制理论与应用［M］．哈尔滨：哈尔滨工业大学出版社，2005.

[11] 刘兴堂．应用自适应控制［M］．西安：西北工业大学出版社，2003.

[12] 周克敏，J. C. Doyle，K. Glover．鲁棒与最优控制［M］．毛剑琴，等，译．北京：国防工业出版社，2002.

[13] 王文庆．复杂系统自适应鲁棒控制：基于模糊逻辑系统的分析设计［M］．西安：西北工业大学出版社，2005.

[14] 王伟，李晓理．多模型自适应控制［M］．北京：科学出版社，2001.

[15] 陈新海，李言俊，周军．自适应控制及应用［M］．西安：西北工业大学出版社，2003.

[16] 吴敏，何勇，佘锦华．鲁棒控制理论［M］．北京：高等教育出版社，2010.

[17] 李清毅．自适应控制系统理论、设计与应用［M］．北京：科学出版社，1990.

[18] 侯忠生，金尚泰．无模型自适应控制——理论与应用［M］．北京：科学出版社，2013.

[19] 董宁．自适应控制［M］．北京：北京理工大学出版社，2009.

[20] K. J. Åström，B. Wittenmark．Adaptive Control［M］．Second Edition．Beijing：Science Press and Pearson Education North Asia Limited，2003.